民航运输类专业"十二五"规划教材

飞机构造
（第2版）

曹建华　白冰如　主编

国防工业出版社
·北京·

内 容 简 介

该书是原《飞机构造》教材的第2版。该书遵循新的高职高专教学理念，秉承"实用为主、够用为度"的原则，将原本理论性非常强的教材，按照"模块—任务—情境创建—任务实施—知识点—能力点—实例链接—任务测评"的体例模式进行编排设计，并采用了大量的插图，以适应高职高专学生的在校学习特点，便于学生在学习过程中掌握飞机构造的基本概念、基本原理及相应的基本技能，以满足培养高技能应用型人才的教学需要。

该书分为飞机基本结构及受力，飞机停放、起飞和着陆装置，飞机操纵系统，飞机供油与放油，现代民航客机座舱环境控制，飞机的安全与防护六个模块。

该书可作为航空类高职高专院校在校学生的飞机构造课程教材，也可作为其他航空类大专院校学生及飞机地面维护工程技术人员的学习参考书。

图书在版编目(CIP)数据

飞机构造/曹建华,白冰如主编.—2版.—北京:国防工业出版社,2023.2重印
 民航运输类专业"十二五"规划教材
 ISBN 978-7-118-07985-2

Ⅰ.①飞... Ⅱ.①曹...②白... Ⅲ.① 飞机-构造-高等学校-教材 Ⅳ.①V22

中国版本图书馆 CIP 数据核字(2012)第 044191 号

※

国防工业出版社出版发行
(北京市海淀区紫竹院南路23号 邮政编码100048)
三河市天利华印刷装订有限公司印刷
新华书店经售

*

开本 787×1092 1/16 印张 18½ 字数 425千字
2023年2月第2版第6次印刷 印数 15001—18000 册 定价 39.00 元

(本书如有印装错误,我社负责调换)

国防书店:(010)88540777　　发行邮购:(010)88540776
发行传真:(010)88540755　　发行业务:(010)88540717

高等职业教育航空机电设备维修专业
教材建设委员会

主 任 委 员 蔡昌荣(广州民航职业技术学院副院长)
副主任委员 (按姓氏笔画排序)
　　　　　　　王俊山(海航集团总裁助理)
　　　　　　　关云飞(长沙航空职业技术学院副院长)
　　　　　　　李永刚(西安航空职业技术学院副院长)
　　　　　　　杨　征(上海交通职业技术学院南校区主任)
　　　　　　　杨涵涛(三亚航空旅游职业学院执行副院长)
　　　　　　　张同怀(西安航空学院副院长)
　　　　　　　陈玉华(成都航空职业技术学院副院长)
　　　　　　　赵淑荣(中国民航大学职业技术学院院长)
　　　　　　　贾东林(沈阳航空职业技术学院副院长)
　　　　　　　唐庆如(中国民航飞行学院航空工程学院院长)
　　　　　　　唐汝元(张家界航空工业职业技术学院院长)
　　　　　　　雷建鸣(中国试飞院工学院院长)
委　　　员 (按姓氏笔画排序)
　　　　　　　于　飞　付尧明　白冰如　刘建超　李长云
　　　　　　　杨　杉　杨　勇　杨俊花　吴梁才　汪宏武
　　　　　　　宋文学　张学君　陈　律　陈浩军　林列书
　　　　　　　易磊隽　罗玉梅　罗庚合　夏　爽　郭紫贵
　　　　　　　章　健　彭卫东

《飞机构造(第2版)》
编委会

主　编　曹建华　白冰如
参　编　王俊高　孟凡涛　石　鑫
主　审　艾英吉

前　言

本书是经过四个学期高职学生的使用实践,在原《飞机构造》教材基础上修订而成。

教材建设是整个高职高专院校教育教学工作的重要组成部分,高质量的教材是培养高质量人才的基本保证,高职高专教材作为体现高职高专教育特色的知识载体和教学的基本工具,直接关系到高职高专教育能否为一线岗位培养符合要求的高技术性人才。但是长期以来,高职高专院校所使用的教材还是以传统模式的教材为主,而符合高职教育规律的教材却严重不足。本教材是编者对高职高专教材的一次探索。

按照国家对高职新编教材的要求,不仅要改革教学内容,而且要改革教学方法,把教学方法体现在教材之中。为了探索把《飞机构造》这样理论性非常强的教材编写成为高职学生的适用教材,本着"实用为主、够用为度"的原则,同时注重学生能力的培养,利于高职学生对飞机构造各相关基本概念和基本原理的学习和吸收,编者在此前已进行了大胆的尝试,在没有可供参考体例的情况下,走过了一个再创造和创新的过程,并最终把由一个个具有简单易行的不同任务为载体的教材呈现给了读者。

本书是符合高职院校教学特点的任务驱动式教材。由于学习能力和方法能力决定着高职学生在未来岗位上的可持续发展水平,因此,按照我国新的高职高专教学理念,本书的总体编制思路非常注重学生在发现问题、分析问题、解决问题等能力上的培养,体现了以学生为主体的教学思想。通过每个任务的学习,让学生带着若干问题主动学习、积极探索,引导学生运用理论知识,分析和解决实际问题。

"飞机构造"课程是西安航空职业技术学院航空机电设备维修专业和飞机制造技术专业必修的专业基础课程。其理论性非常强,同时又有一定的实践性内容,对学生在知识、能力、行为态度等方面的要求都比较高。考虑到高职学生的学习特点,在每个任务开始之前都明确指出了相应的知识目标和能力目标,并通过"情境创建"把学生引入到相应的学习主题之中,再借助于一些简单的任务实施,让学生对即将接触到的知识点和能力点产生兴趣。

本书在编写时,首先根据该课程在航空机电设备维修专业和飞机制造技术专业在整个课程体系链路(路径)中的位置,将所涵盖的知识矩阵、技能矩阵、行为情感态度矩阵进行综合分析,最后将飞机构造学中所涵盖的知识进行模块化分解,分为飞机基本结构及受力,飞机停放、起飞和着陆装置,飞机操纵系统,飞机供油与放油,现代民航客机座舱环境控制,飞机的安全与防护六个模块。每个模块基本上互相独立,自成体系。液压系统也是飞机构造学中非常重要的内容,但考虑到篇幅的原因而没有包含在本书中。

针对每个模块,又进一步确定了一系列的任务。如在飞机操纵系统模块中,就确定了认识飞机飞行操纵系统、操纵系统钢索张力检查、驾驶杆与升降舵对应行程检查、液压助力器的维护、了解电传操纵系统的有关知识共五个任务。每个任务由知识目标、能力目标、情境创建、任务实施、知识点、能力点、实例链接、任务测评所组成。不同任务的组成内容有所差异。此外,还根据需要设置了"小贴士",以对文中出现的生僻概念进行解释。

由于高职学生水平参差不齐,学习能力有很大差距,因此在编写过程中,一方面遵循循序渐进的内容编排,争取将复杂问题简单化,简明扼要,通俗易懂;另一方面采用了较多的插图,将抽象概念具体化,以便学生能较容易地理解、接受相关知识,更期望学生能在不知不觉中逐渐消化理论知识,并获得一定的知识和技能。

本书每个任务设计为2课时~4课时。知识点和能力点所包含的内容,一般包括围绕任务完成所需的基本理论知识和技能知识。

本书由西安航空职业技术学院和西安飞机工业(集团)有限责任公司合作编写,由曹建华、白冰如担任主编,具体分工为:曹建华编写模块1、模块2、模块3、模块5,王俊高编写模块4,白冰如编写模块6,同时,孟凡涛为模块3的编写、石鑫为模块5的编写都做出了贡献。全书由西安飞机工业(集团)有限责任公司研究员级高级工程师艾英吉担任主审。全书由曹建华统稿。

使用实践证明,本书以其新颖的体例特征深受广大在校高职学生的欢迎。为了让该教材能够更好地服务于有志航空一线岗位的高职学生,编者此次对整个教材进行了全面地修订。一方面,进一步落实"将复杂问题简单化以及简明扼要、通俗易懂"的编写宗旨,并对教材的局部内容进行了重大删改和调整;另一方面,修改或增加了一些插图,以使学生们更容易地理解、接受相关知识,帮助学生逐渐掌握有关飞机构造的基本概念和基本原理,并获得一定的相关技能,为学生学习其他与飞机有关的课程或未来从事相关的工作打下基础。

此次修订由西安航空职业技术学院曹建华主持完成,并得到航空维修工程系主任白冰如及其他编写人员和教材使用人员的大力支持和帮助。由于编者的能力和水平有限,书中错误和疏漏之处在所难免,恳请使用者发现并指出,编者将不断完善。

编 者

目 录

模块1 飞机基本结构及受力 ... 1
 任务1 通过放飞纸飞机认识飞机上的力 ... 2
 任务2 目视检查飞机机翼表面结构损伤 ... 9
 任务3 民用客机机身结构表面维护和检查 ... 22
 任务4 找出飞机机体结构分离面 ... 33
 任务5 统计飞机机体表面的开口位置和数量 ... 41

模块2 飞机停放、起飞和着陆装置 ... 49
 任务1 认识飞机的停放、起飞和着陆装置 ... 50
 任务2 设计一个简单的起落架收起程序 ... 55
 任务3 起落架油气式缓冲器外场油量检查 ... 64
 任务4 分组讨论飞机如何实现地面转弯操纵 ... 73
 任务5 利用重力法对刹车系统进行排气 ... 82
 任务6 起落架机轮结构外观检查 ... 93

模块3 飞机操纵系统 ... 102
 任务1 认识飞机飞行操纵系统 ... 103
 任务2 操纵系统钢索张力检查 ... 112
 任务3 驾驶杆与升降舵对应行程检查 ... 124
 任务4 液压助力器的维护 ... 135
 任务5 了解电传操纵系统的有关知识 ... 145

模块4 飞机供油与放油 ... 156
 任务1 认识航空燃油及燃油系统 ... 157
 任务2 认识飞机燃油供油系统 ... 165
 任务3 了解飞机加油和抽油 ... 173
 任务4 了解应急放油和油箱指示系统 ... 179
 任务5 燃油系统的维护 ... 186

模块5 现代民航客机座舱环境控制 ... 193
 任务1 认识客机座舱小环境的实现 ... 194
 任务2 空气循环冷却系统热交换器的清洗 ... 203
 任务3 座舱温度的均匀性检查 ... 218

  任务4 座舱增压系统的维护检查 …… 227
  任务5 高压氧气瓶的正常维护 …… 239

模块6 飞机安全与防护 …… 247
  任务1 分组讨论飞机结冰对飞行性能的影响 …… 248
  任务2 机翼前缘气热除冰及风挡雨刷地面功能检查 …… 254
  任务3 应急使用手提式灭火瓶 …… 264
  任务4 了解战斗机的弹射救生装置 …… 276

参考文献 …… 287

模块 1　飞机基本结构及受力

📖 模块学习基本目标 📖

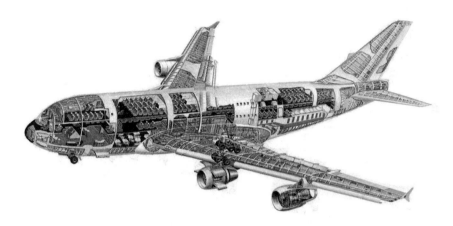

知识目标

- ➢ 掌握飞机结构上承受的各种载荷及其变形。
- ➢ 掌握飞机机翼的结构形式及其优缺点。
- ➢ 掌握一般飞机机身及民用客机机身的结构形式和特点。
- ➢ 掌握机翼结构分离面连接接头构造和受力特征。
- ➢ 掌握飞机开口的类型及针对不同开口所应采取的补偿措施。
- ➢ 了解飞机机体站位编号及区域划分的概念。

能力目标

- ➢ 能区分载荷、内力、应力、强度和过载等不同概念。
- ➢ 能描述梁式机翼和单块式机翼各自的结构特点。
- ➢ 能分析飞机机翼承受扭矩的机理。
- ➢ 能给出典型飞机机翼和机身容易损伤的日常维护部位。
- ➢ 能描述铆钉、螺钉的松动机理及其预防。
- ➢ 能针对不同飞机的结构特点找出机体结构的分离面。
- ➢ 能针对飞机机体不同开口形式给出相应的补偿措施。
- ➢ 能简单地分析机体开口部位的载荷传递关系。

飞机构造

任务1 通过放飞纸飞机认识飞机上的力

知识目标

（1）掌握飞机上存在的载荷及不同状态下的受载情况。
（2）掌握飞机结构受力后的基本变形。
（3）理解飞机结构满足强度、刚度和稳定性的重要意义。
（4）掌握应力集中和疲劳载荷的概念。
（5）了解飞机的平衡概念。

能力目标

（1）能区分载荷、内力、应力、强度和过载等不同概念。
（2）能针对飞机不同的受载情况进行简单的载荷分析。
（3）能针对飞机不同受载情况定性地给出相应的拉伸、压缩、剪切、扭转和弯曲变形。

情境创建

相信很多同学（尤其是男生）都有用纸折叠小飞机的经历，那是我们在儿时对飞的一种梦想。当时，我们也许并不知道小飞机为什么会飞起来。

请学生提前准备好一两张白卡纸带到课堂上。

任务实施

课堂上，教师请学生按照自己的意愿用纸折叠一个小飞机交到讲台。教师从中选择几个，请一个学生在教室里逐个放飞。

（1）放飞一个折叠漂亮、结构合理、能正常飞行的小飞机。请学生画出其在短时间内空中保持平飞时的受力图。

（2）放飞一个折叠漂亮、结构不很合理、直接从空中掉下来的小飞机。请学生分析说明为什么小飞机会从空中直接掉下来，并画出小飞机接触地面瞬间的受力图，用力线的长短表征出力的相对大小。

知识点1 认识载荷及几个相关概念

将纸飞机掷向空中后，由于惯性的作用，飞机向空中飞去。如果结构合理，能够提供所需要的升力，则小飞机就可以在空中飞行一段距离。由于阻力的存在，随着惯性力的不断减小，小飞机将逐渐失去向前飞行的动力而滑向地面。也就是说，只有当其所受的重力和它的升力平衡、向前的惯性力和它的阻力平衡时，它就能在空中稳定平飞。一般地，任何结构或结构中的任何构件，在工作中都会受到其他物体对它的作用力，这种作用力就是载荷。小飞机上的升力和阻力都是空气给它的作用力，重力是地球给它的作用力，向前的惯性力是在非惯性参考系中由于物体的运动不满足牛顿运动定律而引入的假想力。

小贴士：惯性力是当物体加速时，由于惯性而使物体保持原有运动状态的倾向。惯性力并不存在，所以又称为假想力，是为了在非惯性坐标系里能使用牛顿第二定律分析问题而假想出来的附加力。

按照作用方式，构件所承受的载荷分为集中载荷和分布载荷。例如，运七飞机的发动机安装在机翼上，则在发动机的安装部位，发动机给机翼的载荷就是集中载荷；而任务中小飞机在空中所受到的空气动力载荷就是分布载荷。图 1.1.1 为作用在飞机左侧机翼上的集中载荷和分布载荷示例。

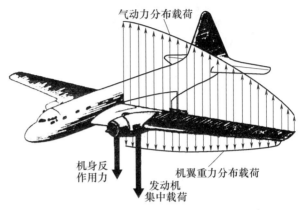

图 1.1.1　飞行中作用在飞机左侧机翼上的集中载荷和分布载荷

按照作用性质，构件所承受的载荷分为静载荷和动载荷。如果载荷是逐渐施加给构件的，或者载荷施加过程中，其大小和方向变化非常小，这种载荷就是静载荷；如果载荷是突然施加给构件的，或者载荷施加给构件后，其大小和方向有显著的变化，这种载荷就是动载荷。例如，本任务实施中，第二个小飞机从空中直接掉下来，和地面接触的瞬间载荷就属于动载荷；而千斤顶逐渐施加给其他构件的载荷就属于静载荷。

任务里的小飞机在空中飞行过程中，一定会有变形发生。生活中，有时候物体虽然受到外力作用，却看不到其变形，因为其变形量太小。一般构件在载荷作用下，其尺寸和形状都会有不同程度的改变，这种尺寸和形状的改变就叫做变形。当去掉载荷后，构件在载荷作用下所产生的能够消失的变形叫弹性变形；不能消失的变形叫永久变形，也称残余变形。飞机机翼在空中飞行时的变形一般都是弹性变形，而任务中的纸飞机从空中直接掉下来时，其头部所产生的变形一般都是永久变形。

构件承受载荷的情况不同，所产生的变形形式也不一样，但基本上可分为拉伸、压缩、剪切、扭转和弯曲这五种变形。实际上，飞机结构受力时，各构件的变形往往是比较复杂的，都是由几种变形组合而成，是复合变形。例如，飞机飞行过程中机翼的变形一般就是复合变形的结果。

当构件受到外力作用而变形时，材料分子之间的距离必然会发生变化，这时分子之间就会产生一种抵抗变形并力图使分子间的距离恢复原状的力，这个力就是内力。与构件受载时所发生的五种基本变形相对应，构件可以产生的五个基本内力是拉力、压力、剪力、扭矩和弯矩，如图 1.1.2 所示。

应力是对构件受力严重程度的描述。一般地，构件在外力作用下单位截面面积上所产生的内力就是应力。如果内力是均匀分布的，则构件任意截面上的应力就等于截面上的总内力除以截面面积。应力可分为正应力和剪应力。前者垂直于所取截面，后者平行于所取截面。在实际受力时，构件所受的应力常常是不均匀的，如图1.1.3所示小孔所在横截面上的应力就不可能是均匀的，把孔边缘应力较大的现象称为应力集中，尤其是脆性材料应力集中所产生的影响更大。应力集中是指受力构件由于几何形状、外形尺寸发生突变而引起局部范围内应力显著增大的现象。

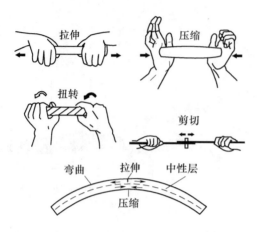

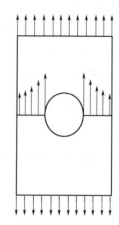

图1.1.2　构件所受的五种基本内力和变形　　　图1.1.3　小孔横截面上的不均匀应力

如果结构的应力随时间做周期性变化，则该结构就要面临疲劳问题。事实上，疲劳是一种非常普遍的现象，对飞机结构尤其如此。飞机结构在使用过程中承受的载荷不仅有静载荷，还有随时间变化而产生交变应力的动载荷，即疲劳载荷，如飞机机翼根部在每个飞行循环中所受的载荷。疲劳载荷的长期作用会使结构受到疲劳损伤，产生疲劳裂纹。当裂纹发展到一定程度，疲劳裂纹就会发生失稳扩展，即快速扩展，从而导致飞机结构发生灾难性的破坏。这是飞机设计和使用过程中必须要认真对待的问题。据统计，飞机结构在外场使用中发生的断裂问题有80%以上都是因为疲劳载荷所引起的。

构件在传力过程中，其横截面上的应力会随着载荷的增大而增大。生活常识告诉我们，任何构件当其截面上的应力增大到一定程度后，就会发生损坏，并产生显著的永久变形或断裂。一般把构件在外力作用下抵抗破坏（或断裂）的能力叫做构件的强度。构件的强度值越大，表示它开始损坏时所能承受的载荷也越大。所以，要使构件在规定的载荷作用下还能可靠工作，就应保证它具有足够的结构强度。但即使构件强度足够大，有时候在载荷作用下，也可能出现由于其变形量过大而影响工作的情况。因此，若要构件能正常工作，还应具有足够的抵抗变形的能力。一般构件在外力作用下抵抗变形的能力称为构件的刚度。构件的刚度越大，在一定的载荷作用下产生的变形就越小。

薄壁结构和细长杆在承受挤压载荷时容易突然失去原有的平衡状态，这种现象叫做失去结构稳定性，简称失稳。例如，飞机蒙皮在受压后就可能产生曲皱现象，这就是由于蒙皮受压失稳所造成的，如图1.1.4所示。另外，飞机起落架撑杆、襟翼滑轨撑杆、桁条、梁缘条等细长杆都可能出现失稳现象。一般构件在外力作用下保持其原有平衡状态的能力被称为构件的稳定性。

对于民航使用的飞机来说，其结构必须满足适航性的要求。CCAR25规章要求，飞机结构的强度要用限制载荷（使用载荷）和极限载荷（限制载荷乘以规定的安全系数）来确定。飞机结构在每一最大载荷作用下，都必须能够保证飞机结构符合CCAR25的强度要求；而且在飞机结构承受限制载荷时，其变形都不得妨害安全飞行，并且不能发生有害的永久变形；飞机结构还必须保证有足够的稳定性，主要结构受力不允许发生失稳。

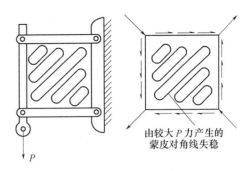

图1.1.4 蒙皮失稳

小贴士：所谓适航性就是民用航空器在安全飞行中所反映出来的各种飞行品质的总称。

飞机结构是否符合适航性要求不仅和飞机的设计制造有关，也和飞机的使用维护有非常大的关系。对一架结构已经符合适航性要求的飞机而言，其投入使用后的维护条件对飞机结构的适航性起着决定性的作用。因此，在飞机的使用维护过程中，应严格按照生产厂家提供的各种技术资料和要求进行，避免由于对飞机的操作不当而使飞机结构受到意外的损伤。避免在维护过程中造成机械损伤，包括碰伤、擦伤、划伤，避免发生由于使用环境造成的腐蚀，以保证飞机的结构满足持续适航性要求。

知识点2 飞机的几种受载情况及过载

与其他任何构件一样，飞机无论是在地面还是在空中，无论是起飞过程中还是着陆过程中，都要承受一定的载荷。

飞行中，作用于飞机上的载荷主要有飞机重力、升力、阻力和发动机推力（或拉力）；着陆接地时，飞机除了承受上述载荷外，还要承受地面撞击载荷；而飞机在地面停放时，则只有飞机重力和地面的反作用力。在飞机所承受的各种载荷中，以飞机在空中所受到的升力以及着陆过程中所受到的地面撞击力对飞机结构的影响最大。它们是飞机设计过程中需要重点考虑的载荷情况。

飞机在不同情况下所受的载荷是不一样的。飞机平飞时，飞机的升力总是与飞机的重力大小相等。飞机加速时，驾驶员要相应减小飞机的迎角，使升力系数减小；飞机减速时，驾驶员要相应增大飞机的迎角，使升力系数增大。飞机在做曲线飞行时，必须有一个与向心力大小相等、方向相反的惯性力，保证飞机平衡飞行。图1.1.5～图1.1.7分别显示了飞机在平飞、转弯飞行、俯冲飞行时的几种受载情况。

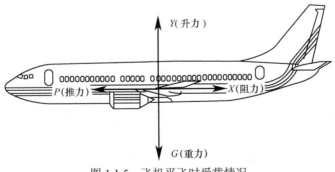

图1.1.5 飞机平飞时受载情况

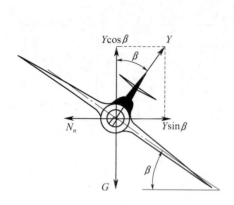
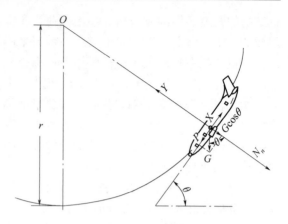

图 1.1.6　飞机转弯飞行时受载情况　　　　图 1.1.7　飞机俯冲飞行时受载情况

飞机过载是对飞机承受外载荷严重程度的描述。例如，飞机在做曲线飞行时，作用于飞机上的升力经常不等于飞机的重量。一般把作用于飞机某方向的、除重量之外的外载荷与飞机重量的比值称为在该方向上的飞机重心过载，常用 n 来表示。图 1.1.8 表示飞机的坐标轴，是研究飞机时所设定的参照系。

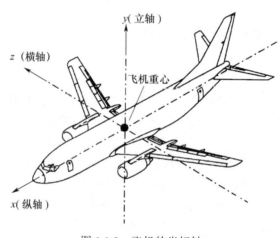

图 1.1.8　飞机的坐标轴

飞机在 y 轴方向的过载等于飞机升力 Y 与飞机重量 G 的比值：

$$n_y = \frac{Y}{G}$$

飞机在 x 轴方向的过载等于发动机推力 P 和飞机阻力 X 之差与飞机重量 G 的比值：

$$n_x = \frac{P-X}{G}$$

飞机在 z 轴方向的过载等于飞机侧向力 Z 与飞机重量 G 的比值：

$$n_z = \frac{Z}{G}$$

飞机在飞行过程中，其重心处不同时刻的过载大小往往不一样，可能大于 1、小于 1、等于 1、等于零甚至是负值。对于 y 向过载，其大小取决于飞行时升力的大小和方向。平飞时，升力等于飞机的重量，y 向过载等于 1；曲线飞行时，升力经常不等于飞机的重量。驾驶员柔和推杆使飞机由平飞进入下滑的过程中，升力比飞机重量稍小一些，y 向过载就小于 1；当飞机平飞时，遇到强大的垂直向下的突风，或在垂直平面内作机动飞行时，驾驶员推杆过猛，升力就会变成负值，y 向过载也就变为负值；当飞机以无升力迎角垂直俯冲时，y 向过载等于零。

同样地，在研究飞机各部件的载荷时，还必须知道部件所受的过载。当飞机没有对重心的角加速度时，部件的过载等于飞机的过载；当飞机有对重心的角加速度时，飞机重心以外各部件的过载就等于飞机的过载加上或减去一个附加过载。例如，在飞机没有绕重心的角加速度而接地的时候，在垂直方向的过载就是作用于起落架上的垂直撞击力与飞机重量的比值；如果飞机接地时还有绕重心的角加速度，则还要再加上由角加速度引起的附加过载。

知识点 3　飞机平衡的受力条件

与其他任何杠杆一样，飞机作为在空中使用的一部动力机械，也要求保持平衡状态。如果飞机相对某个点悬挂起来能保持水平平衡状态，则就表明飞机是平衡的，这个点就是飞机的假想重心点。事实上，飞机的重心点是一个范围，即由重心前限和重心后限所决定的一个范围。对于每一架飞机来说，如果飞机的重心不在规定的范围内，那么一般就需要使用配重或地面配平方式来调整；而如果飞机的重心在规定范围内，飞机在飞行中就可以通过操纵系统的配平作用，使飞机达到水平平衡状态，以保证飞机能够安全、有效地飞行。因为，从升限、机动性、上升率、速度和燃料消耗的观点看，不恰当的装载会降低飞机的效率，可能使飞行任务不能进行到底，甚至使飞机根本不能起飞，也可能发生机毁人亡的严重事故。

飞机重心位置与装载情况有关，而与飞机飞行状态无关。如果载重及其分布情况改变，飞机重心位置就会发生移动。若飞机前部载重增加，重心位置就会前移；若前部载重减少，重心位置就会后移。

另外，在飞行中，收放起落架、燃油消耗等都可以使飞机的重心位置发生变化。正常情况下，这种变化完全可以由飞机的操纵系统通过操纵各个舵面来进行调整。但如果某时飞机的重心所在位置，已经超出了飞机重心的前后极限范围，这时不但飞机的飞行稳定性会变得很差，飞机的飞行操纵也会变得较为困难，甚至出现飞行事故。因此，对于有关机务人员和驾驶员来说，了解平衡的知识是非常重要的。

通常，飞机在空中保持平衡飞行的充分必要条件是合力为零、合力矩为零。任务中的纸飞机平稳飞行过程中就是这样，必须保持平衡，否则只能从空中掉下来。

任务测评

学生根据课堂所学知识，回答任务中纸飞机保持在空中正常平飞的充分必要条件是什么，并就如表 1.1.1 中所列的各项概念，针对飞机飞行过程中的实际情况，给出相应的实例或解释。

表 1.1.1　任务测评表

项目 内容	飞行过程中的飞机
集中载荷	
分布载荷	
静载荷	
动载荷	
变形	
内力	
应力	
应力集中	
疲劳载荷	
强度	
刚度	
稳定性	
过载	

模块 1　飞机基本结构及受力

任务 2　目视检查飞机机翼表面结构损伤

知识目标

（1）明白飞机机翼的基本功用、配置及三种常见配置的优缺点。
（2）掌握飞机机翼的结构形式及优缺点。
（3）掌握飞机机翼能够承受扭矩的原因。
（4）掌握飞机机翼各组成构件的构造特点及受力特征。

能力目标

（1）能给出飞机机翼的三种常见配置形式及其优缺点。
（2）能给出梁式机翼和单块式机翼的结构特点。
（3）能分析飞机机翼承受扭矩的机理。
（4）能定性给出机翼承载时的剪切、弯矩和扭矩分布图及相应变形。
（5）能清楚地指出机翼容易损伤的部位。

情境创建

飞机机翼实际上就是一个悬臂梁结构。也许学生在航空概论课程或其他读物里已经对飞机机翼的结构有所了解，甚至有的学生可能近距离接触过飞机。

教师带领学生到停放有飞机的场所。从飞机机翼外观来看，它的表面通常都由蒙皮覆盖，并有很好的流线型，其上有规律地分布着各种铆钉，机翼的后缘安装着可以活动的各种舵面。有些飞机的机翼上还可能安装着发动机、起落架。有的军用飞机上还挂有副油箱和导弹等武器装备。

任务实施

教师请学生对飞机机翼结构在飞行过程中的受力情况进行分组讨论，告诉学生机翼上的受力是非常复杂的，同时要承受剪力、弯矩、扭矩等作用，其中最主要的承力构件是翼梁和蒙皮。通常情况下，飞机机翼表面结构的损伤都会影响机翼的正常受力，而且有些表面结构的损伤可能是机翼内部损伤的外部表现。因此，经常对机翼表面进行目视检查是地勤机务人员非常重要的工作。

检查时，可以借助 10 倍放大镜进行。主要关注的部位有机翼加强翼肋、翼梁根部等处。要注意查看铆钉是否有松动或脱落现象，机翼蒙皮是否有划伤、裂纹等损伤。

知识点 1　机翼的功用及配置

在检查飞机机翼表面的结构损伤过程中，为了能使检查有的放矢，必须对机翼结构有一个基本的了解，下面首先对飞机机翼的功用和配置进行了解。

机翼是飞机的重要构件，其主要功用就是给飞机提供升力。同时，它还是飞机上的一些飞行操纵面和功能部件的安装基础。例如，在机翼的后缘安装着副翼和襟翼；有的飞机在其前缘有前缘襟翼和缝翼；在机翼的上表面还可能有扰流板；有些飞机的发动机和起落架也安装在机翼上。而且在很多情况下，飞机机翼内部还被用来储存航空燃油。

从配置上讲，对于低速飞机，有时采用双翼配置，但现代绝大多数飞机采用的都是单翼配置。单翼飞机有上单翼、中单翼和下单翼三种配置形式，如图 1.2.1 所示。飞机往往是根据其具体的用途，以及所要达到的性能不同而采用适当的配置形式。一般地，高速歼击机为了减小阻力，多采用中单翼；轰炸机为了便于装载炸弹，多采用上单翼或中单翼；运输机为了获得比较大的载重容积，多采用上单翼或下单翼。

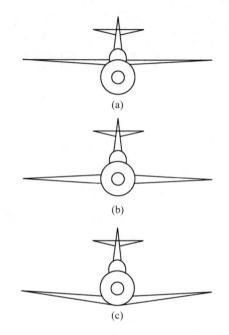

图 1.2.1　机翼的配置

(a) 上单翼；(b) 中单翼；(c) 下单翼。

机翼的三种配置形式各有优缺点。表 1.2.1 列出了单翼飞机三种配置形式的主要优缺点比较。

表 1.2.1　单翼飞机三种配置形式优缺点比较

配置 项目	上单翼	中单翼	下单翼
相对于机身的干扰阻力	介于二者之间	小	大
相对于机身内的容积利用	好。机翼利用机身骨架安装	差。翼梁要横穿机身中部安装	好。但影响机翼其他部件安装
相对于机翼的挂载	好	好	差
相对于机翼上安装起落架情况	差	介于二者之间	好
相对于机翼及其他部件的维护	差	介于二者之间	好

知识点 2　典型钣铆机翼的结构形式及其构造

1. 机翼的结构形式和基本组成

机翼的结构形式经历了从布质蒙皮到金属蒙皮的过程。金属蒙皮目前广泛使用在现代飞机上，一般分为梁式机翼和单块式机翼，以及将两者混合起来的复合式机翼。近年来，还出现了夹层式机翼和整体式机翼。

不同飞机的机翼结构形式可以不同，但机翼各构件的组成基本上是相同的，通常都是由翼梁、桁条、翼肋和蒙皮等构件组成。图 1.2.2 和图 1.2.3 分别为机翼的基本组成关系和机翼的结构示意图。

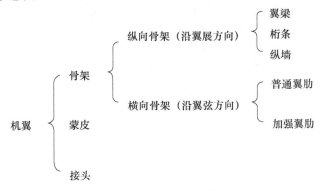

图 1.2.2　机翼的基本组成关系

从连接关系上讲，腹板式翼梁一般是由缘条和腹板铆接而成，翼肋铆接在翼梁腹板上，桁条铆接在翼肋上，蒙皮则铆接在翼梁缘条、翼肋和桁条等构件上。

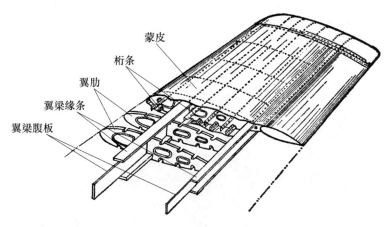

图 1.2.3　机翼的结构示意图

2. 不同机翼的构造特点

1）梁式机翼

图 1.2.4 为一个单梁式机翼。梁式机翼的结构特点是有一个或多个翼梁，蒙皮很薄，桁条的数量不多且较弱，有些机翼的桁条还是分段的。梁式机翼的桁条承受轴向力的能力极小，其主要作用只是与蒙皮一起承受局部空气动力，并提高蒙皮的抗剪稳定性，使之能更好地承受扭矩。这种机翼蒙皮的抗压稳定性很差，当机翼承受弯矩时，其受压部分的蒙皮几乎不能参与受力，而受压部分所分担的拉伸力也很小。梁式机翼的主要受力构件就是翼梁，因此在机翼上开口比较方便，与机身的连接也比较简单。但当飞行速度增大到一定程度后，薄金属蒙皮在局部空气动力作用下往往难以保持良好的气动外形。同时，这种机翼结构不容易获得必要的抗扭刚度。因此，梁式机翼比较适合于低速飞机。

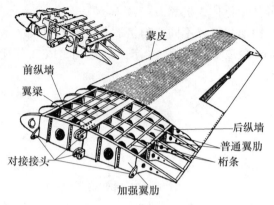

图 1.2.4　单梁式机翼

2）单块式机翼

单块式机翼如图 1.2.5 所示。它的结构特点是蒙皮较厚，桁条多且强，翼梁的缘条较弱，有的缘条截面和桁条差不多。这种机翼的蒙皮不仅有良好的抗剪稳定性，还有较好的抗压稳定性。因此，单块式机翼的蒙皮不仅能更好地承受机翼的扭矩，还能同桁条组成一个整块构件来承受机翼的大部分弯矩，生存力较强。所以，这种结构形式的机翼在高速飞机上应用广泛。但这种机翼的缺点也是明显的，其连接接头比较复杂，不便于开设大的舱口，也不便于承受集中载荷。因此，纯粹的单块式机翼并不多见。

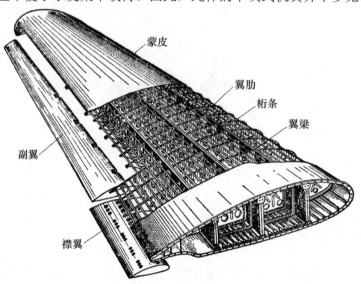

图 1.2.5　单块式机翼

小贴士：军用飞机的生存力是指在空战中结构被炮弹击中后，仍能继续工作的能力。

3）复合式机翼

为了充分利用梁式机翼和单块式机翼的优点，尽量避免它们各自的缺点，某些飞机采用了将梁式和单块式复合应用的结构形式，即在靠近机翼根部需要开设舱口的部位采用梁式结构，其余部分则采用单块式结构。在单块式结构过渡到梁式结构的部位，可以通过一个加强构件将两部分连接起来，以保证载荷能够很好地传递。图 1.2.6 为一个复合式机翼。

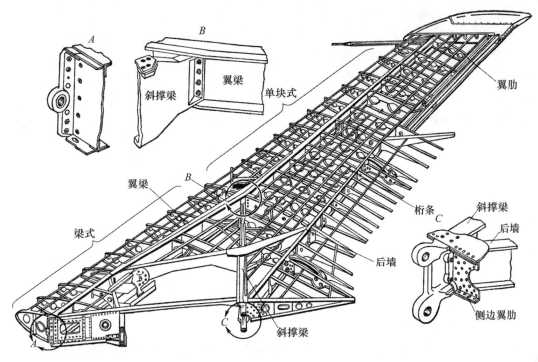

图 1.2.6 复合式机翼

4）夹层式机翼

夹层式机翼就是采用夹层壁板（图 1.2.7）作为基本元素所组合而成的机翼。它是采用内、外两层金属薄板作面板，其间为夹芯层，从而组成飞机结构壁板，用来做蒙皮和其他构件，有时也采用少数的翼肋和桁条来固定蒙皮结构，承受剪力。夹芯层有的是用轻质金属箔制成的蜂窝结构，有的是一层泡沫塑料或轻质的金属波形板。夹层壁板主要依靠内、外层金属薄板承受载荷，夹芯层只起支撑作用。

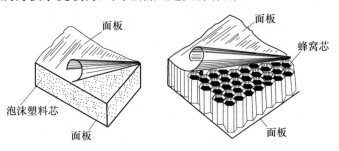

图 1.2.7 夹层壁板

这种机翼能够承受较大的局部空气动力而不会发生鼓胀和下陷，能够更好地承受弯矩引起的轴向压力而不会失去稳定性，该夹层壁板还具有隔热效果。但夹层壁板也有一些缺点，如在壁板上很难开设舱口，不便于承受大的集中载荷；各部分之间的连接比较复杂，而且在结构发生损坏后不容易进行修理。因此，在整个机翼上全部采用夹层式结构有一定的困难，使用有一定的局限性，一般只在飞机的一些只承受局部空气动力载荷的非主要受力构件上使用，如操纵面、调整片、机翼前缘、发动机进气道前缘整流罩等。

5）整体式机翼

图 1.2.8 为整体式结构的机翼。它的结构特点是由一些整体板件连接而成，没有单独的蒙皮、桁条等构件。这是现代加工手段大大提高的结果。整体结构机翼的强度具有良好的可控性，可以根据机翼各部分受力的实际情况进行加工，较好地实现等强度设计，从而使机翼结构的重量能够尽量减轻。但由于受到技术条件等的限制，机翼全部结构都采用整体板件制造还不多见，大多只是在局部结构中采用整体板件，如在某些上单翼飞机的中央翼上表面采用整体壁板。这种结构具有表面铆缝少、比较容易实现准确的机翼外形等特点，且在承受大的局部空气动力时，机翼不容易变形，其空气动力性能和气密性都比较好，可以很好地满足超音速飞机机翼的结构要求。

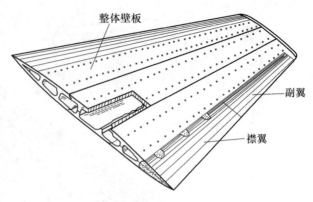

图 1.2.8　整体壁板式机翼

小贴士：所谓等强度设计，就是在飞机设计时，按照飞机结构的实际受力情况，来对承力结构的截面进行设计，这样就可以使整个结构的各个截面在受力时具有相同的应力水平（或抵抗破坏的能力），以充分发挥结构材料的承载作用。

3. 机翼各构件的构造

1）翼梁

翼梁是各种形式机翼结构中的重要受力构件，其功用是承受机翼的弯矩和剪力。

现代飞机的机翼常常采用腹板式金属翼梁（图 1.2.9）。这种翼梁由腹板和缘条铆接而成。缘条用硬铝或合金钢的厚壁型材制成，截面形状多为"T"形或"Γ"形。腹板用硬铝合金制成。薄壁腹板上往往还铆接了许多硬铝支柱。为了合理地利用材料和减轻机翼的结构重量，缘条和腹板的截面积一般都是沿翼展方向改变的，即翼根部分的截面积较大，翼尖部分的截面积较小。腹板式翼梁的优点是能够较好地利用机翼的结构高度来减轻结构重量，而且生存力较强，加工制造也较为简单。

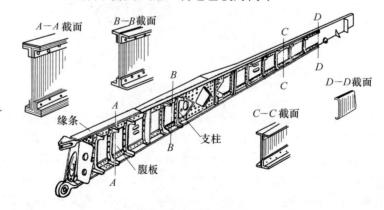

图 1.2.9　腹板式翼梁

在翼型较厚的低速重型飞机上，常采用桁架式翼梁（图 1.2.10）。这种翼梁由上下缘条和许多直支柱、斜支柱连接而成。翼梁承受剪力时，缘条之间的支柱承受拉力或压力。缘条和支柱，有的采用硬铝管或钢管制成，有的则用厚壁开口型材制成。

高速飞机的机翼常采用整体式翼梁（图 1.2.11）。整体式翼梁实际上是一种用高强度合金钢锻制成的腹板式翼梁。它的优点是刚度较大，截面尺寸可以按照等强度的要求进行设计制造，但这对制造加工设备和技术提出了较高要求。

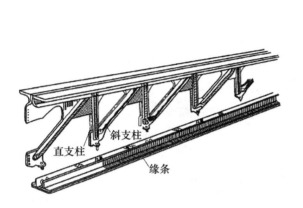

图 1.2.10 桁架式翼梁

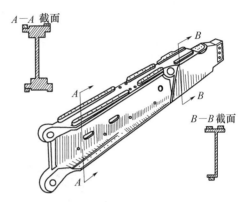

图 1.2.11 整体式翼梁

2）纵墙

纵墙结构与翼梁差不多（如图 1.2.4 所示的前、后纵墙），主要承受剪力，相对于翼梁而言，所承受的弯矩很小，或根本不承受弯矩，但可与上下蒙皮形成封闭盒段以承受扭矩。它与翼梁的区别在于其凸缘很弱，或者根本没有凸缘，而只有腹板。在机翼根部，它可通过较弱的固定接头或铰链接头与机身进行连接。

3）桁条

在金属蒙皮机翼中，桁条（图 1.2.12）的主要功用是支持蒙皮，防止蒙皮在承受局部空气动力时产生过大的局部变形；与蒙皮一起把局部空气动力传给翼肋；提高蒙皮的抗剪和抗压稳定性，更好地承受机翼的扭矩和弯矩；与蒙皮一起承受由弯矩引起的轴向力。

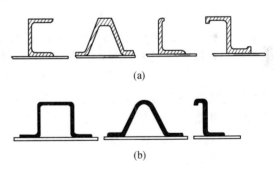

图 1.2.12 桁条的剖面形状
（a）挤压；（b）板弯。

4）翼肋

翼肋按其功用可分为普通翼肋和加强翼肋两种。

普通翼肋（图 1.2.13）的功用就是构成并保持规定的翼型；把蒙皮和桁条传给它的局部空气动力传递给翼梁腹板，而把局部空气动力形成的扭矩通过铆钉以剪流的形式传给蒙皮；支持蒙皮、桁条、翼梁腹板，提高它们的稳定性等。加强翼肋除了具有上述作用外，还可以承受和传递较大的集中载荷。对在开口边缘处的加强翼肋，还能起到把扭矩集中起来传递给翼梁的作用。

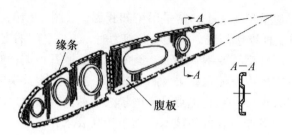

图 1.2.13　普通翼肋

腹板式加强翼肋（图 1.2.14）的缘条由硬铝型材制成。为了承受较大的集中载荷，加强翼肋的腹板较厚，有时还采用双层腹板，或者在腹板上用支柱加强。

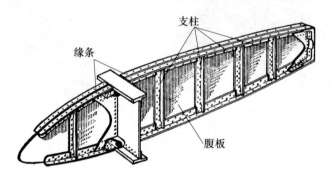

图 1.2.14　腹板式加强翼肋

桁架式翼肋（图 1.2.15）的构造与桁架翼梁相似，也是由缘条、直支柱和斜支柱组成。有些翼型较厚的机翼，如重型运输机，可以通过这种翼肋来承受较大的集中载荷。

5）蒙皮

各种机翼的蒙皮都是用来承受局部空气动力和形成机翼外形的。金属蒙皮机翼结构还要承受机翼的扭矩和弯矩。现代飞机的机翼通常都采用硬铝合金蒙皮，其厚度随机翼的结构形式以及在机翼上所处的部位不同而不同。目前，高速飞机机翼蒙皮的最大厚度已达 5mm～6mm，有的甚至更厚。由于机翼前缘部位承受的局部空气动力较大，飞行中又要求它能够更准确地保持外形，而翼根部位承受扭矩和弯矩通常较大，所以一般在机翼的前缘和翼根部位都会选择较厚的蒙皮，而在机翼的后缘和翼尖部位都选择较薄的蒙皮。在厚蒙皮与薄蒙皮之间通常采用变厚度的过渡蒙皮（图 1.2.16）进行连接，以保证机翼表面的光滑性。

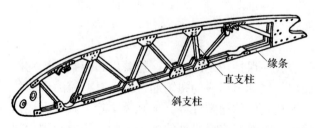

图 1.2.15　桁架式翼肋

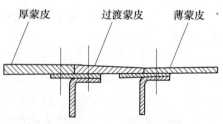

图 1.2.16　过渡蒙皮

6）接头

为提高装配效率及运输和使用维护的方便，机翼需分段制造，即段与段之间通过接头连接，要求接头便于拆装，且能很好地传递载荷。如图 1.2.17 所示的 A 接头就是叉式集中接头，用于梁式机翼。此外，还有周缘接头，即通过机翼剖面周缘较多个点来连接的接头，主要用于单块式机翼。

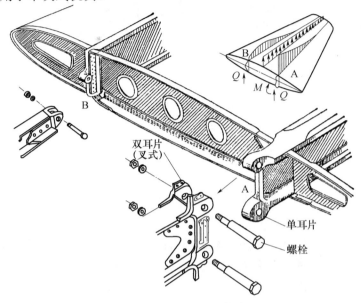

图 1.2.17 叉形集中接头

尾翼的结构一般也是由梁、肋、桁条和蒙皮组成的，构成方式与机翼相似。

知识点 3　机翼外载荷及结构内力

1. 机翼外载荷

飞机在空中飞行时，机翼结构要承受不同的外载荷，通常有空气动力、机翼结构质量力和机翼部件质量力。

机翼上的空气动力分布于整个机翼表面，而且随着飞行状态的变化，沿机翼展向和弦向的分布也是变化的，图 1.2.18 是弦向空气动力分布示意图。机翼结构重力是机翼结

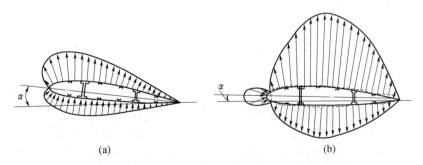

图 1.2.18　不同飞行状态下机翼弦向空气动力分布图
（a）小速度、大迎角飞行；（b）大速度、小迎角飞行。

构重量及其飞行惯性力的总称，即机翼结构重量和变速运动惯性力之和，其大小和分布取决于结构重量的大小、分布以及飞机的加速度。机翼部件质量力属于集中力，集中作用在部件的重心上，并通过部件固定点接头传给机翼。图1.2.19是机翼外载荷沿翼展方向的分布图。

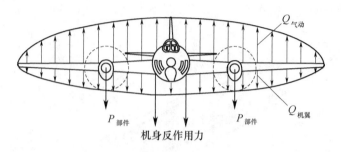

图1.2.19　机翼外载荷沿展向分布图

2. 机翼结构受力分析

如前所述，机翼上作用着三种基本的外载荷。这些载荷最终要由机翼的各构件承受，但承受剪力、弯矩和扭矩的主要基本构件是翼梁、桁条和蒙皮。

机翼通常由翼梁、桁条、翼肋和蒙皮等构件组成。对腹板式翼梁来说，翼梁由缘条和腹板铆接而成，翼肋铆接在翼梁或纵墙腹板上，桁条铆接在翼肋上，蒙皮则铆接在翼梁缘条、翼肋和桁条等构件上。从传递空气动力的角度来说，空气动力作用的起点是机翼的蒙皮，终点是机身的隔框，中间要经过桁条、翼肋、翼梁、接头等构件实现传递。

尾翼承受的应力也与机翼相似。由气动载荷引起的弯矩、扭矩和剪力从一个构件传到另一个构件，每个构件分担一部分应力，剩余的应力传给其他构件，最终通过翼梁传到机身结构上。

在这些构件中，力的传递遵循以下原则。

（1）作用力与反作用力原则。相连接的两构件间，甲构件给乙构件一个力，乙构件必然给甲构件一个同样大小、同样形式的反作用力。力的形式由两构件间的连接情况来决定。

（2）按构件刚度大小分配原则。几个构件同时传力时，刚度较大的构件承受的载荷较大，传递的载荷也较大；刚度较小的构件承受的载荷较小，传递的载荷也较小。传力大小的比例由各构件刚度大小的比例来决定。

（3）最短路线传递原则。力从作用点传到平衡点可能有几条路线。如果各条路线的刚度近似，则大部分的力就会沿着最短的一条路线传递。如果各路线间刚度相差悬殊，则力仍按构件刚度大小分配的原则传递。

如图1.2.20（a）所示的剪力将使机翼截面外端沿垂直方向向上移动。由于机翼的蒙皮、翼梁缘条和桁条沿垂直方向很容易产生变形，而翼梁腹板抵抗垂直方向变形的能力却很大，可以有效地阻止机翼向上移动，所以剪力主要是由翼梁腹板承受的。

如图1.2.20（b）所示的弯矩可使机翼产生弯曲变形。当向上弯曲时，翼梁下缘条、机翼下表面的桁条和蒙皮都会产生拉伸的轴向内力，而翼梁上缘条、机翼上表面的蒙皮和桁条则产生压缩的轴向内力，界面上下两部分的轴向力可组成内力偶，与机翼翼端的弯矩平衡。所以弯矩引起的轴向力由翼梁缘条、桁条和蒙皮共同承受。

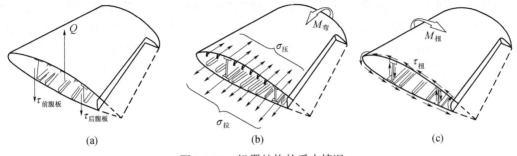

图 1.2.20 机翼结构的受力情况

下面讨论机翼上产生扭矩的机理。

扭矩的产生，是机翼上各截面空气动力、质量力、部件力的合力不通过机翼截面刚心的结果（图 1.2.21）。此时结构不但要发生弯曲变形，而且还要发生围绕刚心的扭转变形。

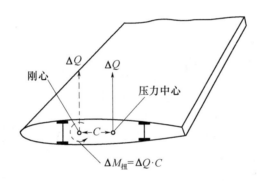

图 1.2.21 载荷对刚心产生的扭转作用

小贴士：截面的刚心就是结构截面上的一个点，当外力通过该点时，结构只弯曲而不扭转；刚性轴就是机翼各截面上刚心的连线，其位置取决于具体结构，对已制成的机翼，刚性轴是不变的。

飞机在飞行过程中，机翼上的空气动力最终作用在压力中心线上，质量力最终作用在重心线上，部件力最终作用于部件重心上。通常情况下，这些作用力的合力会偏离刚性轴一定距离，因而就会产生扭矩。这些力的大小和方向在飞行中是不断变化的，因此飞行状态不同，所产生的扭矩也不同。如大迎角、大过载时，压力中心在刚性轴前面，机翼要受到前缘向上的较大扭矩；而在大表速、小迎角状态飞行时，特别是大马赫数飞行时，压力中心就会后移，机翼可能又会产生前缘向下的扭矩。

机翼最主要功用就是提供升力，在保证机翼能够正常承受剪力和弯矩的前提下，为了使机翼有良好的气动外形，满足飞机对升力的要求，让机翼结构具有承受扭矩的能力是非常重要的。

图 1.2.22 展示了两个用完全相同材料制成的硬纸筒，其中一个沿纵向剪开。如果用两手握住硬纸筒的两端，并各施加一个方向相反的扭力，则在外力相同的情况下，沿纵向未剪开的纸筒很难发生扭转变形，而沿纵向剪开的纸筒很容易被扭动，这说明前者有

较大的抗扭刚度。同样道理，可以将飞机机翼前、后纵墙的腹板或翼梁腹板与上下蒙皮制成封闭的盒形结构，以增大机翼整体结构的抗扭转刚度，使机翼能够很好地抵抗由外力引起的扭转变形。实际上，机翼结构就是由多个封闭的盒形结构所组成的。对于双梁式机翼，其扭矩是由上、下翼面蒙皮和前、后梁组成的合围框（盒段）（图1.2.23）来承受和传递的。如果机翼前缘没有安装前缘缝翼和前缘襟翼，则前缘蒙皮与前梁组成的盒段也具有承受和传递一小部分扭矩的作用，见前图1.2.20（c）。

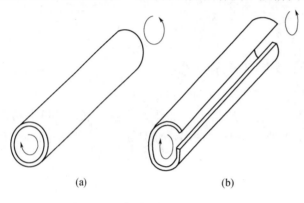

图1.2.22 薄壁筒受扭力作用
（a）不开缝；（b）开缝。

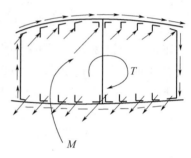

图1.2.23 机翼受力盒段示意图

显然，我们应该知道，作用于机翼各截面的剪力、弯矩和扭矩是不相等的。图1.2.24为平直机翼的剪力、弯矩和扭矩分布图，描述了平直机翼截面的剪力、弯矩和扭矩沿机翼翼展方向的变化情况，从中可以看出：

（1）如果机翼上只有空气动力和机翼结构质量力，则越靠近机翼根部，其横截面上的剪力、弯矩和扭矩越大，如图中虚线所示。

（2）当机翼上同时作用有部件集中质量力时，就会在集中质量力作用处产生突变或转折，如图1.2.24实线所示。

3. 总结

金属蒙皮机翼结构有梁式和单块式两类，为了综合利用两类结构形式的优点，尽量避免其缺点，很多飞机的机翼都采用了翼根部分为梁式、其他部分为单块式的复合式结构。

另外，机翼结构中力的传递过程可以简要总结为：

（1）蒙皮上的局部空气动力由桁条和直接同翼肋贴合的蒙皮传给翼肋。

（2）翼肋将空气动力和集中载荷按梁的抗弯刚度成正比地传给腹板，将它们对刚心的扭

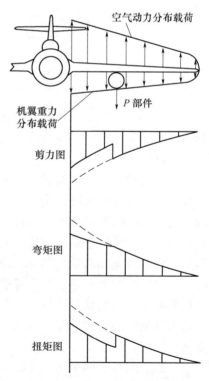

图1.2.24 平直机翼的剪力、弯矩和扭矩图

矩传给蒙皮。蒙皮将扭矩传给与机身接合的周缘螺钉（或开口边缘的加强翼肋）。

（3）腹板把各个翼肋传来的剪力传给机身隔框，并将由此产生的弯矩通过纵向排列的铆钉传给上下缘条。

（4）机翼翼梁的缘条连同桁条和蒙皮把由纵向铆钉传来的力传给机身的连接接头。

从机翼结构中力的传递情况可知，在维护、修理工作中，对于加强翼肋、翼梁根部等部位的铆钉必须重点检查。

因此，在检查机翼结构表面损伤时，要注意观察各部分的铆缝情况，因为机翼各构件都是通过铆钉来传力的。检查铆缝时，可以根据飞机的具体情况，确定需要着重检查的部位。例如，当飞机发生粗猛着陆后，就应当着重检查固定起落架部位的翼肋或翼梁上的铆钉；军用飞机作剧烈的机动动作后，对大部件来讲，由于其需要承受较大的惯性力，则应对固定大部件的加强翼肋上的铆缝、翼根部位的腹板、与缘条相连的铆缝等进行仔细检查。根据铆缝的损伤现象，可以大致判断造成损伤的原因。例如，飞机粗猛着陆后，在过大的撞击力作用下，机翼各部分的铆钉可能由于受到过大的剪切作用而损坏，这时铆钉孔会因一侧内壁与铆钉头剧烈挤压而变成椭圆形。又如，飞机的飞行速度过大，蒙皮会承受过大的吸力，造成蒙皮或铆钉的变形，并在铆钉孔周围留下圆圈状的痕迹。

任务测评

请学生根据课堂所学知识完成以下内容，然后借助 10 倍放大镜，再次对机翼表面进行目视检查。

（1）说明机翼的功用、配置及常见的结构形式。
（2）画出平直机翼在飞行过程中的剪力、弯矩和扭矩分布图。
（3）指出飞机机翼承受扭矩的结构特点。
（4）就机翼的组成构件，完成表 1.2.2 中所列项目。

表 1.2.2　机翼组成构件的任务测评表

内容＼项目	结 构 特 点	所承受的载荷
翼梁		
纵墙		
桁条		
翼肋		
蒙皮		
接头		

飞机构造

任务3　民用客机机身结构表面维护和检查

知识目标

（1）掌握飞机机身的功用及对飞机机身设计的基本要求。
（2）了解飞机机身上的外载荷。
（3）掌握一般飞机机身的结构形式和特点。
（4）掌握民用客机气密座舱的结构和受力特点。
（5）掌握机身加强隔框将集中载荷传递给蒙皮的受力分析。

能力目标

（1）能给出半硬壳式机身的结构特点。
（2）能进行半硬壳式机身加强隔框的集中载荷传力分析。
（3）能给出民用客机机身的日常维护部位。
（4）能描述蒙皮的变形及其预防。
（5）能描述铆钉、螺钉的松动及其预防。

情境创建

学生在航空概论或其他读物里对飞机机身结构已有所了解，有的学生可能还乘坐过民航飞机，已经知道民用客机机身表面具有良好的流线型。为了保证乘员能在飞行中可以正常生活和工作，民用客机都采用气密座舱设计，其受力要比非气密座舱机身结构复杂得多。因此，对其表面的完好性要求也比较高，必须经常进行正确的维护。

教师带学生到停放某民用飞机的现场，选择已经过数千小时使用飞行的飞机为研究对象。

任务实施

在飞机现场，教师请学生对飞机表面进行严格检查，特别是加强隔框周围、机身两侧以及机翼、尾翼与机身连接根部附近的蒙皮。如果发现擦伤、压伤和凹陷，可以借助测量划伤深度的设备测定其深度。所有擦伤、划伤和磨损的深度在 0.1mm 以内的，可以进行打光处理，并涂以相应的油漆，予以正常的保护；若伤痕的深度超过 0.1mm，则必须对蒙皮进行修理。同时，还要仔细检查铆钉有无松动。如果铆钉需要更换，则其直径可以加大 0.5mm。检查机身表面的漆层是否有脱落或鼓包，如果有，则应进行清理和重新防护。

机身结构应避免与酸性、碱性以及任何漆类溶剂接触，以防造成铝合金蒙皮的腐蚀以及漆层的损坏。

知识点 1　机身的功用及其设计要求

1. 机身的功用

机身是飞机的主体和基础,是飞机完成任务的最重要载体。它的主要功用除固定机翼、尾翼和起落架等部件并使之连成一个整体外,主要是用来装载人员(机组人员、乘客)、货物、燃油、武器及各种设备。

2. 机身设计基本要求

飞行中,飞机机身所产生的阻力占整个飞机阻力的较大部分,因此要求机身必须具有良好的流线型、光滑的表面和合理的截面形状,而且希望机身的横截面积要尽可能的小。在飞行和着陆过程中,机身结构不仅要承受作用于其表面的局部空气动力,还要承受起落架和机身上其他部件传来的集中载荷,所以机身结构必须具有足够的强度和刚度。另外,当飞机的飞行高度不断增加时,飞机座舱的密封性对乘员来说也变得非常重要。

知识点 2　机身外载荷及其特点

机身上的外载荷除了空气动力和质量力外,主要是集中载荷。在飞行和着陆过程中,机身要承受由机翼、尾翼、起落架等部件的固定接头传来的集中载荷,同时还要承受机身上各部件的质量力以及结构本身的质量力。在这些载荷的作用下,机身结构的受力有显著特点。

1. 机身主要承受集中载荷

在飞行中,机身表面虽然也要承受局部空气动力,但与机翼相比,机身的大部分表面承受的局部空气动力较小,并且局部空气动力是沿横截面周缘大致对称分布的,基本上能自相平衡,不传给机身的其他部分。局部空气动力一般只对结构中的局部构件受力有一定影响(如一些凸出部分),而不会影响到整个机身的结构受力。此外,机身结构本身的质量力也相对于机翼要小很多,而且可以把它附加到各个集中载荷上予以考虑。因此,分析机身的受力时,通常只考虑集中载荷的作用。集中载荷包括由机翼、尾翼和起落架等部件接头传来的载荷。

2. 机身必须考虑侧向水平载荷

在研究机翼的受力时,由于机翼沿水平方向的抗弯刚度很大而载荷较小,因此可以不考虑水平载荷的作用。但在研究机身的受力时,就必须考虑侧向水平载荷。因为,一方面,机身的截面形状大多是圆形或接近圆形,它沿水平方向和垂直方向的抗弯刚度相差不多;另一方面,机身承受的侧向水平载荷和垂直载荷也基本相当,而且在承受侧向水平载荷时,机身会产生扭转变形。

3. 机身上的载荷通常为对称载荷与不对称载荷

1) 对称载荷

对称载荷是指相对于机身对称面对称分布的载荷。飞机平飞和在垂直平面内作曲线飞行时,由机翼和水平尾翼的固定接头传给机身的载荷,以及当飞机以三点或两点(两主轮)接地时,起落架接头传到机身上的地面撞击力等,都属于对称载荷。在对称载荷作用下,机身要受到对称面内的剪切和弯曲作用。一般在机身与机翼连接点处的剪力和弯矩为最大。

2）不对称载荷

不对称载荷是指相对于机身对称面不对称分布的载荷。机身的不对称载荷主要有水平尾翼不对称载荷、垂直尾翼侧向水平载荷、起落架主轮单点接地时的撞击载荷以及飞机做急转弯或侧滑等机动飞行动作时，机身上各部件所产生的侧向惯性载荷。

在不对称载荷作用下，机身要承受由剪切、弯曲和扭转所产生的变形。图1.3.1为当尾翼载荷产生的力矩与机翼前、后接头传来的反力矩平衡时的机身扭矩图。

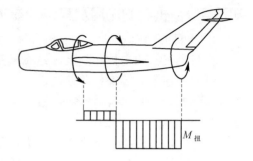

图1.3.1 机身的扭矩图

知识点3 机身结构形式及受力分析

1. 机身结构形式

机身结构形式通常包括构架式、硬壳式和半硬壳式三种。现代使用的飞机主要都是半硬壳式机身结构。

1）构架式机身

图1.3.2为构架式机身。在早期的低速飞机上，机身的承力结构都设计成四缘条的立体构架形式。为了减小飞机的阻力，在承力构架外面固定着整形用的隔框、桁条和布质蒙皮（或木制蒙皮）。这些构件只承受局部空气动力，不参加整个结构的受力。机身的剪力、弯矩和扭矩全部由构架承受。其中，弯矩引起的轴向力由构架的四根缘条承受；垂直方向的剪力由构架两侧的支柱和斜支柱（或各对张线）承受；水平方向的剪力由上、下平面内的支柱、斜支柱（或张线）承受；机身的扭矩则由四个平面构架组成的立体结构承受。可见，构架式机身的抗扭刚度较差，空气动力性能不好，其内部容积也不易得到充分利用。所以，构架式结构通常只用在一些小型低速飞机上。

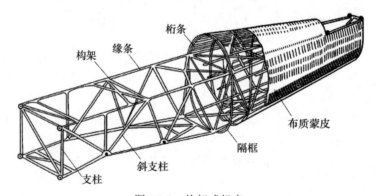

图1.3.2 构架式机身

2）硬壳式机身

图1.3.3为硬壳式机身。它的外形由框架、隔框和蒙皮组成。蒙皮承受主要的应力。这种机身结构没有纵向加强件，这就要求蒙皮必须足够强，足以维持机身的刚性。由于其质量较大，现代飞机已几乎不再采用这种结构。

3）半硬壳式机身

现代飞机机身结构广泛采用了金属蒙皮，这样不但使机身结构的刚度可以满足飞行速度日益增大的需要，而且蒙皮也可以参加到整个结构的受力。将蒙皮与隔框、大梁、桁条牢固地铆接在一起，使之成为一个受力的整体，这就构成了半硬壳式机身。

半硬壳式机身又分为桁梁式机身和桁条式机身。

在这种结构中，大梁和桁条用来承受弯矩引起的轴向力；蒙皮除了要不同程度地承受轴向力外，还要承受全部的剪力和扭矩；隔框不但可以用来保持机身的外形和承受局部空气动力，还可以承受各部件传来的集中载荷，并将这些载荷分散给蒙皮。

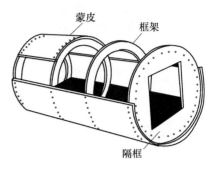

图 1.3.3 硬壳式机身

图 1.3.4 为桁梁式机身。它由几根较强的大梁、较弱的桁条、较薄的蒙皮和隔框所构成。桁梁式机身的大梁较强，机身弯曲时弯矩引起的轴向力主要由大梁承受。在机身上开设大的舱口也不会显著地降低整体结构的强度和刚度。但蒙皮和桁条组成的壁板的截面面积较小，受压稳定性较差，只能承受一小部分由弯矩引起的轴向力。

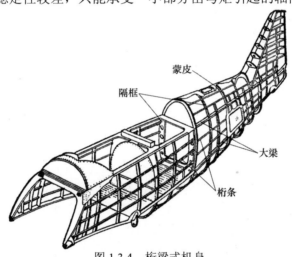

图 1.3.4 桁梁式机身

而在桁条式机身（图 1.3.5）上，由于设计了较强的桁条和蒙皮，使其受压稳定性较好，弯矩引起的轴向力可以全部由上、下蒙皮和桁条组成的壁板来承受。蒙皮的加厚改善了机身的空气动力性能，增大了机身结构的抗扭刚度。所以，与桁梁式机身相比，桁条式机身更适用于较高速飞行的飞机。但是，这种机身由于没有强有力的大梁，如果在开口部位不采用专门构件来加强，就不宜开设大的舱口。由于桁条式机身各构件受力比较均匀，因而在传递载荷时就必须采取分散传递的方法进行设计，如机身各段之间通过在周缘设置很多接头来实现其连接。

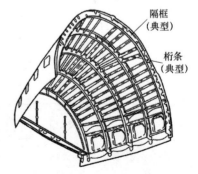

图 1.3.5 桁条式机身

综上所述，半硬壳式机身的结构特点如表 1.3.1 所列。为了更好的发挥两种结构的优点，避免其缺点，现代飞机机身大多采用了桁梁式和桁条式组合而成的混合式结构。一般在前机身因其开口较多、总体载荷较小而多采用桁梁式，而机身中段和后段因其总体载荷较大而采用了桁条式结构。

表 1.3.1 半硬壳式机身的结构特点

半硬壳式	梁	桁条	蒙皮	隔框
桁梁式	强	弱，少	薄	有
桁条式	无或弱	强	厚	有

2. 机身各构件的构造

在机身结构中，蒙皮和桁条的构造与机翼的相应构件相似，但机身中大梁和隔框的构造则各有特点。

1）大梁

大梁是机身上的纵向构件。从受力性质来说，机身的大梁相当于翼梁的缘条。它是弯矩引起轴向力的主要承力构件。机身大梁的构造比较简单，通常就是一根用铝合金或高强度合金钢轧制成的型材。图 1.3.6 给出了一些大梁的截面形状。在大型飞机上，也有采用铆合梁的。

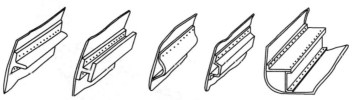

图 1.3.6 大梁的截面形状

2）隔框

隔框是机身上的横向构件，可分为普通隔框和加强隔框两种。

（1）普通隔框的作用是形成和保持机身的外形、提高蒙皮的稳定性以及承受局部空气动力。图 1.3.7 为一种普通隔框的构造示意图。

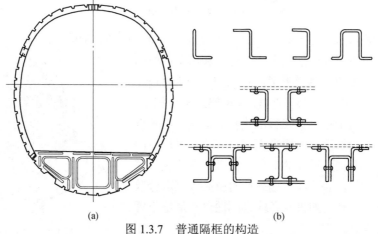

(a)　　　　　　　　　　(b)

图 1.3.7 普通隔框的构造

（2）加强隔框除了普通隔框所具有的作用外，主要是承受和传递机翼、起落架等大部件传来的集中载荷。隔框还可分为板式隔框、环形隔框和球形隔框。图1.3.8为一种具有壁板的加强隔框。

3. 半硬壳式机身结构受力分析

这里仅分析半硬壳式机身结构中加强隔框给蒙皮传递集中载荷的受力情况。

1）垂直载荷传递

加强隔框在承受垂直方向的对称载荷时，会产生沿垂直方向的移动趋势。如图1.3.9所示，大梁抵抗垂直方向变形的能力很小，不能有效地阻止隔框垂直移动的趋势；而蒙皮（尤其是两侧蒙

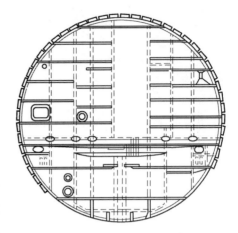

图1.3.8 壁板式加强隔框

皮）抵抗垂直方向变形的能力较大，能有效地阻止隔框的垂直移动趋势。因此，蒙皮是支持加强隔框的主要构件。这时，加强隔框沿两边与蒙皮连接的铆缝，可以把集中载荷以剪流的形式分散地传递给蒙皮，蒙皮则产生反作用剪流来平衡加强隔框上的载荷。

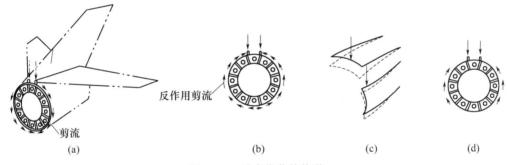

图1.3.9 垂直载荷的传递

由于沿隔框周缘各部分蒙皮抵抗垂直方向变形的能力不同，造成分布于隔框周缘的剪流不均匀。机身两侧的蒙皮抵抗垂直方向变形的能力比上、下蒙皮强，剪流较大。因此，可以认为作用在隔框平面内的垂直载荷完全传给了两侧蒙皮，并由它们产生的反作用剪流来平衡，即传递垂直载荷时，机身两侧蒙皮的作用相当于翼梁的腹板。

2）水平载荷传递

作用于加强隔框的水平载荷（如来自垂直尾翼的载荷）通常是不对称的，如图1.3.10所示。

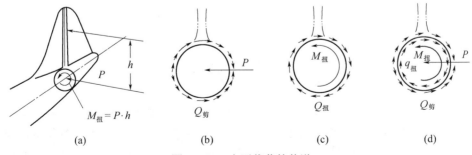

图1.3.10 水平载荷的传递

对于垂直尾翼上的水平载荷来说，它对隔框的作用相当于一个作用于隔框中心处的力（即对机身的剪力）和一个对隔框中心的力矩（即对机身的扭矩）。

加强隔框传递作用于中心处力的情况与传递垂直载荷相似，同样是沿铆缝以剪流的形式将载荷分散地传给蒙皮。但由于力的方向是水平的，所以在机身上下蒙皮截面上所产生的剪流最大。

加强隔框承受扭矩时，要在其自身的平面内扭转。蒙皮组成的合围框具有较大的抗扭刚度，它能通过铆钉来阻止隔框扭转。这样，加强隔框便沿周缘铆缝把扭矩以剪流的形式均匀地传给蒙皮，蒙皮则产生反作用剪流，形成对隔框中心的反力矩，使隔框平衡。

可见，当加强隔框承受如图1.3.10所示的水平载荷时，隔框周缘要同时产生两个剪流，即平衡力的剪流与平衡力矩的剪流。周缘各处总剪流的大小就是这两个剪流的代数和。在承受垂直尾翼传来的载荷时，隔框上部两个剪流的方向相同而下部方向相反。因此，固定垂直尾翼加强隔框的上部受力较大，结构往往较强，蒙皮一般也比较厚。

同理，对于固定前起落架的加强隔框来说，在承受由前起落架传来的侧向水平载荷时，隔框下部的受力要比上部大，所以这种隔框的下部通常做得较强。

4. 气密座舱的结构和受力

现代飞机飞得很高，而高空的大气压很低，为了适应乘员在高空飞行时的正常工作条件以及生理要求并保证仪表、设备能可靠地工作，飞机已普遍采用了增压的气密座舱，并由专门的设备对座舱内的压力进行自动调节。

为了满足座舱的气密性要求，在铆接部位一般都采用双排铆钉或者多排铆钉，同时采用干涉配合的铆接方式进行连接。如果是螺栓连接，则采用干涉配合螺栓进行连接，即采用较大的过盈量配合。因此，在机身上应进行密封的地方，铆钉和螺栓连接均采用干涉配合连接。在机身内外表面上，凡空气可能通过纵向和横向对接处泄漏的地方，通常采用密封胶、密封胶带和密封腻子对气密座舱结构进行密封。图1.3.11为多种机身蒙皮与纵、横向加强构件密封对接结构。

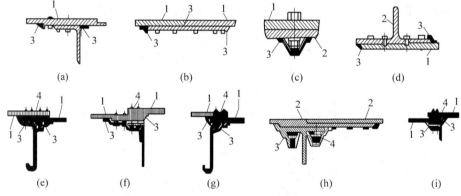

图1.3.11 机身蒙皮与纵、横向加强构件密封对接结构
1.蒙皮；2.壁板；3.密封胶；4.密封胶带。

根据气密座舱承受载荷的不同，它的结构形式可以分为插入式和整体式两类。

（1）插入式气密座舱如图1.3.12所示，其安装在机身内，不参加机身结构的总体受力。这种座舱承受的载荷主要是座舱内外压力差所引起的分布载荷，以及乘员和座舱内设备所引起的集中载荷；此外，座舱的某些构件（如座舱盖等）因暴露在气流中也会承受局部空气动力。插入式气密座舱由于不参加机身的总体受力，因而座舱的变形较小，气密效果较好。但是，这种座舱的材料在总体受力中没有得到充分利用，并使整个机身的结构重量增大，因此目前飞机上已很少采用这种座舱。

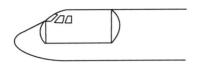

图 1.3.12 插入式气密驾驶舱

（2）整体式气密座舱是直接把机身结构的一部分加以密封而形成的。它除了承受与插入式气密座舱相同的各种载荷外，还会作为机身结构的基本组成部分而参加机身的总体受力，故在飞行中座舱结构的变形较大，气密条件较差。但是，这种结构形式能合理地利用材料，使整个机身的结构重量得以减轻，并且气密性问题也因密封技术的改进而解决，因此这种气密座舱形式已得到了广泛应用。

现代民用客机所采用的就是整体式气密座舱。图 1.3.13 为波音 737 飞机气密增压区域图。民用客机的增压座舱截面一般为圆筒形或接近圆筒形。前压力隔框位于驾驶舱区域内，通常小于后压力隔框。为了便于安置设备，前压力隔框常采用平面加强隔框。后压力隔框位于机身和尾部的连接处，大型飞机的后压力隔框通常是球形加强隔框。

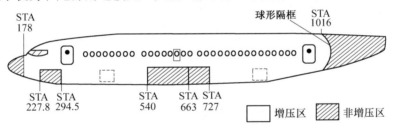

图 1.3.13 波音 737 飞机气密增压区域

在一般飞行情况下，座舱内压力大于座舱外压力，这种压力差叫正压力差。但在某些特殊情况下，座舱内压力也可能小于座舱外压力，这种压力差叫负压力差。气密座舱承受的分布载荷主要是由座舱内外正压力差引起的。从强度方面看，把它做成圆球形最有利。但为了能够方便安置乘员以及设备，常常采用圆筒形座舱来代替圆球形座舱。

由气密座舱内外压力差所引起的分布载荷，通常会使座舱壁板中的构件产生拉伸正应力。座舱壁板的连接处还要承受径向载荷，所以这些地方一般都用隔框来加强。在圆筒形机身与尾翼的球面加强隔框连接处往往受力比较大，故在维护工作中要加强检查。

能力点 1　蒙皮变形及其预防

现代飞机的金属蒙皮是机体结构的主要受力构件之一，它在受力时可能产生鼓胀、下陷和曲皱等现象。

1. 蒙皮的鼓胀和下陷

在局部空气动力作用下，骨架之间的蒙皮将被吸起（鼓胀）或压下（下陷），使蒙皮在截面内产生拉伸应力（图 1.3.14）。在正常情况下，蒙皮的这种变形比较微小，其应力不会超过材料的弹性极限，外力消除后，蒙皮能立即恢复原状。这种变形对飞机的空气动力性能影响不大。但是，如果作用在蒙皮上的局部空气动力过大，或因维护、修理不良，使它的强度、刚度减弱，则在飞行中蒙皮就可能产生明显的鼓胀和下陷，发生永久变形，使飞机阻力明显增大。

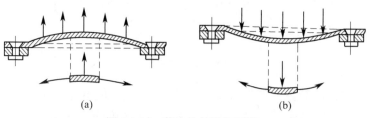

图 1.3.14　蒙皮的鼓胀和下陷

在局部空气动力较大而蒙皮较薄或蒙皮在骨架上固定得较弱的部位，蒙皮的鼓胀和下陷比较严重。例如，某飞机进气道内的蒙皮就因厚度较小、固定较弱以及气流作用较剧烈，而常常产生比较明显的鼓胀和下陷。

2. 蒙皮的曲皱

机体受力时，如果蒙皮截面内产生的压缩正应力或剪应力过大，蒙皮就会因失去稳定性而出现曲皱（斜波纹）现象。在一般情况下，蒙皮曲皱现象并不多见，但飞行中如果操纵飞机的动作过猛，使飞机受力过大；或维护、修理不良（如蒙皮的固定减弱），使蒙皮的稳定性变差，则在一些受压或受剪较严重的部位就可能出现蒙皮曲皱现象。例如，某军用飞机机身后段的外蒙皮就曾因同时受到较大扭矩 $M_{扭}$ 和剪力 Q 而出现斜波纹（图 1.3.15）。

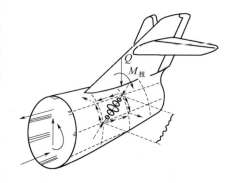

图 1.3.15　蒙皮的曲皱

蒙皮除了可能产生鼓胀、下陷和曲皱变形外，由于机务人员的工作不当也会产生一些其他的变形。例如，不按规定上、下飞机而踩坏蒙皮，在飞机上乱放工具而划伤蒙皮，以及拆装舱口盖工作粗糙致使舱口盖发生变形等。

蒙皮变形会大大减弱机体的承载能力，增大阻力。例如，实践表明，某飞机修理前最大速度只能达到 950km/h，将机体表面的各舱（窗）口盖修整以后，最大速度即可达到 980km/h，当进一步对飞机外表面进行修整和喷漆后，其最大速度就达到了 1010km/h，速度提高 6%以上。另外，蒙皮变形还可能破坏飞机的平衡，如当一侧机翼的蒙皮变形严重时，就会导致两侧机翼的升力和阻力出现不对称分布，从而使飞机的飞行姿态发生变化。

可以想见，蒙皮变形所引起的各种不良后果对于高速飞机来说将更为严重。因此，防止高速飞机的蒙皮变形就显得特别重要。为了防止蒙皮变形，维护工作中必须注意保持蒙皮的固定良好，防止蒙皮受到机械损伤和腐蚀，以保障蒙皮具有足够的强度和刚度。同时，对于已经产生永久变形的蒙皮，应及时予以修复。

能力点 2　铆钉、螺钉的松动及其预防

机体的构件大多是用铆钉或螺钉连接的，这些铆钉和螺钉在传力过程中要承受拉伸、剪切和挤压作用。飞机受力后，由于构件变形和飞机振动的影响，铆钉和螺钉就可能松动甚至脱落。

1. 铆钉松动

铆钉的正常铆接如图 1.3.16（a）所示。当构件承受载荷 P 时，铆钉杆与铆孔之间产生挤压力 P_1，铆钉头与埋头窝之间也产生挤压力 P_2（图 1.3.16（b））。由于铆钉头在 P_2 力的作用下容易向上移动，而铆钉杆与铆孔不易变形，因此构件的载荷 P 主要是作用在铆钉杆和铆孔上。铆孔受挤压的面积较小，长期承受较大的挤压力就容易扩大成椭圆形，使铆钉松动。松动了的铆钉如继续使用，在重复载荷作用下，铆钉头就可能产生裂纹（图 1.3.16（c）），甚至被剪断。

不同飞机容易出现铆钉松动的部位不完全一样，但总的来说，铆钉松动多发生在蒙皮受力大、撞击和振动剧烈以及铆接质量较差的部位。例如，在加强翼肋与翼梁腹板、蒙皮的连接处，铆钉就比较容易松动。

铆钉松动或脱落会使飞机表面变得粗糙，并使蒙皮的固定变差，容易产生变形。而且，如果一部分铆钉松动或脱落，势必使其他铆钉受力增大，因而很容易引起其他铆钉松动和脱落。

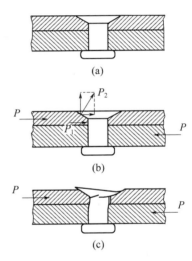

图 1.3.16　铆钉的受力和变形

为了防止铆钉松动，在修理工作中，应保证铆接质量符合要求；在维护工作中，要经常注意检查。经验表明，铆钉松动后，铆钉头与埋头窝将因摩擦而产生金属粉末。这种粉末与污物会附着在铆钉头与铆孔之间的缝隙内而呈现黑圈，或在背气流的一边形成黑色尾迹，即产生"拉烟"现象。因此在检查飞机时，如果发现铆钉周围有黑圈或尾迹，表明该铆钉已经开始松动；如果铆钉头已突出构件表面或发生卷边翘起现象，则表明铆钉的松动已经很严重了。对于松动的铆钉，应及时按规定更换，一般不允许把原铆钉重新打紧。因为对于已经产生了永久变形的铆钉进行敲打，不仅难以恢复其原状，而且会加速其损坏。

2. 螺钉松动

螺钉拧紧后，是靠螺纹之间的摩擦力使其保持在拧紧状态的。如果安装螺钉时拧得不够紧，螺纹之间的摩擦力就比较小，构件振动时，螺钉就会逐渐松动甚至脱落。螺钉松动后，被固定的蒙皮就会翘起，使飞机的空气动力性能变差，并使雨水、尘土等容易进入机体内部，引起内部构件锈蚀。因此，螺钉必须按规定拧紧。此外，同一构件上各个螺钉的紧度必须一致。否则，紧者容易损伤，松者容易脱落，而且蒙皮也会因受力不均而翘曲。

任务测评

机身结构是飞机发挥其基本功用的核心部件。通过对机身结构及受力的学习,学生应该基本掌握民航客机机身的主要受力情况。请学生再次对机身表面进行一次维护检查,并就机身任务完成表 1.3.2 中所列项目。

表 1.3.2　机身任务测评表

项　目	内　　容
功用	
基本要求	
结构形式	
外载荷特点	
半硬壳式机身加强隔框受力特点	
气密座舱	

模块 1　飞机基本结构及受力

任务 4　找出飞机机体结构分离面

知识目标

（1）掌握飞机分离面的连接方式。
（2）掌握机翼结构分离面连接接头构造和受力特征。
（3）了解机身结构分离面连接接头的结构和受力。

能力目标

（1）能针对不同飞机的结构特点找出机体结构的分离面。
（2）能分析机翼结构分离面连接接头的受力。
（3）能给出分离面连接接头的装配注意事项。

情境创建

对一架庞大的飞机来说，其机体由几万甚至几十万个零件组成，根据使用功能、维护修理、运输方便等需要，将整架飞机从结构上划分为许多的部件和组件。在这些部件和组件之间，一般都采用可拆卸的连接，其拆卸分离面称为设计分离面（即飞机一般都是分段制造，然后将各部分组装而成）。飞机结构的分离面可以包括机身各段的分离面、机翼各段的分离面、机翼和机身间的分离面及尾翼与机身间的分离面等。例如，运七飞机整个机身可分为机身前段、机身中段和机身尾段，而机翼可分为中央翼、中外翼和外翼。

教师带学生到某飞机的停放现场。

任务实施

教师请学生认真观察飞机机体的机身和机翼结构，然后尝试着根据机体结构表面的铆钉或螺钉分布情况，找出飞机机身的分离面和机翼的分离面位置。

需要说明的是，有些分离面由于外部有整流包皮，使得从飞机外部不容易识别，如机翼与机身间的分离面。

知识点 1　分离面的连接方式

无论是机身还是机翼，常常都是分段加工制造然后组装的。有时候，还要根据情况在分离面上安装整流包皮，以保证飞机外形具有良好的流线型。

为了保证飞机能够安全可靠飞行且装配维修便利，对分离面的连接接头有一定的要求。它必须能可靠地承受机体各部件传来的载荷，并且应拆卸方便。

分离面的连接方式，按其接点在分离面上的分布情况不同，通常分为集中连接和周缘连接两种形式。在分离面上，只需要通过少数连接点连接的称为集中连接；沿分离面周缘需要通过许多连接点连接的则称为周缘连接。分离面的连接方式不同，接头的构造和受力也就不同。下面对机翼和机身的情况分别加以说明。

知识点 2　机翼连接接头的构造及受力特征

按是否通过机身，把机翼与机身的连接结构形式分为两种：一种是有机翼通过机身，即机翼的中段是固定在机身上的，而左右外段机翼与中翼相连，如运七飞机的机翼就是由一个中翼通过机身上部与机身结构相连、两个中外翼与中翼相连、两个外翼与中外翼相连；另一种是飞机没有中翼，其左右机翼分段连接后，直接沿机身两侧与机身结构相连。

1. 集中连接的机翼接头构造形式和载荷传递

1）接头的构造形式

梁式机翼的分离面都用集中连接的方式来连接，其接头的构造形式通常有叉形接头和套管式接头两种。

叉形接头由耳片和连接螺栓等组成（图 1.4.1）。耳片用螺钉或铆钉固定在翼梁缘条上，或者与缘条制成一体。耳片通常垂直放置，连接螺栓则从水平方向插入耳片的螺栓孔中。叉形接头主要是通过螺栓的受剪来传递载荷的。有些叉形接头的耳片是水平放置的，螺栓则从垂直方向插入螺栓孔中（图 1.4.2）。这种接头在传递载荷时，垂直方向的剪力由耳片直接传递，螺栓则不承受这个方向的剪力。叉形接头拆装较方便，而且便于在不增加接头高度的情况下通过增加螺栓数目来增大受剪面，故适用于翼型较薄的机翼。

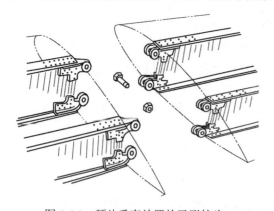

图 1.4.1　耳片垂直放置的叉形接头

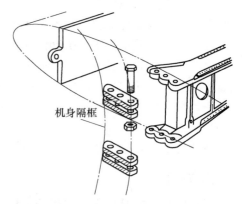

图 1.4.2　耳片水平放置的叉形接头

有些叉形接头的耳片内还装有偏心衬套，转动偏心衬套可使螺栓孔的中心上下移动（图 1.4.3），以调整机翼的安装角。

有三个或三个以上耳片的叉形接头通常叫做梳形接头（图 1.4.4）。采用梳形接头能增加受剪面，从而减小螺栓的直径。

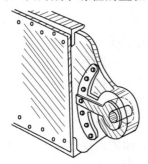

图 1.4.3　耳片内有偏心衬套的叉形接头图

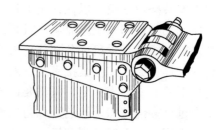

图 1.4.4　梳形接头的构造

图 1.4.5 为套管式接头。在中翼的翼梁缘条上固定有带球面的螺纹套管,在外翼的翼梁缘条上装有螺帽,将螺帽拧在套管上,即可将外翼与中翼连接在一起。翼梁缘条上的轴向力通过螺帽和套管上的螺纹受剪或球面受压来传递,剪力由螺帽传给套管,这时它们都受到剪切和弯曲作用。

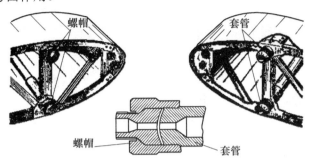

图 1.4.5 套管式接头的构造

2)接头传递载荷的情况

分离面以外机翼段上的垂直载荷和水平载荷都是经过分离面的连接接头传给中翼或机身的,而分离面之间的整流带往往较弱,不能传递载荷。

下面以双梁式和单梁式机翼为例来说明其接头传递载荷的情况。

(1)垂直载荷的传递情况。双梁式机翼的前、后梁缘条上各有一对接头,分离面以外机翼段上的垂直载荷$Q_{外翼}$引起的弯矩由这两对接头传递。这时,上、下接头分别承受由缘条传来的压缩和拉伸的轴向力(图 1.4.6)。单梁式机翼除了在主梁缘条上有一对接头外,在纵墙上也有一个接头,即纵墙与中翼或机身是铰接的,不能传递弯矩。因此,由垂直载荷引起的弯矩全部由主梁上的一对接头传递(图 1.4.7)。对于垂直载荷引起的剪力,双梁式机翼是通过前、后梁的连接接头传给中翼或机身的;单梁式机翼则主要由主梁接头来传递。对于垂直载荷引起的扭矩,双梁式和单梁式机翼都是由前、后接头以力偶的形式传递的。前、后接头在传递剪力和扭矩时所承受的总的力$Q_{前接头}$、$Q_{后接头}$可以按杠杆原理将垂直载荷$Q_{外翼}$分配给前、后接头。

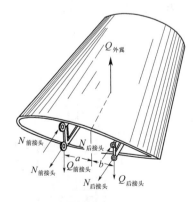

图 1.4.6 双梁式机翼受垂直载荷时
接头的传力情况

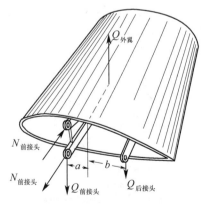

图 1.4.7 单梁式机翼受垂直载荷时
接头的传力情况

（2）水平载荷的传递情况。双梁式机翼的连接接头传递分离面以外机翼段上的水平载荷时，弯矩由前、后梁的接头以力偶形式传递，剪力由前、后梁的接头共同传递（图 1.4.8）。单梁式机翼的连接接头传递水平平面内弯矩的情况与双梁式机翼相同，水平方向的剪力可认为全部是由主梁上的接头传递的。

由前文可知，梁式机翼接头要集中地传递分离面以外机翼段上的载荷，受力很大，因此它们通常都用高强度合金钢制成。由于应力集中现象对这类材料的强度影响较大，接头一旦有了裂纹或表面受到机械损伤，强度就会显著降低。所以，在维护工作中不允许随便敲打接头的螺栓和耳片，并应定期进行探伤检查，以便及时发现裂纹。此外，在使用过程中，叉形接头由于磨损和挤压，耳片上的螺栓孔容易扩大或呈椭圆形和锥形，以致间隙超过容许范围。对于间隙已经超过规定的接头，必须经过修理才能使用，否则飞机在飞行中机翼容易发生振动。

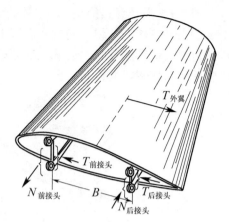

图 1.4.8　双梁式机翼受水平载荷时接头的传力情况

2. 周缘连接的机翼接头构造形式和载荷传递

单块式机翼之间的分离面通常是沿周缘连接的，它用许多接点沿分离面把外翼和中翼的蒙皮、桁条及翼梁的缘条、腹板分别连接起来，使外翼的弯矩、扭矩和剪力可以沿分离面均匀而连续地向中翼传递。

周缘连接的机翼接头的构造形式通常有以下几种。

（1）角条式接头（图 1.4.9）由连接螺栓和铆在周缘蒙皮或腹板上的角条组成，角条上开有许多对接孔，用来安装连接螺栓，将中翼和外翼连接起来。机翼受载荷作用时，这种接头通过螺栓受拉或角条受压传递由弯矩引起的轴向力；通过连接螺栓受剪传递由剪力或扭矩引起的剪流。

（2）凹槽式接头的构造如图 1.4.10 所示。它用特制的型材做连接件，型材上有安装螺栓的凹槽，外面装有整流板。这种接头一般用来连接中、外翼的受力壁板，它的传力情况与角条式接头基本相同，而拆装较角条式接头方便。在目前的单块式机翼中，这种接头应用得较为广泛。

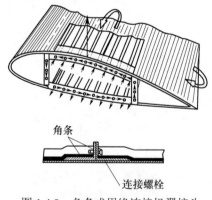

图 1.4.9　角条式周缘连接机翼接头

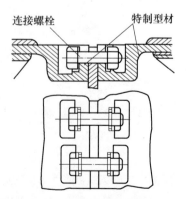

图 1.4.10　凹槽式周缘连接机翼接头

（3）插入式接头由固定在分离面周缘的垫板、盖板和连接螺栓组成（图1.4.11）。垫板和盖板上开有许多螺栓孔。将垫板插入盖板，拧上螺栓，即可将外翼和中翼连接在一起。这种接头的特点是所有载荷都通过螺栓受剪来传递。

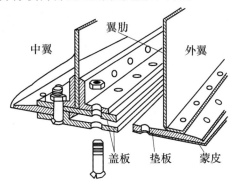

图 1.4.11　插入式周缘连接机翼接头

机翼沿周缘连接时，外翼上的载荷是由周缘上各个接点共同承担的。如果周缘上各螺栓的安装紧度不一样，较松的接头便不能很好地受力，较紧的接头就会受力过大。这些受力过大的接头将会因挤压和磨损加剧而产生较大的间隙。因此，沿周缘连接的螺栓通常都规定了拧紧的力矩。安装时，要用专门的定力扳手来拧紧螺帽，使各螺栓的安装紧度符合要求。

3. 几种机翼与机身连接接头的典型受力特征

在平直机翼上（图1.4.12（a）），垂直载荷Q在分离面上的投影Q'（大小与Q相等）通常都在前、后梁接头之间。因此，作用于前、后梁接头上的垂直方向的力Q_1、Q_2通常都小于垂直载荷Q。在后掠机翼上（图1.4.12（b）），垂直载荷Q在分离面上的投影Q''往往在后梁接头的后面。Q''是和接头反作用力Q_1、Q_2平衡的，所以Q''对前梁接头的力矩应等于后梁接头的反作用力Q_2对前梁接头的力矩。从图中可以看出，Q''的力臂a大于反作用力Q_2的力臂b。所以，后梁接头的反作用力Q_2大于Q''，即后梁接头上的垂直作用力要比垂直载荷Q大。可见，在维护后掠机翼时，后梁接头是检查的重点。后掠尾翼的接头同样具有这些特点。

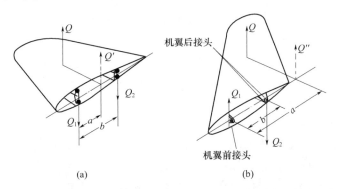

图 1.4.12　平直机翼与后掠机翼接头的受力情况比较

(a) 平直机翼；(b) 后掠机翼。

三角形机翼的根部接头通常较多（图 1.4.13（a））。因为机翼受弯时，蒙皮所承受的轴向力在靠近翼根处要转移到翼梁缘条上去，所以根部两接头间的一部分蒙皮是不参加受力的。三角形机翼的翼根弦很长，如果接头很少，则不参加受力的蒙皮面积将占整个机翼面积的很大一部分（图 1.4.13（b）），这对机翼结构材料的合理利用显然是不利的。

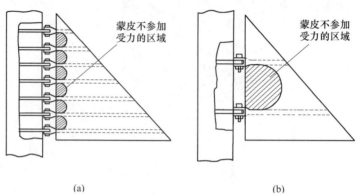

图 1.4.13　三角形机翼接头处的受力情况

小展弦比平直机翼的根部接头通常也较多。这种机翼由于根部的结构高度很小，接头的受力较大，为了尽可能减小接头的受力而不增加翼根高度，往往采用 Y 形接头（图 1.4.14）。

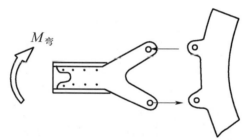

图 1.4.14　小展弦比平直机翼的 Y 形连接接头

知识点 3　机身连接接头的构造及受力特征

机身连接接头的构造及受力与机翼的情况有相似之处。

1. 集中连接的机身接头构造形式和载荷传递

桁梁式机身分离面常采用集中连接的方式来连接。如图 1.4.15 所示，某型歼击机机身前、后段就是由 10 个螺栓对接接头集中连接的。6 个接头对称地分布在机身前、后段桁梁端部，为了便于安装，采用了回转螺栓（A 详图），其余 4 个在机身两侧，它们同时是翼梁与机身的连接接头，这 4 个接头上各装有一对齿片（B 详图）。机身受载时，弯矩靠螺栓受拉和结合面受压来传递，扭矩由分离面上 10 个螺栓以剪力的形式传递，垂直方向的剪力由左右 8 个螺栓传递，水平方向的剪力则由 6 个回转螺栓传递。机身两侧的 4 个接头通过齿片来传递机身的扭矩和垂直方向的剪力。在连接机身时，这些齿片还能起定位作用，使机身前后段的轴线容易对准。

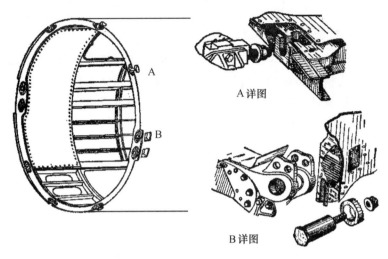

图 1.4.15　集中连接的机身接头

2. 周缘连接的机身接头构造形式和载荷传递

周缘连接方式在机身上应用较广泛，它既可用在硬壳式机身上，也可用在半硬壳式（桁条式或桁梁式）机身上。图 1.4.16 为周缘连接机身接头的内视图。在每根桁条上都有一个对孔接头，而桁条之间的隔框周缘上则安装着开有螺栓孔的角条，所有对孔接头和角条都用螺栓连接起来。

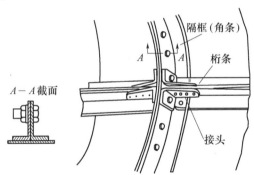

图 1.4.16　周缘连接的机身接头

这种接头的受力特点是弯矩由对孔接头和角条的受压以及连接螺栓受拉来传递，扭矩和剪力都由螺栓受剪力来传递。所有这些力和力矩都由各个接头分散地承受。

综上所述，机身、机翼分离面的连接方式，根据接点分布情况的不同可分为集中连接和周缘连接两种。采用集中连接方式时，分离面处的弯矩、扭矩和剪力都是以集中力的形式作用在接头上的，故其接头受力较大。对这种接头必须注意螺栓、耳片表面的维护，防止机械损伤，并要正确地安装，以减少磨损，防止产生过大的间隙。

采用周缘连接方式时，分离面处的弯矩、扭矩和剪力是通过许多连接点分散地传递的。如果接头螺栓的固定紧度不均匀，一些受力过大的连接螺栓容易磨损甚至断裂，并可能引起飞机振动。因此，在维护工作中，对这种接头应注意正确地安装，尤其要注意保证各个连接点的安装紧度要一致。

任务测评

通过本任务的学习,学生应该了解,无论是机身还是机翼都是分段制造装配的,而且也清楚地认识了飞机分离面的连接特点。教师请学生总结本任务的内容,给出采用不同连接方式时应该注意的事项,然后再针对其他型号的飞机,尝试找出其机体结构的分离面。

任务 5　统计飞机机体表面的开口位置和数量

知识目标

（1）掌握飞机开口的类型及所采用的口盖形式。
（2）理解飞机机体开口后结构所发生的本质变化。
（3）掌握针对飞机机体不同开口所应采取的补偿措施。
（4）了解飞机机体站位编号及区域划分的概念。

能力目标

（1）能指出飞机机体不同开口的类型及口盖的所属类型。
（2）能针对飞机机体不同开口形式给出相应的补偿措施。
（3）能简单分析单块式机翼间接补偿开口传递弯矩的机理。
（4）能对飞机上的部件进行初步的站位编号。

情境创建

学生在近距离接触飞机时，除了可以看到非常熟悉的民用客机登机门、服务门、舷窗之外，还会发现飞机的表面有许多其他开口，如军用飞机的炸弹舱门、起落架的收放舱门、货机尾部的大货门，以及许多用于飞机维护的各种口盖。

教师带学生到某飞机的停放现场。

任务实施

请学生认真观察飞机机体的表面，将所有可以看到的各种开口位置和数量进行统计，其中包括飞机的登机门、舷窗，以及维护飞机的各种口盖或舱门等。学生会发现，有的口盖只有一个快卸螺钉，有的口盖周围布满螺钉；有的口盖在机翼、机身的下部，有的口盖在机翼、机身的上部。在可能的情况下，请学生观察每个开口部位的内部和外部结构有什么特点。

如果要到飞机上部去统计查看，一定要注意安全问题，并按照要求换上工作鞋，以避免对飞机表面造成不必要的损伤。

知识点 1　开口类型和口盖类型

在飞机机体上开口，既是功能上的需要，也是对飞机维修性的需要。实际上，在飞机机体上的开口并不仅仅局限在飞机表面（图 1.5.1），在飞机的内部也要根据需要进行适当的开口。

1. 开口类型

按照开口尺寸的大小，可以将开口分为大开口和中小开口。开口的大与小是与所在部件的基准尺寸相比而言的，并不是开口的绝对大小。例如，机身上的开口通常是用开口一边的长度与机身直径相比较来进行其大小分类的。

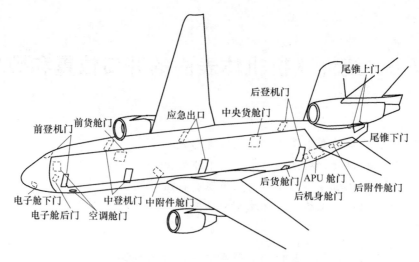

图 1.5.1　飞机主要外部舱门的位置

通常，中小开口的尺寸相对于它所在部位的基准尺寸是比较小的，对结构传力的影响也是局部的，如梁腹板上的开口、机身观察窗开口等；大开口的尺寸相对于它所在部位的基准尺寸是比较大的，对结构的受力影响就不是局部的，而会影响到整个截面，如机翼上的主起落架舱门开口、机身上的大货舱开口或炸弹舱开口等。

按用途分类，开口又可以分为门窗类和口盖类。门窗类开口包括登机门、货舱门、通风窗、舷窗、战斗机的座舱盖（实际起门窗的作用）等；口盖类开口包括各种用于维护飞机的口盖或舱门。

2. 口盖的类型

1）一般口盖和快卸口盖

凡是在与飞机外形有关的结构上开口，为了保证飞机的整体外形，在开口处都必须有口盖或舱门。口盖大多是用于飞机维护的，根据口盖的使用频率不同，常常分为一般口盖和快卸口盖。

一般口盖与机体结构用螺钉连接固定，其连接点比较多，口盖可传递部分或全部载荷。这类口盖的拆卸和安装都比较麻烦，且在开口的周围都有补强结构。对于这样的口盖，在安装时必须将所有的螺钉拧紧到同一程度，否则较松的螺钉在受力时就有可能不参加受力，而较紧的螺钉受力可能就会很大。这样，原来应该由舱口盖传递的力就要部分甚至全部转嫁给其他构件来传递，从而造成其他构件的受力增大。此外，螺钉的固定紧度不均匀往往也是飞机在飞行中产生振动的原因之一。

在飞机的地面维护工作中，必须定期检查和拧紧受力舱口盖的螺钉。对于那些容易受到振动或撞击的舱口盖，更需要加强检查。对于大的受力口盖，在拆装时一定要用托架托住。因为在机体结构重量的作用下，舱门盖上的螺钉会受到剪力的作用，不但拆卸比较困难，而且机体结构的刚度较弱，还可能在拆下时造成较大的变形，给以后的安装带来困难。

相对来说，快卸口盖在维护时比较方便，通常只需要简单地按一下或旋一下就能使口盖打开或关上。

2）非补偿口盖、部分补偿口盖和完全补偿口盖

如果按口盖受力特性分类，口盖可以分为非补偿口盖（一般为快卸口盖）、部分补偿口盖和完全补偿口盖。小开口的口盖大多是非补偿口盖；中开口的口盖各种类型都有，但大多数都是完全补偿口盖；而大开口的口盖则大多数是完全补偿口盖，但也有个别是非补偿口盖。

口盖是否需要进行补偿加强完全取决于口盖是否受力。在飞机飞行中，非补偿口盖是完全不参与传力的；部分补偿口盖一般也只能传递剪切载荷；完全补偿口盖则可以传递各种载荷。图 1.5.2 为梁式机翼上的受力舱口盖。

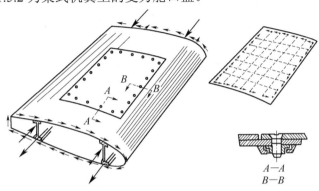

图 1.5.2　梁式机翼上的受力舱口盖

知识点 2　机体开口结构的补偿及受力特征

在机体结构上开口的地方，除了蒙皮被切开外，桁条、翼肋或隔框等也可能被切断。如民航客机登机门是一个比较大的开口，它切断了多根长桁，这样开口部位的结构强度与刚度就会受到很大削弱。因此，在构造上就要充分利用原有的纵、横向构件，围绕开口可以布置一个"井"字形的加强构件（图 1.5.3），以适应这种由于开口所带来的变化。

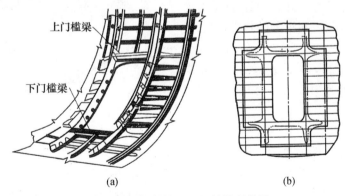

(a)　　　　　　　　(b)

图 1.5.3　机身舱门开口的补强措施

通常情况下，需要补强的办法可以分为两类：一类是对开口进行直接补偿，即用受力舱口盖或在开口周缘安装加强构件等代替被去掉的构件，图 1.5.3 就是这种情况；另一类是不直接对开口进行补偿，而是改变开口部位的整个结构以适应开口后的受力特点，即采用间接补偿。

1. 直接补偿开口及受力特征

1）在开口处安装受力舱口盖

受力舱口盖由盖板和一些加强型材铆接而成，用来代替开口部位的蒙皮、桁条、翼肋或隔框的受力。为了使这种舱口盖能很好地参与受力，它的周缘要用很多的铆钉、螺栓牢固地与开口周缘连接。这种舱口盖拆装不便，故多用在不需经常拆卸的部位。

2）沿开口周缘安装加强构件

这种开口的舱口盖通常只用少量螺钉或锁扣来固定。在这种情况下，开口部位原来由壁板传递的载荷将由加强构件组成的框型结构来传递，舱口盖不传递轴向力和剪流，仅承受局部空气动力，起盖住开口、保持飞机外表流线型的作用。如图 1.5.3 所示的民航客机登机门开口就是采用了沿开口周缘安装加强构件的补强措施。

必须注意，修理这种补偿开口部位的构件时，不仅要保持其有足够的强度，还应使其刚度符合原来的要求，因为载荷是按构件的刚度来分配的。如果补强以后的框型结构刚度不足，结构受力时，经框型结构传递的力会减小，而沿开口段两边的壁板传递的力则会增大，结果开口段两边的壁板就容易因受力过大而损坏；反之，如果框型结构刚度过大，则经框型结构传递的力将比原设计情况的力大，这就会使与框型结构连接的构件受力过大，容易损坏。

2. 间接补偿开口及受力特征

机体结构中某些大的开口（如起落架舱口）采用直接补偿是不合适的。因为这些地方不可能设置受力舱口盖，而沿大的开口周缘安装加强构件又会使结构过重，所以这些开口通常是间接补偿的。

下面以金属蒙皮机翼为例来说明在垂直载荷作用下，剪力、弯矩、扭矩在间接补偿开口部位的传递情况。为了使问题简化，假设该机翼在两个翼梁和翼肋 1、翼肋 2 之间的上、下表面都是开口的（图 1.5.4），且不考虑开口部位前、后缘蒙皮和桁条的传力作用。

1）剪力的传递

由于开口部位的翼梁是完整的，所以垂直平面内的剪力和未开口时一样，仍由翼梁腹板传递。

2）弯矩的传递

在不同结构形式的机翼上，间接补偿开

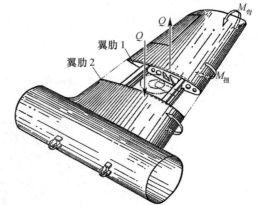

图 1.5.4　机翼的间接补偿开口

口对结构传递弯矩的影响是不同的。梁式机翼的弯矩主要由翼梁承受，上、下蒙皮和桁条被去掉后，对结构传递弯矩的影响不大；单块式机翼中，弯矩引起的轴向力有很大一部分是由蒙皮和桁条传递的，蒙皮和桁条被去掉后，这部分轴向力就要由翼梁缘条传递，因此开口段翼梁缘条的受力将大大增加。

以开口部位外侧两翼梁间的一块带桁条的蒙皮 $abcd$（图 1.5.5）来说明。这块蒙皮的内端铆接在开口边缘翼肋上，两侧铆接在翼梁缘条上，外端则和外段蒙皮、桁条连接在一起，并受到外壁板传来的由弯矩引起的轴向力 P 的作用。在轴向力的作用下，蒙皮 $abcd$ 有向翼根移动的趋势。由于边缘翼肋受到垂直于它本身平面的力时比较容易变形，不能可靠地支持这块蒙皮，而翼梁缘条却能对它起支持作用，因而由外段壁板传来的轴向力便经过蒙皮侧边铆缝，以剪流的形式逐渐传给翼梁缘条，使缘条承受的轴向力逐渐增大。

在开口部位的内侧，翼梁缘条内由于开口增加的那部分轴向力，又以剪流形式逐渐传给蒙皮和桁条，使它们重新与缘条一起受力。

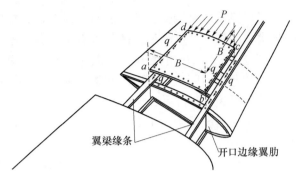

图 1.5.5 开口部位外侧轴向力的传递

从开口部位的结构传递弯矩的分析中可以看出，单块式机翼的翼梁缘条在开口部位及其附近受力要显著增大。因此在这个区域内，翼梁缘条的截面积都是加大的（图 1.5.6）。

3) 扭矩的传递

开口部位外侧机翼的扭矩通过蒙皮以剪流的形式传递给外侧边缘翼肋以后，是以力偶的形式传给翼梁的。当组成这个力偶的两个力分别经翼梁传到内侧边缘翼肋时，由于蒙皮的支持作用，内侧边缘翼肋又要通过铆缝将这个力偶转变成剪流传给内侧机翼蒙皮。可见，开口

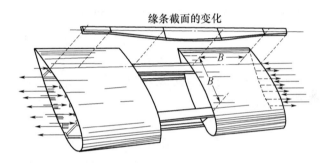

图 1.5.6 开口部位翼梁缘条的加强情况

部位的两个边缘翼肋传递扭矩时，它们与蒙皮和翼梁腹板相连的铆钉承受的剪力较大，维护工作中应注意检查。

开口部位的翼梁传递扭矩引起力偶时要承受附加的剪力和弯矩。由于附加剪力的作用，腹板各截面承受的总剪力要增大，所以开口部位翼梁腹板通常也是加强的。开口部位的翼梁承受的附加弯矩可通过图 1.5.7 来说明。图中表示，开口部位的一段翼梁在两端的附加剪力作用下，有沿垂直平面旋转的趋势，这时开口部位两侧的翼梁段会产生反力矩来阻止它旋转。

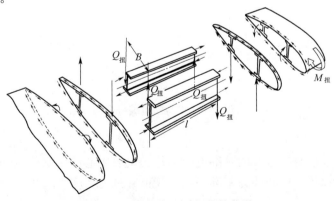

图 1.5.7 扭矩在开口部位的传递

开口段翼梁两端受到的附加弯矩最大,开口段翼梁中间弯矩为零。此外,附加弯矩的最大值与开口部位沿展向的长度有关,开口部位越长,附加弯矩的最大值就越大。

可见,开口部位的翼梁不仅要承受机翼的全部弯矩,而且要承受由于机翼扭转而引起的附加弯矩。因此,开口段翼梁截面上的总弯矩是这两个弯矩的代数和。

综上所述,在机翼、尾翼、机身上开口后,如果用受力舱口盖和加强构件直接补偿,结构的传力情况基本上不变。对这类开口部位,维护工作中应该注意按照规定拆装受力舱口盖,并经常检查螺钉、螺栓固定的紧度状况,以保持加强构件的完整性。如果是间接补偿开口,则开口部位结构中的传力情况可能会发生显著变化。例如,弯矩要集中由梁或少数加强的纵向构件来传递,在传递扭矩时开口段的构件要承受附加的剪力和弯矩等。这些变化常常使开口部位各构件受力增大,因此,开口部位的翼梁缘条和腹板及机身上的纵向构件和蒙皮在构造上大多都要加强。但即便如此,这些构件的强度通常都富余得很少,所以它们仍然是维护检查机体结构的重点。

知识点 3　飞机机体站位编号及区域划分

为了便于在飞机的使用、维护和修理过程中准确标示各结构(如框位、口盖等)和各部件(如发动机、油箱等)的位置,需要建立一个参数基准,有必要给飞机的机身、机翼、尾翼等进行站位编号和区域划分。

1. 站位编号

1) 机身站位(FS)

机身站位用于沿前后方向(飞机纵向)进行定位。用距离参考基准面的长度尺寸进行编号。参考基准面是在飞机型号合格证数据单中给定的假象垂直面,它所处的站位编号为零。位于参考基准面之前各点的机身站位编号为负值,位于基准面之后各点的机身站位编号为正值,如图 1.5.8 所示(图中长度单位为英寸)。

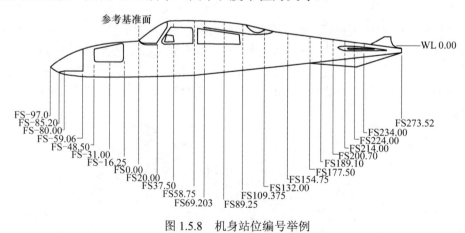

图 1.5.8　机身站位编号举例

2) 机翼站位(WS)

机翼站位是以机身中心线为基准进行编号。机身中心线是站位编号为零的纵剖线。机翼站位编号是以机身中心线为基准向左、右测量的长度尺寸,如图 1.5.9 所示(图中长度单位为英寸)。

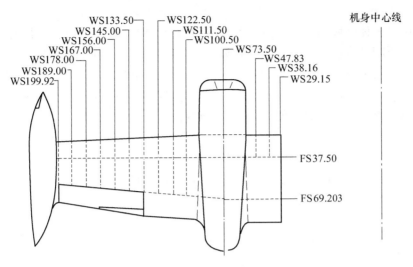

图 1.5.9 机翼站位编号举例

3）水线（WL）

水线是为了确定机体结构部件垂直方向位置而设定的一条水平参考线。起落架、垂尾等部件上的一些站位编号可以用水线垂直距离的长度尺寸来表示，如图 1.5.10 所示（图中长度单位为英寸）。

4）纵剖线（BL）

机身中心线是编号为零的纵剖线。由中心线向左或向右各纵剖线的编号是从此纵剖线到机身中心线的距离。水平安定面和升降舵的站位编号可以用所在纵剖线编号表示，如图 1.5.11 所示（图中长度单位为英寸）。

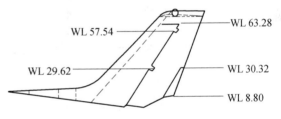

图 1.5.10 垂尾水线编号举例

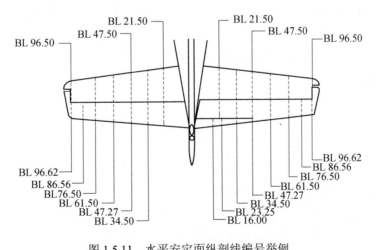

图 1.5.11 水平安定面纵剖线编号举例

2. 区域划分

现代飞机机体区域的划分，通常都是按照 ATA100 规范中的规定进行的。机体区域划分的基本原则是将机体先由粗到细划分，首先将机体划分为主区，然后进一步划分为较小的分区，最后将分区进一步划分为更小的区域。如图 1.5.12 所示，机体区域编号用三位数字表示，第一位为主区编号，第二位为分区编号，最后一位为区域编号。例如，机体区域编号为"321"，第一位"3"表示尾翼部分（包括后气密框之后的机身）；第二位"2"表示垂直安定面和方向舵；第三位"1"表示垂直安定面前缘。因此，区域编号"321"就表示机体的垂直安定面前缘部分所在的位置。

经过以上对机体主区、分区和区域的编号，整个机体就被划分成了能用具体编号表示的区域，这给飞机结构的检查、维护和修理带来很大的方便。另外，这些编号还可以用于计算机管理的维护记录系统，使飞机维护记录管理工作大大简化。

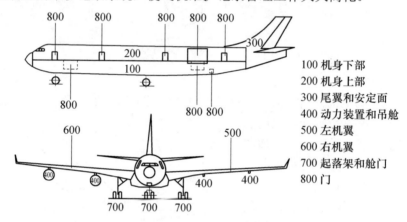

图 1.5.12　ATA100 规范机体主区划分原则

任务测评

通过对有关飞机机体开口知识的学习，学生可以从中掌握飞机开口的类型和口盖的形式，并对飞机不同开口所采取的补偿措施有了清楚的了解；而对有关机体站位和区域划分的学习，使学生了解了在飞机这个大系统中是如何建立标示系统的。请学生针对之前所统计的某飞机机体表面不同部位的开口，总结说明每个开口是否有补偿措施或采用了什么补偿措施。

模块 2　飞机停放、起飞和着陆装置

📖 模块学习基本目标 📖

知识目标

- ➢ 掌握飞机起落架的功用、基本配置形式和基本结构形式。
- ➢ 掌握飞机起落架收放机构的基本组成和收放程序。
- ➢ 掌握飞机起落架油气式缓冲器的工作原理。
- ➢ 掌握飞机前起落架的基本构造和稳定距的概念。
- ➢ 掌握最高刹车效率的概念及防滞刹车系统。
- ➢ 掌握飞机起落架机轮的组成和轮胎的构造。

能力目标

- ➢ 能识别飞机起落架所属的配置形式和结构形式。
- ➢ 能根据飞机起落架及轮舱空间判断其大致的收放过程。
- ➢ 能描述起落架油气式缓冲器的工作原理并对缓冲器进行油量检查。
- ➢ 能描述对飞机起落架缓冲器进行油、气补充的程序。
- ➢ 能描述飞机起落架实现地面转弯操纵的原理。
- ➢ 能描述多圆盘式刹车装置的工作原理。
- ➢ 能解释电子式防滞刹车系统优于惯性防滞刹车系统的原因。
- ➢ 能对机轮和轮胎进行外观检查。

任务 1　认识飞机的停放、起飞和着陆装置

知识目标

（1）掌握飞机起落架的基本功用。
（2）掌握飞机起落架的基本配置形式及特点。
（3）掌握飞机起落架的基本结构形式及特点。

能力目标

（1）能识别具体飞机起落架所属的配置形式。
（2）能识别具体飞机起落架所属的结构形式。

情境创建

在多媒体教室，教师借助多媒体手段给学生展现不同飞机的停放、起飞和着陆装置，或者带学生前往停放有不同飞机的现场，参观飞机实物。

教师让学生重点观察飞机的起落架。其间，教师可以给学生讲解起落架的基本功用，并要求学生注意观察飞机起落架的配置及其结构形式。

任务实施

教师请学生根据所看到的不同飞机的停放、起飞和着陆装置，并查阅有关资料，完成表 2.1.1。

表 2.1.1　认识飞机的停放、起飞和着陆装置任务实施表

功用					
配置形式	运五飞机	初教六飞机	歼七飞机	运七飞机	波音 747 飞机
结构形式	运五主起落架	初教六主起落架	歼七主起落架	运七前起落架	波音 747 主起落架

知识点 1　停放、起飞和着陆装置的功用

飞机的停放、起飞和着陆主要是由起落装置来完成的。对机轮式起落装置来说，停放时，它起支撑飞机的作用，保证飞机的安全停放；滑行和牵引时，它可以保证驾驶员能安全操纵飞机运动，并实现转弯，使飞机具有良好的操控性；起飞和着陆时，它可以吸收地面对飞机的冲击能量，减小飞机结构所受的冲击载荷，改善起飞滑行性能，并给

飞机提供起飞刹车和减速刹车，从而有效地缩短了飞机起落架的起飞和着陆滑跑距离。其实，发动机的地面试车也是通过起落架的刹车功能来进行的。

知识点 2　典型的飞机起落架配置形式

飞机的起落装置有多种多样的形式：飞机在地面进行停放、起飞和着陆时，通常采用的是机轮式起落装置；在水上，通常采用的是浮筒式起落装置；在雪地上，通常采用的是滑橇式起落装置。无论飞机使用的是哪种起落装置，它们都应该为飞机提供基本相同的使用功能。这里介绍的是机轮式起落架装置的配置形式，因为目前飞机大量采用的就是这种起落架装置。

飞机起落架的配置形式最初为四点式，和生活中经常看到的汽车车轮配置类似。但实践证明，对飞机进行三点式配置就可以满足其在地面的稳定停放、起飞和着陆。根据飞机重心位置的不同，飞机起落架可以分为以下三种基本配置形式，如图 2.1.1 所示。

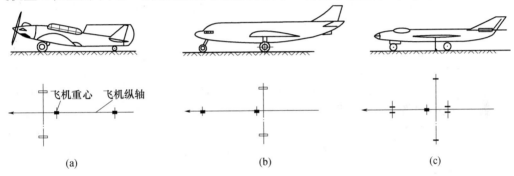

图 2.1.1　起落架的配置形式

（a）后三点式；（b）前三点式；（c）自行车式。

1. 后三点式

在飞机重心前，相对于机身对称面并排对称安置着两个主轮，飞机尾部安置一个尾轮，如图 2.1.1（a）所示。

在早期的飞机上，后三点式起落架广泛应用在安装活塞式发动机的飞机上。这样的配置在飞机上容易安装尾轮，结构简单，尺寸和重量都比较小；着陆滑跑时的迎角大，有利于飞机的减速，缩短了滑跑距离。但是，飞机着陆须三点接地，对驾驶员的操纵水平要求较高；如果飞机大速度滑跑，当运动前方遇到撞击或进行强力刹车的情况时，容易发生飞机倒立现象；着陆时，飞机很容易出现"跳跃"而造成低空失速；滑跑过程中的前方稳定性也比较差。另外，由于机头上翘，在起飞滑跑时，驾驶员的视界不好，给操纵飞机带来一定的困难。这些缺点对于低速飞机来说似乎还可以接受。因此，在 20 世纪 40 年代中期以前曾得到非常广泛的应用。

20 世纪 40 年代以后，随着飞机在起飞、着陆速度上的不断提高，后三点式起落架的缺点日益突出。为了缩短起飞、着陆的滑跑距离，飞机必须采取强力的刹车减速措施，这就使得飞机发生倒立现象的可能性加大。

2. 前三点式

在飞机重心后，相对于机身对称面并排对称安置两个主轮，飞机前部安置一个前轮。

根据情况,有时还要在飞机的尾部安置一个尾橇,以防止飞机起飞、着陆时擦尾,如图2.1.1(b)所示。

前三点式起落架的应用,解决了后三点式起落架所存在的问题。其优点是,飞机着陆时,通常是两个主轮先接地,对驾驶员的操纵要求降低;如果飞机大速度滑跑,当前方遇到撞击或进行强力刹车的情况下,由于前轮远离飞机重心位置,飞机不会发生倒立现象,可以有效地缩短飞机的滑跑距离;由于飞机重心位于主轮的前边,滑跑过程中,飞机前方的方向稳定性较好;起飞、着陆滑跑时容易操纵;由于机身轴线基本与地面平行,使得驾驶员的视界较好;对目前广泛应用的喷气飞机来说,前三点布置避免了发动机喷出的尾气烧坏跑道。其缺点是和后三点配置的尾轮相比,前三点配置所使用的前起落架结构比较复杂,尺寸大、重量大,且所承受的地面载荷也相对较大;前轮会发生摆振现象,必须采取一定的防摆措施。但是,由于前三点式起落架比较适用于速度较大的飞机,所以目前已经成为现代飞机主要的起落架配置方式。

事实上,前三点式起落架的配置形式,早在开始使用飞机的初期就曾经采用过,但由于早期飞机上安装的都是活塞式发动机,这种配置形式很快就放弃了。

3. 自行车式

两个主轮分别安置在飞机重心的前后,但为了保证飞机的安全稳定停放,防止侧面倾倒,在飞机机翼两侧下面还需对称安置两个辅助机轮。需要说明的是,机翼两侧的辅助机轮在飞机的起飞、着陆过程中原则上是不能受力的,通常把辅助机轮支柱的高度做得要短一些,如图2.1.1(c)所示。

自行车式起落架主要使用于不宜布置三点式起落架的飞机上,如上单翼轰炸机。由于其起落架安装在机翼上比较困难,在机身中部的重心附近又设置有炸弹舱门,因而采用了自行车式的配置形式。但这种起落架由于没有左、右主轮,因此不能依靠主轮的不对称刹车方式进行转弯操纵,只能在前轮加装转弯操纵装置,从而使得结构重量加大。相对来说,前轮离飞机重心比较近,使得前轮所承受的载荷也比较大。

知识点 3 典型飞机起落架的结构形式

起落架常用的结构形式有构架式、支柱式和摇臂式三类。

1. 构架式起落架

构架式起落架如图2.1.2所示,它是通过一套承力构架与机翼或机身连接。承力构架中的缓冲支柱和其他杆件之间都是通过铰接连接的。

这种连接方式使得起落架在工作过程中只承受拉伸和压缩的轴向载荷,不承受弯矩,结构简单、重量轻,但难收放。对低速飞机来说,它的使用比较多见。

2. 支柱式起落架

支柱式起落架如图2.1.3所示,为了减小起落架支柱的受力,通常采用撑杆式起落架。这种起落架的支柱相当于一根双支点外伸梁。由于斜撑杆的支持作用,支柱所承受的侧向弯矩可大大减小。斜撑杆往往还作为起落架的收放连杆,或者斜撑杆本身就是收放作动筒。承力支柱与缓冲器通常是一体的。它的上端及辅助受力的撑杆直接固定在机体骨架上,机轮直接连接在支柱下端。

模块 2　飞机停放、起飞和着陆装置

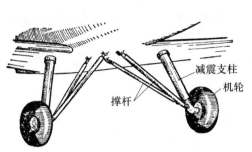

图 2.1.2　构架式起落架

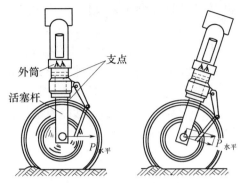

图 2.1.3　支柱式起落架

支柱式起落架比构架式起落架的体积小，容易做成可收放的形式。但这种起落架承受水平撞击时，缓冲支柱不能很好地起到减震作用。因为当缓冲支柱受到正面传来的水平撞击时，水平撞击力会使支柱承受较大的弯矩，活塞杆和外筒接触点会产生较大作用力，使得摩擦力增大。这样，不但造成缓冲支柱的密封装置容易磨损而产生漏油现象，而且它的缓冲工作性能也受到一定的影响，因此支柱式起落架在设计上往往都以一个适当的前倾角进行安装。由于支柱式起落架结构形式可以承受比较大的地面载荷，所以目前飞机的主起落架通常采用的都是这种形式，而且在重型飞机上常常对前起落架也采用这种结构形式。

3. 摇臂式起落架

摇臂式起落架如图 2.1.4 所示，这种起落架的机轮通过一个摇臂悬挂在承力支柱和缓冲装置的下面。根据缓冲器配置的不同，它可以分为三种形式，即缓冲器与承力支柱分开的摇臂式起落架（图 2.1.4（a））、缓冲器与承力支柱合成一体的摇臂式起落架（图 2.1.4（b））、缓冲器和摇臂直接固定在飞机承力构件上的摇臂式起落架（图 2.1.4（c））。

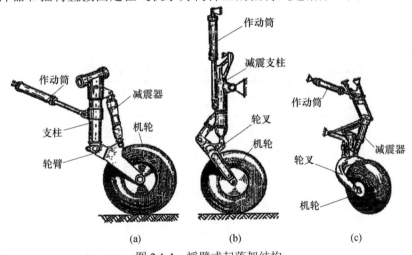

图 2.1.4　摇臂式起落架结构

当承受水平和垂直撞击载荷时，摇臂式起落架都可以实现缓冲器的压缩，从而在水平和垂直两个方向上都可以达到缓冲减震的效果。在传力的过程中，缓冲器只承受轴向压力，不承受弯曲作用，所以该起落架缓冲支柱的摩擦力小，密封性能比较好，不易发生漏油现象。但是，它的构造比较复杂，缓冲装置及接头受力较大，一般不适用于重型

53

飞机，常作为前起落架来使用。

4. 多轮多支柱式起落架

随着现代飞机的发展，飞机的起飞、着陆吨位也越来越大。对于重型飞机来说，很多飞机都已经在前三点式起落架配置形式的基础上，广泛采用了多轮小车式起落架，或多轮多支柱式的起落架配置。其原因有三个：一是每个机轮的承载能力都是有限的，多轮式布置可以有效减小单个机轮所承受的载荷；二是飞机结构的承载能力也是有限的，多支柱式布置可以分散跑道对机体结构过大的集中载荷；三是飞机跑道的承载能力也是有限的，多轮式布置可以有效减小跑道在单位面积上所承受的载荷，以保证重型飞机可以在各大机场进行运营着陆。图2.1.5为美国C-5A运输机的支柱布置和机轮安排方式。它共有四个主起落架，每个主起落架上有六个机轮，整个飞机共有28个机轮。

在实际工作中，对飞机的起落架有很多种不同的称谓。根据起落架相对于机身所处的前后位置，分为前起落架和

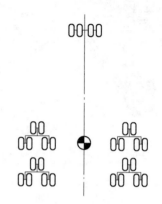

图 2.1.5 C-5A 飞机起落架装置

主起落架；根据在机身或机翼的相对安装位置，分为机身式起落架和机翼式起落架；根据对起落架所配置的轮胎数量，又分为单轮式起落架、双轮式起落架及多轮式起落架等不同称谓。不同形式起落架的采用，完全是根据不同飞机的具体情况及所实现的基本功能，并考虑到机场跑道的承载能力而进行设计的。但从本质上，还是应该首先关注起落架的实际结构形式。

任务测评

学生根据本任务各知识点的学习，完成表2.1.2的内容，从而加深对飞机的停放、起飞和着陆装置的全面认识。

表 2.1.2 认识飞机的停放、起飞和着陆装置任务测评表

项目 型号	功　用	配置形式	结构形式	结　构　特　点
运五飞机				
初教六飞机				
歼七飞机				
运七飞机				
波音747飞机				
C-5A飞机				

模块 2　飞机停放、起飞和着陆装置

任务 2　设计一个简单的起落架收起程序

知识目标

（1）掌握飞机起落架的常见收放形式及转轮机构。
（2）掌握对飞机起落架收放机构的基本要求。
（3）掌握飞机起落架收放机构的基本组成和收放程序。
（4）理解飞机起落架位置锁的工作原理。
（5）理解飞机起落架协调装置的工作原理。
（6）掌握飞机起落架的地面安全措施。
（7）了解飞机起落架的应急放下措施。

能力目标

（1）能根据具体起落架结构及其轮舱空间，判断其大致的收放过程。
（2）能对起落架地面收上安全措施进行维护。

情境创建

起落架能够收放是飞机发展史上的一个重要进步。对于现代飞机来说，为有效地减小飞机在飞行过程中的阻力，基本上都是采用可收放的起落架。但要实现起落架的收放，就必须设计一套合理且有效的收放程序，以保证起落架各部件能够按顺序进行协调工作，实现正常收放。

任务实施

实现起落架收放，靠的是一套比较复杂的运动机构，而且收放是按照一定的顺序协调进行的。教师请学生根据自己对飞机起落架收放系统工作情况的理解，针对安装在机翼上的单轮式主起落架，设计一个起落架向内收入机翼根部的简单收起运动程序或工作步骤，使起落架、舱门、上下位锁等部件能按一定顺序进行动作，最后将起落架收入起落架舱内，并要求主起落架收入机翼根部时，机轮保持与支柱垂直。

知识点 1　起落架装置常见的收放形式及转轮机构

通常情况下，前起落架的收放形式比较简单，一般总是向前或向后收进机身前部的。但主起落架的收放却有所不同，其形式大致可分为沿翼展方向收放和沿翼弦方向收放两种。通常所说的起落架收放形式，主要是指主起落架的收放。收放过程中，起落架的舱门也需要随动收放，一般分为单纯通过作动筒的舱门收放、依靠连杆与起落架支柱连接的随动舱门收放以及将舱门固定在起落架上的舱门收放等。

1. 沿翼展方向收放

沿翼展方向收放有向内收和向外收两种形式。由于机翼根部的相对厚度较大，起落架通常可以向内收入机翼根部或机身内部。但有的飞机需要在机翼根部安装油箱或由于其他原因，须将起落架设计成向外收入机翼的收放形式。现代大中型民航飞机的主起落架大多采用沿翼展方向进行内收的方式。

2. 沿翼弦方向收放

沿翼弦方向进行收放，也就是沿飞机的前后方向进行收放，分为前收和后收两种形式。这种收放形式广泛地用于安装双发动机和多发动机的飞机上。因为在这些飞机的机翼上通常设有发动机短舱，可以有较大的容积来容纳起落架。现代飞机的主起落架大多采用向前收放的形式。

3. 转轮机构

无论是采用沿翼展方向收放形式，还是采用沿翼弦方向收放形式，根据需要，有的飞机起落架上还设置有转轮机构。起落架在放下的时候没有空间大小的限制，而收上时就要尽量让起落架能够容纳在有限的起落架舱内。因此，转轮机构实际上就是让起落架实现收上时"折叠"而放下时"舒展"的机构。

图 2.2.1 为一种转轮机构的工作原理。起落架收起时，转轮机构使机轮平面相对于支柱旋转一个角度，以便把机轮收入机身两侧的轮舱内。有的飞机起落架上要设置支柱旋转机构，收起时，旋转机构利用齿轮传动或利用连杆传动，使支柱绕本身轴线旋转 90°，保证机轮收上后能平放在机翼或短舱内，如图 2.2.2 所示的起落架就是通过连杆实现支杆旋转的实例。多轮起落架沿翼弦方向收起时，为了减小收藏空间，常常利用作动筒或连杆机构，在起落架收上的过程中同时使整个机轮组相对于支柱转动一定的角度，以保证收起后轮架平面大致与翼弦平面平行，如图 2.2.3 所示。

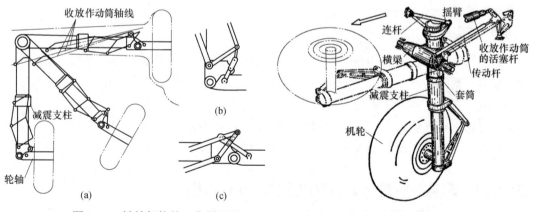

图 2.2.1 转轮机构的工作原理图　　图 2.2.2 通过连杆实现支柱转动

在图 2.2.3 中，多轮起落架利用翻转作动筒（兼作稳定缓冲器）操纵机轮组翻转。作动筒一端铰接在减震支柱内筒的下部，另一端铰接在机轮小车架上。收起落架时，高压油液进入收放作动筒，推动起落架绕转轴向前收起，同时，油液进入翻转小车架的作动筒，使作动筒伸长，推动小车架绕其与支柱下端的铰接点转动到需要的位置。

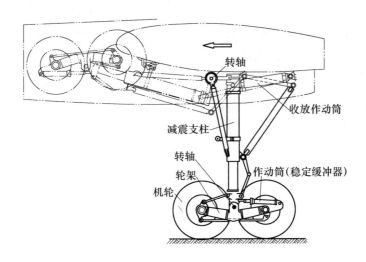

图 2.2.3　多轮起落架利用作动筒操纵机轮组旋转

知识点 2　起落架收放机构

起落架收放机构一般包括起落架舱门、舱门机构、起落架收放作动筒、收放位置锁、收放协调装置、位置信号设备等。通常，所采用的动力有液压、冷气和电气三种方式，其中高压油液是主要的正常收放动力源。

1. 对收放机构的要求

（1）收放机构工作的时间必须符合飞机的要求。对小型飞机，收放时间一般为 8s～12s；对大型飞机，起落架较复杂，收放时间一般为 15s～20s。

（2）要保证起落架在收上和放下时都能可靠地锁住，并通过一定的显示手段使驾驶员能了解到起落架的收放状态。

（3）收放机构要协调工作，保证起落架的收放、起落架的开锁上锁及舱门的开合能按照一定顺序进行工作。

（4）当起落架不能正常放下时，要有应急放下措施。

2. 收放作动筒

起落架收放作动筒一般由外筒、活塞、活塞杆和密封装置等组成。外筒上有收上来油和放下来油接头，是起落架收放过程中重要的动力提供装置。它通过将液压能转换为机械能进行做功。起落架收放作动筒内有时设置有机械锁，通常为钢珠锁或卡环锁，可以把起落架锁定在放下位置上，以保证起落架的停放安全。图 2.2.4 为某主起落架收放作动筒构造图。

放起落架时，油液从放下接头进入，将活塞杆推出，使起落架放下；收起落架时，油液从收上接头进入，活塞杆反向移动，将起落架收起。

3. 收放机构位置锁

收放机构的位置锁通常分为上位锁和下位锁，其构造形式有很多种。上位锁可将起落架锁定在收上位置，下位锁可将起落架锁定在放下位置。

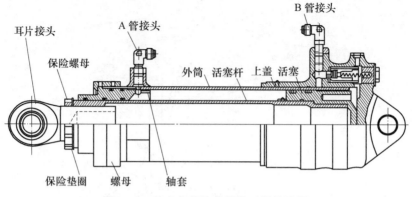

图 2.2.4　某主起落架收放作动筒构造图

上位锁通常采用挂钩式，利用摇臂、弹簧和作动筒等机构实现上锁和开锁。当锁滚轮进入到锁钩内即为入锁状态。当无液压时，锁簧可保持其处于锁定状态。

图 2.2.5 为一种主起落架的上位锁构造及上锁原理。在收起落架过程中，当安装在主起落架上的锁扣运动至固定在机身或机翼上的锁钩时，会向上顶压锁钩，使锁钩的尾端沿着锁臂向上滑动，滑过锁臂后，弹簧即收缩，开锁臂将固定在同一转轴上的锁臂拉入，顶在锁钩尾端的下面，这时锁扣完全挂在锁钩上，起落架被锁住。

下位锁通常采用撑杆式锁机构。它是通过限制阻力杆或侧（前）撑杆的折叠/展开运动，而使起落架达到锁定/开锁目的。当前锁肘杆及后锁肘杆运动到过中立位置时，即为锁定。锁簧可以起到使其保持锁定状态的目的。

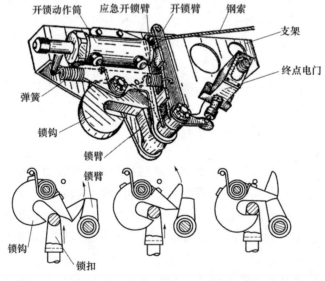

图 2.2.5　一种挂钩式主起落架上位锁构造及上锁原理图

运七飞机主起落架的下位锁如图 2.2.6 所示。当主起落架放下时，使可折式前撑杆伸直。由于前撑杆的运动传递给撑杆式下位锁，而使其前肘杆和后肘杆也开始伸直并克服弹簧的拉力，使开锁作动筒活塞杆向上移动。此时，开锁作动筒内的油液被挤回液压系统内。当可折式前撑杆继续伸直并成一直线时，在弹簧的作用下，撑杆式下位锁的前肘杆和后肘杆就被带过中立位置，使两肘杆端头下部的止动面相互顶住。此时，两肘杆的纵轴线形成一个与折叠方向相反的挠度（图 2.2.6），从而使撑杆式下位锁处于放下稳定状态，即上锁状态。

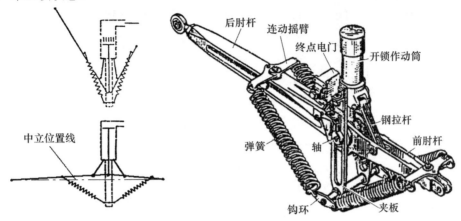

图 2.2.6　运七飞机主起落架的撑杆式下位锁图

4. 协调装置

在起落架收放过程中，要同时保证起落架的收上锁、放下锁，以及舱门是协调工作的。控制收放机构的方法有很多，主要采用液压传动顺序的协调装置，包括作动筒串联的顺序协调装置和作动筒并联的顺序协调装置。例如，顺序协调装置通常可以实现先打开起落架舱门，再让油液进入开锁作动筒，打开起落架的收上锁，然后进入起落架收放作动筒。

波音 757 飞机的主起落架在收放过程中，是依靠起落架的舱门顺序活门、收上锁顺序活门、放下锁顺序活门来实现起落架的收放、起落架上位锁或下位锁的开锁/上锁，以及使舱门的开合能够按照一定的顺序协调工作，具体内容见本任务后边的实例链接。

5. 收放机构状态显示

起落架是保证飞机安全起降的重要装置，驾驶员必须对起落架的收起和放下状态非常清楚。飞机上通常有以下三种方式可以显示起落架收起和放下状态。

1）利用信号灯显示起落架收起和放下状态

通常情况下，信号灯装在驾驶员驾驶舱仪表板上。红灯亮，表示起落架已经收好；绿灯亮，表示起落架已经放好。信号灯由安装在起落架上的终点电门来控制。不同飞机的信号灯所显示的意义是有所不同的，具体要查阅相应飞机的使用维护说明书。

2）利用机械方式显示起落架收起和放下状态

通常，由指示杆、钢索和弹簧所组成的系统来完成。指示杆设置在驾驶员容易观察到的位置，由起落架通过钢索带动。起落架收起时，指示杆缩入机身或机翼内；放下时，指示杆伸出。有些飞机是通过安装在驾驶舱内的机械指示器来代替指示杆显示起落架收起和放下的状态。

3）利用警告信号提示起落架的放下状态

有的飞机为了在着陆前提醒驾驶员放下起落架，一般还设置有着陆放起落架的警告设备。由于飞机在着陆前首先要放襟翼、收油门，所以警告信号往往是与襟翼放出角度或油门杆角度相互关联的。如果飞机襟翼放下到一定角度，驾驶员还没有放下起落架，仪表板上就有一个红色警告灯亮；如果油门杆收到一定位置时起落架还未放下，警告喇叭就会自动接通，进一步提示驾驶员采取措施。

6. 起落架地面意外收上安全措施

起落架在地面停放期间，对于撑杆锁、带自锁的作动筒，通常要有必要的意外收上安全措施。

1）地面机械锁

地面机械锁通常是将销子插入两个起落架支承结构的定位孔内，以阻止地面误收起落架，如图 2.2.7 所示。

套筒式地面锁也是一种地面安全机械锁，即用套筒将起落架收放作动筒伸出的活塞杆夹住，以防止收放作动筒的活塞杆缩入，如图 2.2.8 所示。

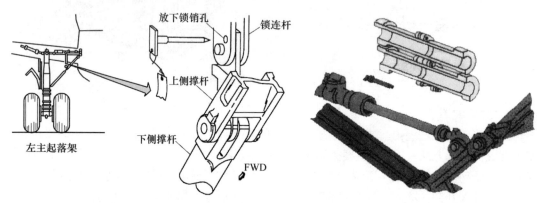

图 2.2.7　主起落架放下锁的地面锁销式安全措施　　图 2.2.8　起落架套筒式地面锁

起落架的这些地面机械锁通常都是由地勤机务人员进行安装和拆除的。

2）其他地面安全措施

除了起落架地面机械锁以外，还有起落架收放手柄电磁锁和起落架收放手柄机械锁。它们是通过空/地感应电门自动控制电磁锁、空/地感应控制手柄使起落架在地面时处于锁定状态的。

有些飞机则采用在地面时断开收放系统的控制液压活门电路，防止地面误收起落架。当飞机在地面时，收放电路断开。只有当飞机离地、缓冲支柱伸张时，才能接通控制电路，收上起落架。

7. 应急放下措施

现代飞机的驾驶舱内都设置有应急放下起落架的操纵手柄或电门。应急开锁一般有人工、电动、液压、气压几种方式。当起落架的正常收放不能完成时，驾驶员就要通过应急放下系统放下起落架。驾驶员操纵位于驾驶舱内的应急放下手柄或电门，起落架舱门锁打开，起落架的收上锁也同时打开。然后起落架在自身重力以及空气动力的作用下，自由放下，并锁好。如图 2.2.5 所示的上位锁中，驾驶员通过操纵手柄，带动钢索运动，使应急开锁臂转动，锁臂脱离锁钩的尾端而开锁。

有的人工机械开锁应急放起落架系统是完全依靠人力的，这对驾驶员的体力就有一定的要求,为此有的飞机使用了电动助力应急放起落架系统,通过电作动器将动力输送到各个起落架,打开起落架舱门锁及收上锁,然后再在重力和空气动力的作用下实现起落架的放下并锁好。图 2.2.9 为一种电动助力应急放起落架系统。

在通常情况下,起落架应急放下系统完全独立于起落架的正常收放系统。

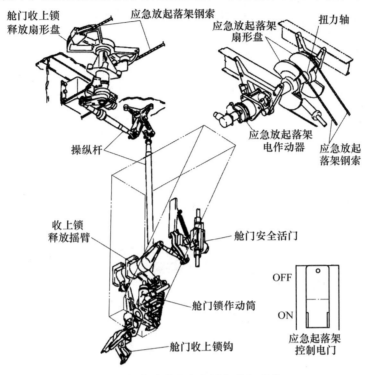

图 2.2.9　电动助力应急放起落架系统

实例链接　波音 757 右主起落架收放系统

1. 系统组成

波音 757 飞机主起落架是四轮小车架式配置形式,如图 2.2.10 所示。

图 2.2.11 为波音 757 飞机右主起落架的收放系统原理图。其主要组成附件有主起落架舱门顺序活门、收上锁舱门顺序活门、放下锁舱门顺序活门、起落架收放作动筒、收上锁及放下锁作动筒、起落架舱门作动筒、主起落架小车定位作动筒及小车定位往复活门、液压管路等。

其中,主起落架舱门顺序活门的作用是提供顺序控制。该活门由舱门作动筒控制,它有 OPEN、TRANSIT 和 CLOSED 三个位置。当舱门完全关闭时,该活门在 CLOSED 位置;当舱

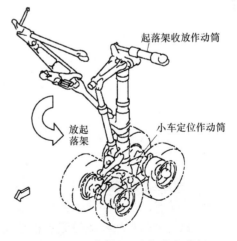

图 2.2.10　波音 757 飞机主起落架

门开始打开时,它移动到 TRANSIT 位置;当舱门完全打开时,它移动到 OPEN 位置。收上锁舱门顺序活门及放下锁舱门顺序活门分别由收上锁和放下锁作动筒控制,顺序控制起落架舱门以实现起落架的收上和放下。顺序活门控制的油路连通情况如表 2.2.1 所列。

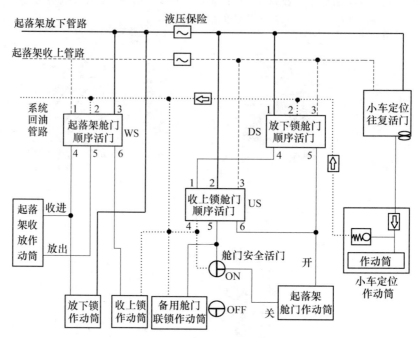

图 2.2.11 波音 757 飞机右主起落架的收放系统原理图

表 2.2.1 顺序活门控制的油路连通情况

顺序活门	符 号	油路连通情况		
		OPEN 位	TRANSIT 位	CLOSED 位
起落架舱门顺序活门	WS	1↔4,5↔3↔6	1↔4,3↔6	2↔5,6→4
收上锁舱门顺序活门	US	起落架收上锁好		起落架未收上锁好
		2↔6,3↔5		1↔5,3→6
放下锁舱门顺序活门	DS	起落架放下锁		起落架未放下锁好
		1↔4,3↔5		1→5,2↔4
注:1↔4 表示 1 号口与 4 号口双向连通;6→4 表示 6 号口与 4 号口单向连通,即只能从 6 号口流向 4 号口,反向不能流动				

2. 系统工作情况

初始状态:起落架收上锁好,起落架舱门关闭。

驾驶员将起落架收放控制手柄移动到 DOWN 的位置,则选择活门自动将飞机上左液压系统的液压油输送到起落架放下管路,此时,起落架收上管路通回油(图 2.2.11),其不同阶段的工作情况如下。

1）开起落架舱门

起落架放下管路压力依次输送到起落架舱门顺序活门（WS）、起落架放下锁作动筒的锁定端、收上锁舱门顺序活门（US）、放下锁舱门顺序活门（DS）及小车定位作动筒（通过小车定位往复活门）。在起落架收上锁好的状态下，起落架舱门顺序活门（WS）位于 CLOSED 位置，如表 2.2.1 所列。

油路连通情况为：WS（2↔5，6→4），DS（1→5，2↔4），US（2↔6，3↔5）。此时，压力油路线为：起落架放下管路压力→DS（1→5）和 US（2→6）→起落架舱门作动筒的打开腔。

回油路线为：起落架舱门作动筒关闭腔→舱门安全活门→US（5→3）→起落架收上管路→回油。

舱门作动筒在两腔压力差作用下开锁，并开始打开舱门。

2）开起落架收上锁

舱门开始打开时，起落架舱门顺序活门（WS）移动到 TRANSIT 位置，WS（1↔4，3↔6）油路连通，压力油路线为：起落架放下管路压力→WS（3→6）→起落架收上锁作动筒的打开腔，进行开锁。当收上锁打开后，US（1↔5，3↔6）油路连通，起落架放下管路压力→DS（1→5）→起落架舱门作动筒的打开腔，保持舱门打开压力。此时，起落架收放作动筒的放下腔被封闭，以保证先打开收上锁，然后放下起落架。

3）放起落架并锁好

当舱门完全打开后，起落架舱门顺序活门运行到 OPEN 位置，WS（1↔4，5↔3↔6）油路连通。放下管路压力→WS（3→5）→起落架收放作动筒的放出腔，而收进腔→WS（4→1）→起落架收上管路，通回油。在起落架收放作动筒两腔压力差的作用下，起落架开始放出，直到起落架完全放下并锁好。

4）关起落架舱门

当起落架放下并锁好后，油路连通情况为：DS（1↔4，3↔5），US（1↔5，3↔6）。起落架放下管路压力→DS（1→4）→US（1→5）→舱门安全活门→起落架舱门作动筒的关闭腔；而起落架舱门作动筒打开腔→DS（5→3）→起落架收上管路→通回油。在起落架舱门作动筒两腔压力差的作用下，开始关舱门。当舱门完全关闭后，起落架舱门顺序活门回到 CLOSED 位置。

通过以上工作过程，起落架正常放下并锁定在放下位置，起落架舱门也处于关闭状态。

任务测评

通过本任务的学习，学生应了解起落架收放是一个很复杂的过程。在收放机构中，不但有收放作动筒、上下位锁、指示装置、地面安全措施，更重要的是要有协调装置，以保证收放能按照一定的顺序进行。另外，还要有应急放下措施，用来保证飞机在特殊情况下能够安全降落。

教师请学生根据本任务各知识点的学习，结合各知识点的内容，进一步完善任务实施中所设计的将飞机主起落架向内收入机翼根部的运动程序。

任务3　起落架油气式缓冲器外场油量检查

知识目标

（1）掌握对起落架缓冲装置的基本要求。
（2）了解飞机起落架实现缓冲减震的几种途径。
（3）掌握飞机起落架油气式缓冲器的工作原理。
（4）理解油气式缓冲器的油气灌充不正常对减震性能的影响。
（5）掌握起落架缓冲器油量检查的方法和程序。

能力目标

（1）能描述起落架油气式缓冲器的工作原理。
（2）能对起落架缓冲器进行油量检查。
（3）能描述对飞机起落架缓冲器进行油、气补充的程序。

情境创建

现代飞机起落架广泛采用的是油气式缓冲支柱。在长时间的外场使用过程中，油气式缓冲支柱的缓冲性能参数会发生一些变化，这些变化对起落架的缓冲性能将产生一系列的不良影响。因此，必须经常对起落架油气式缓冲器进行一些外场维护。检查油气式缓冲支柱的油量就是一个很重要的工作。

教师带领学生前往停放某飞机的现场。

任务实施

教师先带领学生针对某飞机查阅其使用维护说明书，得到相应的缓冲支柱灌充曲线，然后带领学生到某飞机现场，借助扳手、压力表、钢板尺等工具及对应的灌充曲线，对处于正常安装状态下的主起落架油气式缓冲支柱，检查其油量是否符合灌充曲线的要求。

知识点1　对缓冲装置的基本要求及实现缓冲的几种途径

通过前面的学习已经知道，起落架是飞机上一个非常重要的部件，必须满足一定的功能要求，这些要求主要都是通过缓冲装置来实现的。

1. 对缓冲装置的基本要求

飞机在着陆接地时，要与地面强烈碰撞，其撞击载荷是非常大的。在滑行和起飞、着陆滑跑中，也会由于地面的不平而产生地面颠簸。如果起落架没有适当的缓冲装置，飞机就要受到很大的撞击力并产生强烈的颠簸跳动，这对飞机结构和飞行安全是不利的。因此，飞机起落架的缓冲装置必须满足下列要求。

（1）缓冲装置在达到最大压缩时，应能吸收完规定的最大能量，而载荷不超过规定的最大值。如果载荷超过规定值，飞机各部分的受力就会过大，甚至产生刚性撞击。

（2）缓冲装置要有尽可能大的耗能作用，缓冲装置的耗能作用越大，就越能减弱飞机的颠簸跳动，从而使飞机能迅速平稳下来。

（3）缓冲装置在压缩过程中承受的载荷，应随压缩程度的增加而逐渐增大，以避免缓冲装置在吸收较小的撞击能量（如飞机在不平的地面上滑行）时各部分构件就受到很大的载荷，以致造成飞机的某些结构因疲劳而提前损坏。

（4）缓冲装置要有连续接受撞击的能力，并且完成一次压缩和伸张的时间不应太长。

（5）缓冲装置的工作性能不应受外界因素（如大气温度）变化而发生很大的变化。

2. 实现缓冲减震的几种途径

在生活中，根据需要可以采用很多种途径实现缓冲减震，它们有一个共同的特点，就是都具有一定的弹性。为了对飞机进行缓冲减震，可以采用下列缓冲器。

1）皮筋式缓冲器和弹簧式缓冲器

如图 2.3.1 所示，简单的皮筋式缓冲器是利用橡皮绳的拉伸变形吸收撞击动能，再利用橡皮绳伸缩过程中分子间的摩擦作用来消耗能量。由于橡皮分子摩擦消耗能量的能力很差，这种缓冲器的能耗作用很小。

如图 2.3.2 所示，这种简单的弹簧式缓冲器是利用弹簧的弹性变形吸收能量。但仅仅依靠弹簧本身的分子间摩擦来消耗能量，其作用也是很小的。因此，在这种缓冲器内部还专门设置了摩擦垫圈，通过压缩和伸张过程中垫圈与内筒内壁的摩擦，可以增大对能量的消耗作用。

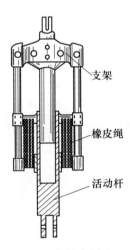

图 2.3.1　皮筋式缓冲器

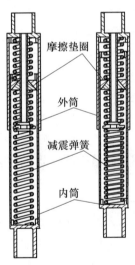

图 2.3.2　弹簧式缓冲器

由于皮筋式缓冲器和弹簧式缓冲器的构造简单，维护也非常方便，因此在一些对缓冲减震性能要求不高的飞机上曾被广泛采用过。但事实证明，它们的能耗作用不大，而且还会产生较强烈的颠簸跳动。

2）油液皮筋式缓冲器和油液弹簧式缓冲器

这两类缓冲器（图 2.3.3 和图 2.3.4）与前两类相比是一个进步。其主要特点是，在压缩和伸张过程中，它们通过迫使油液高速流过小孔，产生剧烈摩擦来增大能耗作用。但相比来说，钢质弹簧抗油液侵蚀的能力比橡胶好，可以与油液同装在一个壳体内，从而使缓冲器的尺寸大为减小，所以油液弹簧式缓冲器比油液皮筋式缓冲器应用要广一些。直到目前，某些飞机的尾部保护座上还在采用这种缓冲器。

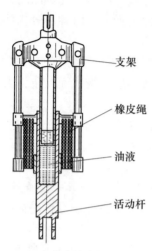

图 2.3.3 油液皮筋式缓冲器

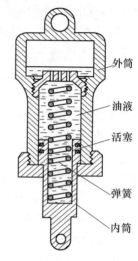

图 2.3.4 油液弹簧式缓冲器

3）油气式缓冲器

与前几类缓冲器相比，油气式缓冲器（图 2.3.5）主要是利用气体的可压缩性来吸收能量。由于工作时，气体能被压缩在一个较小的容积内，且比重很小，在吸收相同能量的情况下，这类缓冲器的体积和重量要比前几类缓冲器小得多。但是，油气式缓冲器在工作过程中，由于气体和油液都具有较高的压力，就对装置的密封性提出了很高的要求。

尽管如此，油气式缓冲器和上述各类缓冲器相比，还是具有许多的优点。同时，随着技术的进步和不断的改进，它的优势更加明显，基本能够满足对缓冲装置的使用要求。所以，直到现在它仍然是起落架缓冲器的主要形式，并被广泛应用在各种飞机上。

4）液体式缓冲器

液体式缓冲器的提出将是起落架缓冲器的一次革命。它是直接利用液体在高压下产生压缩变形来吸收能量。这类缓冲减震器液体的工作压力可以高达几千个大气压，工作效率将会更高。但在这么高的油液压力下，对其进行完好地密封将更为困难。但可以预见，在有了良好的密封装置和研制出压缩性较大的液体之后，液体式缓冲减震器将会在高速、重型飞机上发挥其独特的作用。

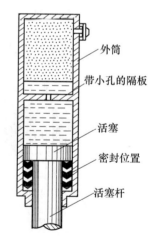

图 2.3.5 油气式缓冲器

知识点 2　油气式缓冲器的工作原理

如前所述，油气式缓冲器主要是利用气体的压缩变形来吸收撞击动能，再利用油液高速流过小孔所产生的摩擦作用来消耗能量。它的基本组成包括外筒、活塞、活塞杆、带小孔的隔板和密封装置等（图 2.3.5）。外筒内腔的下部容纳油液，上部容纳冷气。在缓冲器没有外力作用的时候，由于冷气压力的作用，活塞会处于最低位置。

1. 压缩行程和伸张行程

当飞机着陆接地后，因惯性运动的作用，飞机要继续下沉，缓冲器会受到压缩，如图 2.3.6 所示。其内隔板下面的油液在活塞的挤压下经小孔被迫高速向上流动，油平面逐渐升高，冷气的体积受压而缩小，气体的压力随之增大。在这个过程中，冷气的压力通过油液间接作用在活塞上，从而产生一个向下的冷气作用力；同时，油液高速流过小孔时由于剧烈摩擦作用，也会产生一个阻止活塞运动的向下的油液作用力。这两个力和密封装置等的机械摩擦力都是反抗压缩的，因而飞机的下沉速度会逐渐减小。这个飞机惯性下沉而使缓冲器压缩的过程就是缓冲器的压缩行程，即正行程。在这个压缩行程里，大部分的撞击能量已由冷气的压缩变形而吸收并储存起来，其余能量则由于油液高速流过小孔时的摩擦作用及密封装置等的摩擦作用以热能的形式消耗掉。

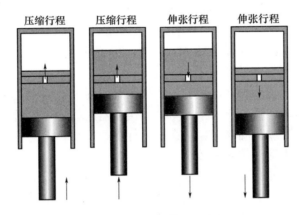

图 2.3.6　油气式缓冲器工作原理

在飞机着陆接地并停止下沉的瞬间，缓冲器的压缩量达到最大，冷气作用力大大超过飞机停机时作用在缓冲器上的力，即大大超过飞机停机时缓冲器的停机载荷。随后，缓冲器由于压缩气体的弹性作用而开始伸张，飞机向上运动，油液在冷气压力作用下，经小孔被迫高速向下流动，气体压力开始降低，随着缓冲器的伸张，冷气作用力也逐渐减小，储存的能量逐渐得到释放。在这个过程中，由于油液运动的摩擦作用和密封装置等的机械摩擦作用，将会抵消掉一部分冷气作用力，缓冲器的伸张力会随着不断地伸张而减小。当伸张力小于其停机载荷时，飞机向上运动的速度就会逐渐减小，直至为零。这个缓冲器因不断伸张而使飞机抬高的过程，就是缓冲器的伸张行程，即反行程。在伸张行程里，一部分能量又转变为飞机的势能，另一部分能量则同样由于油液高速流过小孔时的摩擦作用及密封装置等的摩擦作用，以热能的形式消耗掉。

飞机停止向上运动时，缓冲器的伸张力已小于其停机载荷，飞机便开始第二次下沉，缓冲器将重复以上压缩行程过程。由于在第一次压缩和伸张行程中，已有很大一部分能量因转变为热能而消耗掉。所以，缓冲器在第二次压缩行程中吸收的能量要比第一次过程小得多。如此往复，经过若干次的压缩和伸张行程循环，缓冲器会把全部的撞击能量逐步地以热能形式消耗掉，飞机的震动得到衰减，很快使飞机平稳下来。

对飞机在不平的道面上滑行所产生的颠簸，缓冲器也会以相同的工作原理吸收能量，但通常情况下，飞机在滑行时所产生的冲击动能比较小，缓冲器的压缩量也不会很大。

2. 载荷高峰现象及相应措施

实践证明，飞机在粗猛着陆时，图 2.3.6 中的缓冲器，由于通油孔流通面积较小，其压缩速度在一开始会增加得特别迅速。如果通油孔面积比较小，油液作用力就会突然增大，缓冲器所受的载荷也突然增大；随后，因冷气和油液大量地吸收并消耗撞击动能，缓冲器的压缩速度才迅速减小。这样，缓冲器所受的载荷在初始压缩行程中就会非常大，即产生载荷高峰现象。在这种情况下，缓冲器所受的载荷有可能超过规定的最大值。另外，当飞机以较大的滑跑速度通过道面上的突起物时，通油孔面积较小的缓冲器也可能产生同样的载荷高峰现象。这时，由于飞机可能来不及向上运动，从而造成缓冲器被压缩的速度变大，甚至有可能超过粗猛着陆时所对应的压缩速度。

为此，可以考虑增大通油孔面积，从而减小压缩行程之初的油液作用力，避免载荷高峰。但是，简单地增大通油孔面积又会使飞机在正常着陆和滑行时缓冲器的热耗作用减小，降低了起落架缓冲减震性能。为了既能避免载荷高峰，又能取得较大的热耗作用，采用如图 2.3.7 所示的油针结构就可以实现对通油孔面积的可调。这是现代飞机起落架缓冲器解决载荷高峰问题的有效途径之一。

设置有油针装置的缓冲器在压缩行程的最初阶段通油孔面积很大，油液流过通油孔时基本上没有流动阻力。随着压缩量的增大，缓冲器内的油针使通油孔面积逐渐减小。这种缓冲器不仅能消除载荷高峰现象，在压缩行程中取得较大的热耗作用，而且可以保证飞机在高速滑跑中所受到的载荷较小。

但是，这种具有通油孔面积调节装置的缓冲器在伸张行程中由于通油孔面积逐渐变大，热耗作用又会相应减小。为了增大热耗作用，可以通过在缓冲器内设置反行程制动活门，在伸张行程过程中堵住一部分通油孔面积。这种活门可以起到单向节流的作用，限制缓冲器的伸张速度，防止飞机反跳，如图 2.3.8 所示。

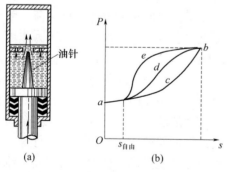

图 2.3.7 具有油针的缓冲器示意图及其工作特性曲线

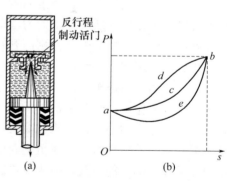

图 2.3.8 具有单向节流活门的缓冲器

不同飞机所采用的起落架缓冲器在结构上都有一定的差别，但满足对起落架缓冲器的基本要求是其先决使用条件。A320 飞机主起落架缓冲器的设计无疑对提高缓冲性能有很大的作用，但又给制造和装配工艺提出了更高的要求。如图 2.3.9 所示，A320 飞机主起落架缓冲器包括两级组件，分为四个腔室，对撞击能量的吸收和耗散能力更强，效率更高。

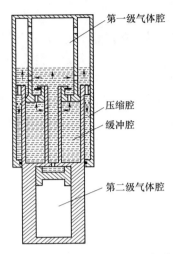

图 2.3.9　A320 飞机主起落架缓冲器（压缩过程中）示意图

知识点 3　油气灌充不正常对缓冲器减震性能的影响

在缓冲器中充填的油、气是保证起落架具有良好性能的重要介质，必须进行适当的充填，否则将会严重影响起落架的减震性能。

1. 缓冲器变"软"时的影响

油量灌充正常但气压过小时，缓冲器可能出现变"软"现象。这时，缓冲器反抗压缩的力减小。在粗猛着陆时，缓冲器可能在被完全压缩的情况下也不能完全吸收撞击动能，飞机的惯性下沉，将使缓冲器内的活塞与限动装置相撞，产生刚性撞击，使飞机各部分受力过大。

气压灌充正常，但油量过少时，缓冲器也会发生变"软"现象。这时，由于油量不足，冷气的初始体积比油量灌充正常时要大，在缓冲器压缩量相等的情况下，冷气作用力增加得较少，使缓冲装置反抗压缩的力也较小，同样可能产生刚性撞击现象。尤其是油量过少时，如果油平面比隔板低很多，在缓冲减震过程中，油液可能根本就没有流过隔板上的油孔，从而不会发生热耗作用，飞机的颠簸跳动会很强烈。

2. 缓冲器变"硬"时的影响

在油量灌充正常，但气压过大时，缓冲器可能出现变"硬"现象。这时，缓冲器反抗压缩的能力会过大。在正常着陆和滑行时，也会造成撞击载荷较大的情况，飞机各部分结构容易因疲劳而提前损坏。

在气压灌充正常，但油量过多时，缓冲器也可能出现变"硬"现象。这时，由于冷气初始体积减小，缓冲减震过程中，装置反抗压缩能力会过大，即使在正常着陆和滑行情况下，同样会造成飞机各部分结构因疲劳而提前损坏。如果是粗猛着陆，影响会更大。

能力点 1　油气式缓冲器的油量检查

缓冲器的油量检查，是飞机在外场使用过程中的一个基本维护工作。它可以避免由于缓冲装置过软或过硬而影响其发挥正常功能。

1. 油量检查方法

通常采用的检查方法是，在缓冲支柱处于两个不同的伸出量情况下，测量缓冲支柱的压力和伸出量各一次。需要说明的是，两次缓冲支柱的伸出量差值要大，这样测量才会精确。一般情况下，两次伸出量的差值应为 50mm～100mm。可以在飞机重量不同的情况下进行测量，如在飞机加油前和加油后分别测量；也可以借助机体千斤顶顶起飞机，使起落架悬空，再通过轮轴千斤顶调整缓冲支柱的压缩量进行油量检查。

在测量之前，先要查阅具体飞机的使用维护说明书，得到相应的缓冲支柱灌充曲线。测量过程中，应进行详细地记录。

2. 油量检查程序

从以上可知，油量检查需要经过两次测量程序。下面以波音757飞机主起落架为例，说明缓冲器的油量检查程序。

图 2.3.10 为波音 757 主起落架缓冲支柱灌充曲线。图 2.3.11 为波音 757 主起落架缓冲支柱充气活门和充油活门的结构和位置。

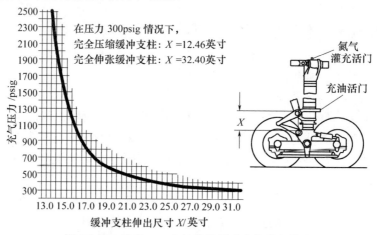

图 2.3.10　波音 757 主起落架缓冲支柱灌充曲线

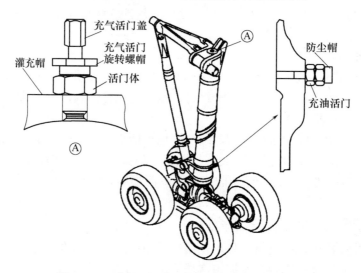

图 2.3.11　波音 757 主起落架缓冲支柱油气活门

1）第一次测量程序

在第一次的飞机重量或支柱伸出量下进行：

（1）拆除充气活门盖；

（2）在缓冲支柱上安装压力表；

（3）拧松充气活门旋转螺帽两圈，测量缓冲支柱压力；

（4）测量实际的缓冲支柱伸出尺寸；

（5）在灌充曲线上找到与测量压力对应的缓冲支柱的伸出尺寸；

（6）将缓冲支柱实际伸出尺寸与灌充曲线上查出的尺寸进行比较，如果实际尺寸在灌充曲线规定的上、下限范围内，就可以执行第二次测量程序；

（7）如果缓冲支柱实际伸出尺寸不在灌充曲线的上、下限范围内，则还需要进行下文中"能力点 2"所介绍的"氮气灌充或补充程序"，在实际尺寸达到灌充曲线的要求后，才可以执行第二次测量程序。

2）第二次测量程序

在第二次的飞机重量或支柱伸出量下进行：

（1）执行第一次测量程序的前五个步骤；

（2）如果缓冲支柱实际伸出尺寸在灌充曲线所规定的上、下限范围内，则说明缓冲器油量的灌充是合适的；

（3）如果缓冲支柱实际伸出尺寸不在灌充曲线所规定的上、下限范围内，说明缓冲器油量的灌充不正确，需要执行下面介绍的"缓冲器的油、气灌充或补充"程序。

能力点 2　缓冲器的油、气灌充或补充

起落架缓冲器的油、气灌充或补充可以在飞机顶起时进行，也可以在未顶起时进行。对新的或大修以后的缓冲器要进行完整的油、气灌充程序。

下面以波音 757 飞机为例来介绍缓冲器的油、气灌充或补充程序。

如图 2.3.11 所示，波音 757 飞机的充气活门位于缓冲支柱的顶部，充油活门位于缓冲支柱下部。

1. 液压油灌充程序

（1）拆除充气活门盖，拧松旋转螺帽不超过两圈，将缓冲支柱的气体完全放掉；

（2）将软管连接在充气活门上，软管的另一端放在一个容器内；

（3）完全松开充气活门旋转螺帽，打开充气活门；

（4）再拆除充油活门防尘帽；

（5）将充油管路连接到充油活门上；

（6）进行充油操作，看到有油液从充气活门流出到容器内；

（7）继续充油操作，直到流到容器内的油液里没有气泡为止；

（8）拆除充油管路，更换防尘帽，拆除溢流软管，恢复充气活门盖。

2. 氮气灌充或补充程序

（1）飞机重量在起落架上，拆下充气活门盖；

(2)在充气活门上安装压力表,准备测量缓冲支柱压力;

(3)松开充气活门旋转螺帽两圈,测量缓冲支柱压力;

(4)测量实际的缓冲支柱伸出尺寸;

(5)在灌充曲线上找到与测量压力相对应的缓冲支柱伸出尺寸;

(6)通过充气或放气,使得缓冲支柱伸出尺寸符合灌充曲线要求;

(7)用 6.8N·m(5lbf·ft)～96.3N·m(71lbf·ft)定力扳手扭紧充气活门旋转螺帽,关闭充气活门;

(8)将压力表从缓冲支柱上拆除;

(9)恢复充气活门盖。

需要说明的是,缓冲器内的充填液并不只是液压油,其中还含有润滑油及防腐蚀抑制剂等,它们是按照一定的配比混合而成的。这样做可以减小缓冲器内部部件的磨损及增强抗腐蚀能力。

另外,如果外场没有氮气,也可以用干燥的空气来代替氮气进行灌充或补充。

任务测评

由于油气式缓冲器起落架能够较好地满足飞机对缓冲装置的基本要求,故被目前绝大多数飞机所采用。它有良好工作性能的前提是必须保持油气的正常灌充状态,否则会对缓冲减震性能有很大的影响。

请学生按照"油气式缓冲器的油量检查"程序,借助必要的工具,分别在飞机加油前和加油后,各进行一次油量检查,并将记录的检查结果与对应飞机的缓冲支柱灌充曲线进行比较,以确定缓冲器油量的灌充是否合适。如果条件允许,还可以请学生按照"缓冲器的油、气灌充或补充"程序完成缓冲器油、气的完整灌充过程。

任务4　分组讨论飞机如何实现地面转弯操纵

知识目标

（1）掌握飞机前起落架的基本构造及稳定距的概念。
（2）掌握前起落架的转弯系统及中立机构的作用。
（3）掌握飞机前起落架地面转弯操纵的工作原理。
（4）了解现代飞机前轮转弯系统的其他功用。
（5）了解飞机主起落架实现地面转弯操纵的途径。

能力目标

（1）能解释飞机前起落架稳定距的作用。
（2）能解释飞机前起落架中立机构的作用。
（3）能解释现代飞机前轮转弯系统具有减摆功能原因。
（4）能准确描述飞机起落架实现地面转弯操纵的机理。

情境创建

在现实生活中，我们非常清楚汽车、自行车等交通工具在地面是怎么实现转弯的，但飞机在地面又是怎样实现转弯操纵的？是仅仅依靠前轮进行转弯这一种方式吗？为了进行转弯操纵，前轮在结构上有什么特殊的设计呢？

任务实施

飞机相对于汽车等交通工具来说是一个庞然大物，因此它在地面实现转弯操纵要比汽车复杂得多。教师请学生按照自己的想象，就现代飞机如何在地面实现转弯操纵进行分组讨论。

知识点1　前起落架构造特点和前轮稳定距

飞机在地面滑跑过程中的方向控制主要是由起落架前轮转弯系统来完成的。所以，有必要先对前起落架的构造有个初步的了解。

1. 前起落架的构造特点

与主起落架相比，前起落架必须能够绕转轴实现一定限度的灵活转动，这是由前起落架所要完成的功能决定的。为了使前轮能绕支柱轴线偏转，前起落架在构造上采取了一些措施。

图2.4.1（a）为一种支柱式前起落架。前轮固定在减震支柱活塞杆下部的轮叉上，轮叉通过扭力臂与可绕支柱外筒转动的旋转筒相连。这样，前轮便可连同轮叉、活塞杆、扭力臂和旋转筒等一起绕支柱轴线转动。支柱和旋转筒上分别设有限动块，用来限制前轮的最大偏转角。

图2.4.1（b）为一种摇臂式前起落架。前轮可以连同轮叉、旋转臂一起绕支柱轴线

转动，支柱和旋转臂上也有限动块。

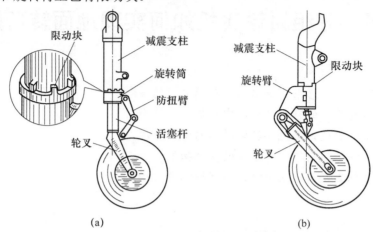

图 2.4.1　前轮绕支柱轴线偏转的前起落架
（a）支柱式前起落架；（b）摇臂式前起落架。

前起落架的缓冲器大多与支柱合为一体。为了避免前轮偏转时带动内筒（活塞杆）在支柱内转动而磨坏密封装置，某些前起落架减震支柱的下接头做成可以在内筒里转动的旋转接头（图 2.4.2）。前轮偏转时，内筒不随旋转接头转动，减震支柱工作时，旋转接头与内筒一起上下运动。

除了有前轮绕支柱轴线偏转的形式外，前起落架还有绕其他轴线偏转的形式。如图 2.4.3 所示的前起落架，其前轮就是绕支柱前面的轴线 $a\text{-}a$ 偏转的。

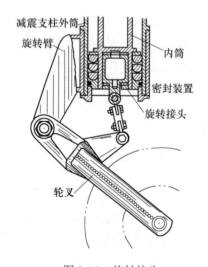

图 2.4.2　旋转接头

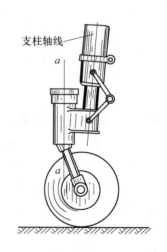

图 2.4.3　前轮绕其他轴线偏转的前起落架

由以上可见，前起落架结构必须能在一定范围内灵活转动，而且缓冲器和支柱往往也是合二为一的，其偏转轴线可以与支柱重合，也可以是单独的转轴。另外，从图 2.4.1～图 2.4.3 可见，前起落架结构还有一个很重要的特点是，在各种形式的前起落架上，前轮的接地点都在其偏转轴线与地面交点的后面。

2. 前轮稳定距的概念

前轮稳定距就是指前轮接地点（即地面对前轮的反作用力着力点）至偏转轴线的垂直距离，如图 2.4.4 中的 t。飞机滑行时，稳定距可以保持前轮的运动稳定性。这是因为当前轮因某种原因偏转了一个角度 θ 时，作用于前轮的侧向摩擦力 T 对支柱轴线的力矩就能使前轮转回到原来位置。

另外，为了使飞机在滑行时能够灵活地转弯，需要前轮具有一定的稳定距。例如，飞机在滑行中，通过不对称刹车可以使两边主轮的滚动阻力不同，从而形成转弯力矩，此时如果前轮没有稳定距（图 2.4.5（a）），前轮的侧向摩擦力对支柱轴线的力矩等于零，前轮就不能偏转，而只能被飞机带着向一侧滑动，这时前轮上的侧向摩擦力会很大，使转弯比较困难；相反，此时如果前轮有稳定距 t（图 2.4.5（b）），则当飞机转弯时，作用在前轮上的侧向摩擦力对支柱轴线会产生一个力矩，使前轮相应地偏转，这样飞机就比较容易实现转弯。

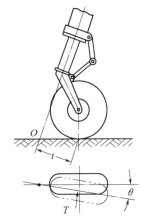

图 2.4.4 前轮的稳定距

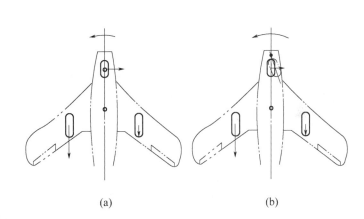

图 2.4.5 稳定距对飞机在地面转弯的作用

在构造上取得稳定距的方式主要有两种，即把前起落架支柱安装成斜的（图 2.4.6（a）），以及利用轮叉或其他构件将前轮向后伸出（图 2.4.6（b）、图 2.4.6（c））。此外，还有同时采用上述两种方法的（图 2.4.6（d））。

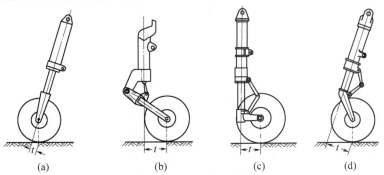

图 2.4.6 取得稳定距的构造方式

稳定距的大小对配装前三点式起落架的飞机在地面运动的稳定性和前起落架支柱的受力有较大的影响。稳定距过小，地面运动的稳定性就不好；稳定距过大，则支柱承受的弯矩会大大增加。可见，稳定距过大或过小都是不好的。

知识点 2　前轮转弯系统与中立机构

1. 前轮转弯系统

前轮转弯系统可通过前轮转弯手轮（手柄）或方向舵脚蹬来操纵。前轮转弯手轮主要用于飞机低速滑行且转弯半径较小的情况或拖飞机时使用，此时前轮控制偏转角度可以较大。方向舵脚蹬主要是在飞机起飞和着陆过程中高速滑跑时使用，此时前轮转弯与飞机方向舵同时被操纵，前轮控制偏转角度较小。采用两种前轮转弯操纵方式，主要是为了操纵方便、避免倾翻、适应小转弯半径及飞机地面拖行的需要。

方向舵脚蹬既可以操纵前轮转弯，也可控制方向舵。但为了使两种操纵可以完成不同的功能，在方向舵脚蹬到前轮转弯系统的传递路线上有一空地感应机构操纵的离合器。此离合器在飞机接地后接通，因此在地面可通过方向舵脚蹬操纵前轮转弯；在飞机离地后，离合器断开，脚蹬只能操纵方向舵，以防止在飞行中与方向舵操纵发生干扰。

图 2.4.7 为前轮转弯系统的工作原理，它是一套典型的机械/液压伺服系统，主要由手轮和脚蹬输入机构、控制钢索、伺服活门、反馈钢索和转弯作动筒组成。当驾驶员转动手轮或踩踏脚蹬时，控制信号就会通过控制钢索驱动伺服活门，打开油路，高压油被输送到两个转弯作动筒的不同腔，于是两个作动筒一个推一个拉，驱动前轮偏转。同时，通过反馈钢索提供反馈信号，当反馈信号与控制信号偏差为零时，伺服活门就回到中立位，此时前轮的偏转角度与手轮的输入量是相对应的。

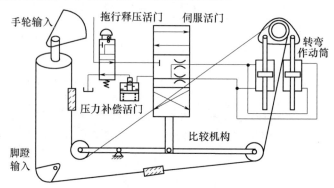

图 2.4.7　前轮转弯系统的工作原理

2. 前轮中立机构

在飞机离地后和接地前，为了使前轮保持在中立位置，以便顺利地收入起落架舱和正常地接地，前起落架专门设计了中立机构。中立机构分内置和外置两种形式。

图 2.4.8 是一种内置式中立机构。它安装在前起落架缓冲支柱的内部，由上、下凸轮组成。下凸轮固定在缓冲支柱外筒内部，它不能左右转动，也不能上下移动。上凸轮的上端与缓冲支柱内筒底部贴合，下端用连杆与轮叉相连，它可以与缓冲支柱内筒一起上下运动，前轮偏转时，又可以与轮叉和前轮一起绕支柱轴线转动。

在飞机起飞离地后或着陆接地前，由于前轮没有受到垂直载荷的作用，缓冲支柱内的冷气会使上、下凸轮吻合（图 2.4.8（a）），保持前轮在中立位置。如果有侧风，或在飞机转弯时前轮上有侧向惯性力，则只有当它们大到足以克服缓冲支柱内的冷气压力和上、下凸轮之间的摩擦力等的作用时，前轮才会偏转，而且外力消失后，在冷气压力作用下，前轮又能恢复至中立位置。飞机在地面滑行时，缓冲支柱在垂直载荷作用下受到压缩，上、下凸轮脱开，便于前轮左右偏转（图 2.4.8（b））。

图 2.4.9 为运七飞机前起落架的外置式中立机构，它由中立机构摇臂和定位凸轮板组成。当前轮在处于偏转的位置离地时，前起落架内筒在压缩氮气的作用下从外筒中伸出，经过连杆使前起落架下摇臂转动，带动固定在下摇臂上的中立机构摇臂，中立机构摇臂上的滚轮就会接触到定位凸轮板并在其上滚动，从而使前轮向中立位置转动。最后，当中立机构摇臂上的滚轮滚动到定位凸轮板的底部时，前轮即处于中立位置。

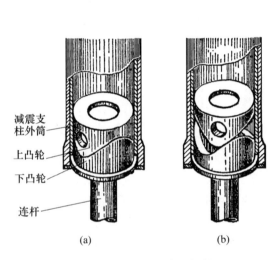

图 2.4.8 内置式中立机构

图 2.4.9 运七飞机前起落架的外置式中立机构

知识点 3　典型飞机前起落架转弯操纵系统

现代民航客机的前轮转弯系统大多采用机械/液压伺服系统。

1. 系统组成

图 2.4.10 为典型的前起落架转弯操纵系统，其前轮转弯作动筒铰接于转弯作动筒固定板上，固定板则固定于缓冲支柱的外筒上。转弯环也安装于缓冲支柱外筒上，它可以相对于外筒转动。前轮转弯作动筒的活塞杆端头铰接于转弯环上，上防扭臂铰接于转弯环上，同时上防扭臂又与下防扭臂铰接，下防扭臂铰接于缓冲支柱内筒上。当转弯作动筒的活塞杆推动转弯环转动时，转弯环通过上、下防扭臂带动缓冲支柱内筒转动，从而带动前轮转动。

前轮转弯系统有两个前轮转弯作动筒，安装于前起落架缓冲支柱外筒的前端，在小角度的范围内采用推拉的作用方式，即在操纵前轮转弯时，一个作动筒推，而另一个作动筒拉使转弯环转动，从而带动前轮转弯。

机械/液压式前轮转弯系统由前轮转弯手轮（手柄）和脚蹬、转弯计量活门、传动机构、转弯作动筒、空/地感应机构、自动定中机构、超压活门和拖行卸压（旁通）活门等组成。

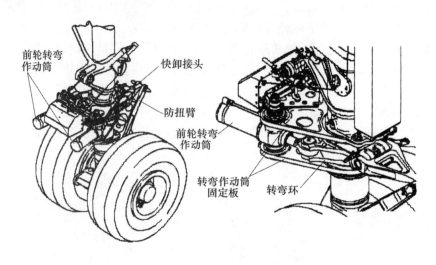

图 2.4.10 前起落架转弯操系统结构

2. 系统工作原理

如图 2.4.11、图 2.4.12 所示，当操纵前轮转弯手轮或方向舵脚蹬时，通过钢索、鼓轮和滑轮将信号传递到转弯输入摇臂，输入摇臂的转动作动转弯计量活门的滑阀移动，即机械液压伺服活门移动。滑阀的移动使得压力油供往前轮的左转弯管路或右转弯管路，直到前轮转弯作动筒。转弯作动筒的一个工作腔通压力油，另一腔通回油，使转弯作动筒的活塞杆伸出（或缩入），推动转弯环转动，从而带动前轮转动。传动钢索的另一端固定于转弯环上的一个钢索鼓轮上，当前轮转动时，此钢索鼓轮带动钢索运动，可提供反馈信号。

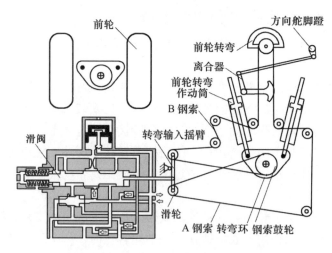

图 2.4.11 机械液压式前轮转弯系统组成

左转弯时,系统工作状况如图 2.4.12 所示。

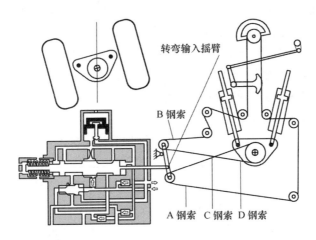

图 2.4.12　机械液压式前轮转弯系统左转弯工作原理

左转弯操纵之前,前轮转弯计量活门处于中立位置。一旦操纵左转前轮转弯手轮,A 钢索就被拉紧,由于钢索相对于鼓轮不滑动,B 钢索放松,使前轮转弯输入摇臂绕支点逆时针方向转动,滑阀伺服活门便向右移动,偏离原来的中立位置,油路打开,左转弯管路通压力油,右转弯管路通回油,如图 2.4.13 所示。前轮转弯左作动筒的前腔通压力油,后腔通回油,左作动筒的活塞杆向后伸出,即向后推动转弯环;而右作动筒的后腔通压力油,前腔通回油,右作动筒的活塞杆缩入,即向前拉动转弯环。在一个作动筒推、另一个作动筒拉的作用下,转弯环向左偏转,带动前轮向左转弯。随着前轮向左偏转,固定于转弯环上的反馈鼓轮随前轮左转,即逆时针方向转动,使 C 段钢索放松,同时 D 段钢索拉紧,转弯输入摇臂沿顺时针方向转动,导致滑阀伺服活门通油孔的开度逐渐减小。当前轮偏转到预定位置时,滑阀伺服活门回到中立位置,通油孔被堵死,从而完成前轮左转弯的整个操纵过程。

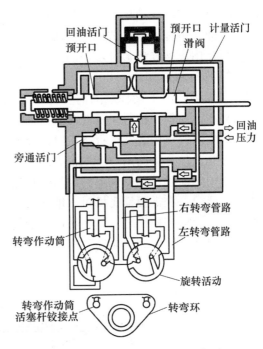

图 2.4.13　前轮转弯计量活门工作原理

知识点 4　现代飞机前轮转弯系统的其他功用

现代飞机的前轮转弯系统除了具有操纵飞机进行前轮转弯外,还可以代替前轮减摆器,而起到前轮减摆的作用。另外,在对飞机进行停机坪拖行的时候,它还可以起到拖机释压的作用。

1. 前轮减摆功能

飞机在直线滑跑中，由于前轮的结构特点以及跑道的不平或操纵上的原因，前轮常常会受到一个外力或外力矩作用，因而会在滑跑的某一瞬间使前轮向一方偏转一个角度，由于向前运动的惯性，前轮便可能围绕飞机运动的轴线，出现不停地摆动现象，即摆振现象。前轮摆振对前起落架来说是很危险的。它可造成轮胎撕裂、支柱折断等严重事故。为此，以前的飞机上都有专门的前轮减摆器。但在很多现代飞机上，已经使用前轮转弯液压系统代替了前轮减摆器，而不再单独安装减摆器附件，因为这种前轮转弯系统本身就能起到减摆作用。

如图 2.4.13 所示，在前轮转弯液压系统中，滑阀伺服活门的分油活门上采取了预开口设计。当活门处于中立位置的时候，作动筒两端可以通过预开口实现互通，并经补偿器实现回油，这就起到了减摆阻尼的作用。此时，预开口的设置就使前轮转弯液压系统等效为如图 2.4.14 所示的减摆液压系统。当发生摆振时，油液被强迫流过节流孔，通过产生热耗作用，消耗摆振过程中的能量，达到减摆的目的。

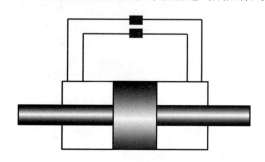

图 2.4.14　前轮转弯液压系统等效前轮减摆工作原理

2. 拖行释压

在外场，由于某种原因需要将飞机从一个停放地点拖放到另一个停放地点，如图 2.4.15 所示。但在拖行飞机的时候，如果没有相应设计，前轮转弯液压系统的液压会对拖行产生阻碍作用。在拖行飞机时，前轮转弯作动筒就像一个液压泵，而油液的流动又受到限制，使作动筒两边产生很大的压力差，形成液锁。由于液锁现象的存在，将使拖行过程中的前轮转动受到阻碍。为防止此现象的发生，前轮转弯系统通常有一个地面人工卸压活门。在需要拖飞机时，地面人员可操纵人工卸压活门，使前轮转弯作动筒的两腔连通。这样在拖机时，就使转弯作动筒内的油液可以自由地从一腔流到另一腔，防止了液锁对拖行转弯的限制。

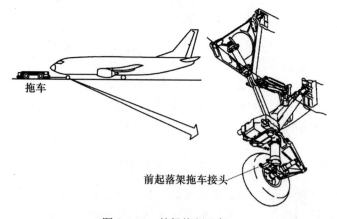

图 2.4.15　外场拖行飞机

小贴士：所谓液锁，就是由于液体的不可压缩性而造成的将液压回路锁住的现象。

需要说明的是：对不同的飞机来说，进行飞机拖行时都有一些相应的规定。在拖行前，一定要查阅飞机维护手册了解这些规定，以避免对飞机和起落架造成损坏。

知识点 5　主起落架转弯操纵

通常情况下，飞机的转弯都是通过操纵前轮来实现的。但对于一些重型飞机来说，为了减小飞机转弯时的操纵力，尤其是为了减小飞机的转弯半径并尽量减少转弯时对飞机轮胎的刮擦磨损，有的飞机在前轮转弯操纵的基础上，在主起落架上也设置了转弯操纵装置，来辅助飞机进行地面转弯。

目前常见的主起落架转弯主要有两种形式：一种是波音 777 飞机上使用的通过主起落架后轮轴实现转弯的形式；另一种是波音 747-400 飞机上使用的主轮小车整体转弯的形式。它们由专门的转弯作动筒来控制。

图 2.4.16 为波音 777 飞机前轮右转弯时主起落架的随动转弯图。当前轮转弯时，主轮将跟随前轮向相反的方向偏转。前轮向右偏转时，主轮会向左偏转；前轮向左偏转时，主轮会向右偏转。

图 2.4.17 是波音 747 飞机前轮右转弯时主起落架的随动转弯图。它有四个主起落架，包括两个机翼主起落架和两个机身主起落架，其中只有机身主起落架可以随动转弯。当前轮转弯时，主轮将跟随前轮向相反的方向偏转。

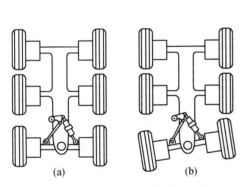

图 2.4.16　波音 777 飞机主起落架
随动转弯图（前轮右转弯时）

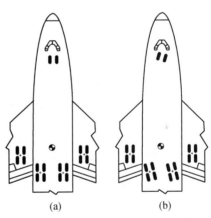

图 2.4.17　波音 747 飞机主起落架
随动转弯图（前轮右转弯时）

任务测评

请学生认真研读"典型飞机前起落架转弯操纵系统"，理解转弯系统的工作情况，并根据任务实施中所提出的问题，针对飞机转弯操纵做一个大作业。要求能够概述飞机实现地面转弯操纵的原理和过程。

飞机构造

任务5　利用重力法对刹车系统进行排气

知识目标

（1）掌握刹车系统的功能。
（2）掌握刹车减速原理和最高刹车效率的概念。
（3）掌握多圆盘式刹车装置的工作原理和特点。
（4）掌握刹车系统的组成和工作方式。
（5）掌握刹车系统排气的原理和方法。

能力目标

（1）能描述多圆盘式刹车装置的工作原理。
（2）能描述刹车系统的不同工作方式。
（3）能解释电子式防滞刹车系统优于惯性防滞刹车系统的原理。
（4）能使用重力法进行刹车系统排气。

情境创建

刹车系统是用来控制机轮刹车装置工作的重要系统。刹车系统中如果含有空气，就会使刹车能力变得松软，刹车效率降低，严重时还可能危及飞机的起降安全。

前面已经提到，起落装置可以给飞机提供起飞刹车和减速刹车，该功能由刹车系统来承载。因此，保证刹车系统的正常工作非常重要。在使用中，由于某种原因，刹车系统中进入空气属于常见现象，但如不排除，将影响其正常工作。

任务实施

教师请学生观摩外场机务人员利用重力法排出刹车系统中所含有的空气。重力排气法相对来说操作比较简单，只要将排气软管的一端连接在放气活门上，软管的另一端放入一个油桶并淹没在油液中，然后通过脚蹬操作刹车系统，油液就会把空气从刹车系统中带出来。

注意：放气工作必须连续进行，而且完成后，地面工作人员要先关断放气活门，然后机上人员才可以松开脚蹬，以保证气体不会马上重新进入系统。

知识点1　刹车系统的功用

由于惯性的原因，飞机在着陆接地时仍具有较大的水平速度。同时，在滑跑过程中，飞机上虽然还存在着一定的气动阻力及机轮的滚动阻力，但相对于飞机的惯性来说，还远远不能让飞机尽快停下来。这时，如果不设法增大飞机的阻力，使之迅速减速，则需要有较长的飞机跑道来满足这种惯性着陆滑跑的要求。另外，有时候飞机起飞时，为了缩短起飞滑跑距离，往往也需要使用刹车系统将飞机刹死在起飞线上，当飞机发动机的转速达到一定程度时才松开刹车,开始起飞滑跑。

刹车装置还可以使飞机在地面进行滑行转弯,以及使飞机在停机坪上不使用轮挡而进行发动机地面试车。

知识点 2　刹车减速原理及最高刹车效率

在学习刹车系统之前,应先了解刹车减速的原理和最高刹车效率的概念。

1. 刹车减速原理

在操纵刹车时,高压油液(或冷气)进入固定在轮轴上的刹车盘(图 2.5.1),推动刹车盘上的刹车片,使它压紧在轮毂内的刹车套上。由于摩擦面之间的摩擦作用,增大了阻止机轮滚动的力矩,从而使得机轮在高速滚动中受到的地面摩擦力显著增大,飞机的滑跑速度减小。驾驶员刹车越重,进入刹车盘的油液或冷气的压力就越大,刹车片与刹车套之间也就压得越紧,阻止机轮滚动的力矩越大,因而作用在机轮上的地面摩擦力也越大。可见,通过加大刹车压力的办法可以缩短飞机的着陆滑跑距离。飞机沿水平方向运动的动能,主要就是通过刹车装置的摩擦作用将机械能转变为热能逐渐耗散掉,这就是刹车装置的刹车减速基本原理。不同刹车装置的结构可能不同,但刹车减速原理是一样的。

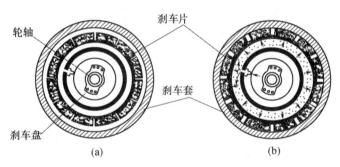

图 2.5.1　刹车装置的刹车减速原理

(a)未刹车时;(b)刹车时。

2. 最高刹车效率

客观地讲,飞机与地面摩擦力的增大是有限度的。随着刹车压力的增大,地面摩擦力也在增大,到一定极限后,即使继续增大刹车压力,地面摩擦力也不会继续增加。这时,机轮与地面之间会产生相对滑动,即出现"拖胎"现象。机轮刚要出现滑动时机轮与地面之间的这个摩擦力称为机轮与地面之间的结合力。

为了防止拖胎,操作时不能仅仅通过加大刹车力来使飞机快速减速,而应该适当地控制刹车压力,使地面摩擦力尽量接近而不超过机轮与地面之间的结合力。实验证明,机轮与地面压得越不紧,或地面越光滑,结合力就会变得越小。由于着陆滑跑过程中,飞机的升力随着滑跑速度的减小而逐渐减小,相应地,机轮压紧跑道的程度也随着滑跑速度的减小而逐渐增加。所以,着陆滑跑过程中,要随着飞机滑跑速度的减小,逐渐增大刹车压力。如果道面有积水或结冰现象,就更应该注意控制机轮的刹车压力。

飞机在着陆滑跑过程中,可能会因为刹车过猛而产生拖胎现象。一方面由于滑动时的摩擦力比结合力小，着陆滑跑距离并不能有效地缩短，另一方面，飞机向前运动的动能很大，只有依靠轮胎与地面之间的强烈摩擦作用来消耗，对轮胎必然产生剧烈磨损，严重时甚至可能引起爆胎现象。

由此可见，在着陆滑跑过程中，由于飞机在水平方向上动能很大，必须准确控制刹车压力，使刹车力矩在每一时刻都非常接近但又不超过当时的结合力矩，这时所对应的刹车效率就是最高刹车效率。保持最高刹车效率可以更好地发挥刹车装置的作用。

知识点 3　刹车装置

从使用上讲，一方面，在飞机起飞时，希望机轮的滚动阻力要小，对地面的压力要小，这样飞机就能在更短的时间和距离内离地起飞；另一方面，在飞机着陆滑跑中，又希望机轮和地面之间产生尽可能大的摩擦阻力，以缩短飞机的着陆滑跑距离。刹车装置可以很好地解决这个矛盾。

首先，刹车装置应能产生足够的刹车力矩，在规定的时间内吸收和消耗掉着陆滑跑时飞机的大部分动能，保证获得高的刹车效率；其次，刹车装置要具有良好的冷却性能，在温度和压力比较高的情况下，互相摩擦的材料应能保持良好的耐磨、抗压性能，而且摩擦系数不应在这个过程中显著减小；最后，还必须具有良好的灵敏性，即对使用刹车与解除刹车的操纵，系统要能迅速做出反应。

目前，飞机上采用的刹车装置主要有弯块式、胶囊式和圆盘式三种。

1. 弯块式与胶囊式刹车装置

弯块式与胶囊式刹车装置都由刹车盘与刹车套两部分组成。

1）弯块式刹车盘

如图 2.5.2 所示，弯块式刹车盘的主体与轮轴固定，弯块一端用螺栓铰接在主体上，另一端与作动筒相连。不刹车时，弯块与刹车套之间保持一定的间隙，即刹车间隙。间隙的大小可以通过调整螺钉进行调整。

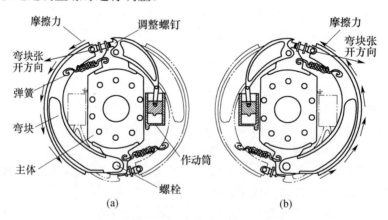

图 2.5.2　弯块式刹车盘

刹车时，高压油液（或冷气）推动作动筒内的带杆活塞，使弯块压在刹车套上，利用弯块与刹车套之间的摩擦力形成刹车力矩；解除刹车时，只要使压力消失，弹簧就将弯块拉回到原来位置。

从弯块式刹车盘的工作过程可以看出，如果机轮旋转方向与弯块张开方向一致，作用在弯块上的摩擦力是帮助弯块张开的（图 2.5.2（a）），它使弯块与刹车套压得更紧，能加大刹车力矩，因而称为助动式刹车盘；反之，如果机轮旋转方向与弯块张开方向相反，摩擦力就会阻碍弯块张开（图 2.5.2（b）），使刹车力矩减小，因而这种刹车盘被称为直接作用式刹车盘。飞机上大多采用助动式刹车盘，以便产生较大的刹车力矩。因此，安装弯块式刹车盘时必须注意它的张开方向，避免装错而影响刹车效率。此外，维护助动式刹车盘时还应该特别注意它的刹车间隙要适当。间隙过小，弯块与刹车套之间因振动等原因可能会自动接触，由于助动作用的影响，滑行中机轮就会发生卡滞现象；间隙过大，则会使刹车时工作的灵敏性大大降低。

需要说明的是，弯块式刹车盘由于重量大、维护不便、使用寿命短等原因，目前已经很少采用。

2）胶囊式刹车盘

如图 2.5.3 所示，胶囊式刹车盘由主体、胶囊、刹车片及弹簧片等组成。主体由镁合金制成，固定在轮轴上，它的四周有带卡槽的外环；刹车片由塑料和金属骨架压制而成，它们利用弹簧片卡在外环的卡槽内；胶囊安装在主体与刹车片之间。

刹车时，高压油液（或冷气）进入胶囊，使胶囊鼓起，把刹车片压紧在刹车套上，从而产生摩擦力，形成刹车力矩；解除刹车时，胶囊自动收缩，刹车片在弹簧片的回弹力作用下，回到原来位置。

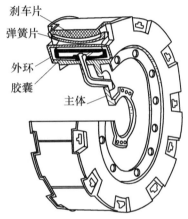

图 2.5.3 胶囊式刹车盘

从胶囊式刹车盘的工作原理与构造特点可以看出，它与弯块式（助动式）刹车盘相比，具有摩擦面积大（在刹车套尺寸相同的情况下）、磨损均匀、刹车工作柔和并且不易产生卡滞等优点。它的主要缺点是：刹车时，需要向胶囊内输送较多的油液（或冷气），因而工作灵敏性相对较差（尤其是大型刹车盘）。

很明显，如果刹车间隙过大，胶囊式刹车装置工作的灵敏性也会变差。通常情况下，在刹车片磨损到一定程度时，为了保持必需的灵敏性，常采取在刹车片与胶囊之间加装一层垫子（胶垫或石棉垫）的方法来适当减小刹车间隙。如果采用的是石棉垫，还可以同时起到隔热的作用，使胶囊不易受到高温影响而损坏。但是，当刹车片磨损到维护规程规定的允许最小厚度时则必须更换。

在维护装有胶囊式刹车盘的刹车装置时，为避免刹车盘的损坏，在刹车盘卸下后一般不能进行充压试验。

3）刹车套

弯块式与胶囊式刹车装置的刹车套用螺栓固定在轮毂内。刹车装置工作时，温度很高，为了防止轮胎受高温影响而损坏，刹车套外表面和轮毂之间通常留有一定的间隙，以形成隔热的空气层。有的机轮，在刹车套与轮毂的固定面之间还垫有橡胶石棉绝热片。

刹车套有钢制和双金属材料制两种。后者在高速飞机上应用得较广泛。双金属刹车套分内外两层：内层通常用耐磨性与耐热性高的生铁制成；外层是一个加强钢套。由于内层是用离心力浇铸在外层内表面上的,所以内外层结合得很牢固。

2. 圆盘式刹车装置

圆盘式刹车装置与前两者不同,没有刹车套,而是利用摩擦片离合器的原理进行刹车。圆盘式刹车装置有单圆盘式和多圆盘式。它们的刹车原理是一样的,只是刹车效率不同。现代大中型飞机上多采用的是多圆盘式刹车装置。

图 2.5.4 为一种多圆盘式刹车装置。它包括刹车作动筒及刹车间隙调节器、刹车磨损指示销、刹车片、扭力管、压力盘、液压接头和放气口等。

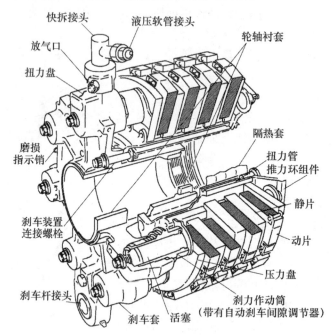

图 2.5.4　多圆盘式刹车装置

刹车作动筒是单作用式作动筒,即刹车时,刹车压力油进入刹车作动筒,松刹车时要依靠弹簧复位。刹车片由多个动片和静片组成,动片和静片是间隔排列的。静片安装于刹车装置的扭力管上,不随机轮转动,但可沿轴向运动。压力盘与刹车作动筒活塞杆固连,支撑片(静片)固定不动。而动片可随机轮转动,也可沿轴向运动。刹车组件固定于轮轴上,当安装上机轮时,动片可沿动片滑键深入到轮毂内。

操纵刹车时,高压油液(或冷气)进入作动筒,推动活塞,将动片与静片紧紧地压在一起,从而产生巨大的摩擦力,达到刹车的目的。解除刹车时,压力消失,活塞依靠弹簧张力恢复到原来松开位置。

刹车间隙调节器是多圆盘式刹车装置里所特有的,它可以保证即使刹车片有了一定的磨损,刹车作动筒也可以把静片和动片压紧。

多圆盘式刹车装置与弯块式、胶囊式刹车装置相比,主要优点是:在尺寸相同的情况下,圆盘式具有更大的摩擦面积,可以产生更大的刹车力矩,这对于要求安装窄机轮的高速飞机来说非常适用。此外,圆盘式是双面摩擦,受热比较均匀。但圆盘式刹车装置也有缺点,即重量较大,冷却条件不是很好,尤其是在连续使用刹车时,圆盘容易因过热而翘曲，甚至还可能与相邻的圆盘熔焊在一起。

随着近年来通风式圆盘刹车装置的出现，其不能冷却的状况有了较大的改善，因而不少高速、重型飞机上纷纷采用了这种刹车装置。

通风式圆盘刹车装置的基本构造和工作原理如图 2.5.5 所示。它与普通圆盘式刹车装置一样，所不同的是其圆盘由几个扇形块连接而成，因而不易翘曲；各扇形块之间有通风间隙，可以利用流经通风间隙的气流将热量带走，同时可以把从圆盘上磨下来的粉末带走。因此，在连续刹车时，这种刹车装置不会因温度过高而使最大刹车力矩显著降低。有些刹车系统也可能由于产生热量太多，而不得不采用风扇冷却，图 2.5.6 为波音 727 飞机机轮采用冷却风扇的情况。

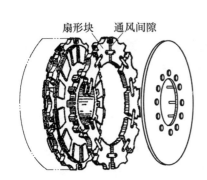

图 2.5.5 通风式圆盘刹车装置

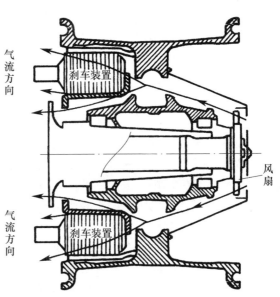

图 2.5.6 波音 727 飞机机轮风扇效果

为了改善摩擦性能，通风式圆盘刹车装置的旋转圆盘表面通常镀有金属陶瓷，在固定圆盘的表面还铸有特种生铁。

随着科学技术的发展，圆盘刹车装置的盘用材料已经不局限为钢盘，碳盘、钢基或铁基粉末冶金盘、陶瓷盘也以其各自的优点纷纷应用在不同的圆盘刹车装置中。如目前采用较多的碳盘就具有重量轻、寿命长、耐高温等优点，其温度可达 1100℃ 以上，而钢盘温度只有 850℃ 左右。

知识点 4　防滞刹车系统

刹车系统是用来控制机轮刹车装置工作的。由机轮刹车减速原理可知，飞机着陆滑跑过程中，刹车压力只有根据外界条件的变化随时进行调节才可以到达最高刹车效率。因此，调节刹车压力是刹车系统的中心问题，给刹车系统安装刹车调节器等附件是必要的。现代刹车系统普遍采用的是防滞刹车系统，它可以在刹车过程中实现对刹车压力进行自动而精确的控制，从而达到最高刹车效率。成熟的防滞刹车系统有两类，即惯性传感器式与电子式。早期飞机的防滞刹车系统多为惯性传感器式，现代飞机的防滞刹车系统多为电子式。

1. 惯性传感器式防滞刹车系统的工作原理

惯性传感器式防滞刹车系统又称为单信号刹车压力自动调节装置,它通常包括传感器与电磁活门两个主要附件。

传感器固定在刹车盘或者轮轴上,电磁活门则安装在刹车部分的工作管路中(图 2.5.7)。在着陆滑跑过程中使用刹车时,从刹车部分输出的油液（或冷气）,经电磁活门进入刹车盘。当刹车压力过大而使机轮拖胎时,机轮便产生较大的负角加速度,传感器感受到机轮的负角加速度以后即操纵电门,将电磁活门中线圈的电路接通,活门便在电磁引力作用下打开回油（放气）路,堵住来油（来气）路。于是,刹车盘内油液（冷气）的压力迅速降低,待拖胎解除、机轮恢复正常滚动后,

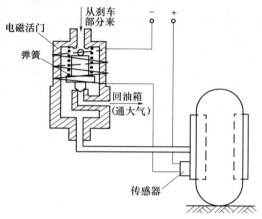

图 2.5.7 惯性传感器式防滞系统原理图

被传感器接通的电路立即断开,电磁吸引力消失,电磁活门在弹簧作用下恢复原位,重新打开来油（来气）路,关闭回油（放气）路,刹车压力重新增大。当机轮再次进入拖胎时,传感器又操纵电磁活门来减小刹车压力。如此周而复始,便可使刹车压力围绕着临界刹车压力做有规律的变化,以获得高的刹车效率。

2. 电子式防滞刹车系统的工作原理

惯性传感器式防滞刹车系统是在机轮具有一定的负角加速度后才能输出控制信号,其执行机构为普通的电磁活门,控制精度低,系统效率相对较差。为了进一步改善起落架的刹车效率,现代飞机采用了电子式防滞刹车系统。

事实上,在机轮滑行时,飞机的速度与机轮的转动速度经常是不相同的,为此引入了滑移率的概念,即滑移率等于机速和轮速的差与机速的比率。当机轮滑移率为 0 时,表示起落架没有拖胎现象;而机轮滑移率为 1 时,表示起落架处于完全拖胎状态,这时的刹车效率非常差,而且轮胎也将受到极大的损害。

试验表明,刹车效率与滑移率的关系如图 2.5.8 所示。

从图 2.5.8 中可以看出,当滑移率为 15％～25％时,刹车装置的刹车效率可以达到最高。因此,在飞机滑行时,如果能很好地控制机轮的滑移率,飞机也就能在最短的距离内停下来。电子式防滞刹车系统就是通过控制机轮的滑移率来工作的。

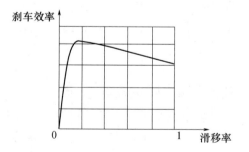

图 2.5.8 刹车效率与滑移率的关系曲线

图 2.5.9 为电子式防滞系统原理图,其中的三个主要元件为轮速传感器、防滞控制器和防滞阀。工作时,通过轮速传感器感受机轮滚动速度,然后送到防滞控制器,防滞控制器根据轮速、飞机滑行速度计算出机轮的滑

移率,并与理想滑移率进行比较后,发出控制信号给防滞阀,从而控制输向刹车装置的液压压力。这个过程是连续进行的,最终使机轮的滑移率逼近理想滑移率,从而达到理想刹车效率。

电子式防滞系统的功能是非常强大的,在飞机由下滑到着陆滑跑及停下来的整个过程中,分别可以起到接地保护、锁轮保护、正常防滞刹车、人工刹车等作用。

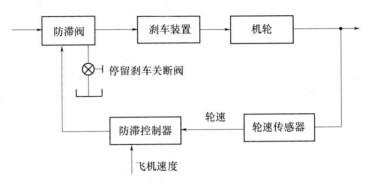

图 2.5.9　电子式防滞系统原理图

在飞机下滑即将接地时,轮胎是静止的,若此时驾驶员踩下刹车,将使机轮瞬间严重拖胎。接地保护电路可以保证在飞机即将接地的瞬间解脱刹车作用(即使已经实施刹车),只有当飞机主轮触地且机轮滚动速度达到刹车允许速度时,接地保护电路才断开。

在飞机通过由于局部积冰(水)等而使结合力降低的跑道时,机轮轮胎更容易发生拖胎现象。如果正常防滞控制不能将其解除,锁轮保护电路就会发出超控信号,强行脱开刹车油路进行释压,且释压时间比解除正常拖胎的时间要长,使机轮有足够的加速时间。另外,锁轮保护电路还可以监测两个对应机轮的轮速,当两轮的轮速之差超过一定限度时,锁轮保护电路工作,释放低速机轮的刹车压力。工作正常后,保护电路自动断开。

在起落架轮速低于一定速度或防滞系统发生故障时,正常防滞电路会自动脱开,而由驾驶员进行人工刹车。在刹车过程中,驾驶员也可以操纵防滞电门,主动脱开防滞刹车系统进行人工刹车。

此外,现代飞机上都设置了自动刹车系统,即不需要驾驶员进行操纵。但自动刹车是有条件的,并不是任何时候都可以使用。

自动刹车包括起飞自动刹车和着陆自动刹车两种方式。使用自动刹车时,自动刹车压力控制组件会自动调节刹车压力,并通过自动刹车往复活门接入到正常刹车系统进行工作。使用着陆自动刹车时,要先通过自动刹车选择电门选择刹车减速率。刹车减速率要根据着陆机场的跑道长度选择。然后,自动刹车系统就开始自检,如果自检通过,则自动刹车系统即处于准备状态,一旦满足自动刹车条件,飞机可进行着陆自动刹车;如果自检未通过或有故障,则只能采用人工刹车。使用起飞自动刹车情况也是类似,也要首先进行系统自检。

实例链接　波音 737 刹车系统

图 2.5.10 为波音 737 刹车系统示意图。

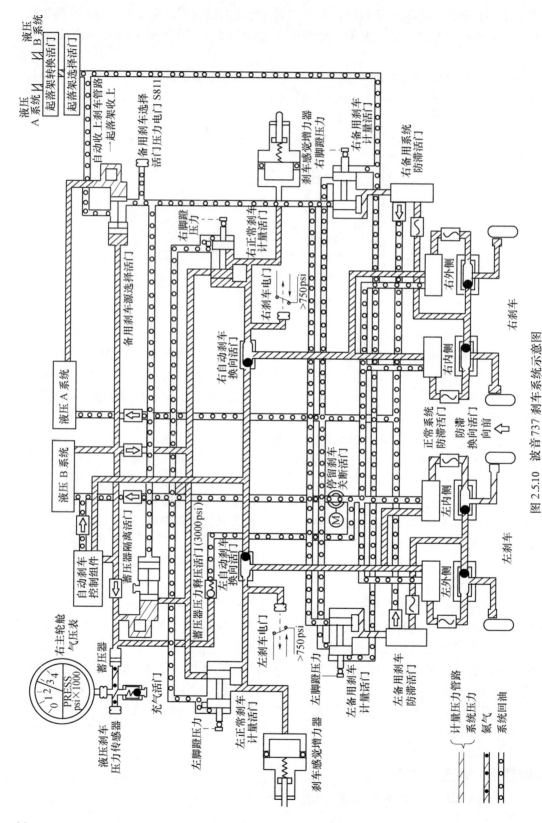

图 2.5.10 波音737 刹车系统示意图

刹车工作在正常情况下，液压 B 系统的压力经过正常刹车计量活门或自动刹车组件进行操纵。备用刹车液压是在 B 系统液压压力不足时，由 A 系统压力经过备用刹车计量活门提供。

从刹车计量活门到刹车组件之间的液压管道中，每个刹车组件装有一个正常防滞刹车活门且每个起落架装有一个备用防滞刹车活门，目的是按需要调节刹车压力，在每个防滞刹车活门的下游装有一个液压保险器，防止刹车管道失效时液压系统油液完全丧失。

对于每一个起落架，在正常刹车计量活门和自动刹车组件之间有一个换向活门，它把最大的输出压力送到刹车组件上。在正常与备用刹车系统之间，另一组换向活门（每个刹车一个）将最大的压力送到刹车组件上。

踩下刹车踏板，转动钢索扇形盘可同时操作正常和备用刹车计量活门。当液压 B 系统有压力时，液压由正常刹车计量活门通过换向活门施加到正常防滞刹车活门，防滞刹车活门调节压力后通过液压保险器和换向活门进入刹车组件。当自动刹车系统打开时，从自动刹车组件或正常刹车计量活门上来的高压经过换向活门施加到正常防滞刹车活门。

当 B 系统液压不足时，备用刹车选择活门打开，将 A 系统液压引到备用刹车计量活门中。一旦进行刹车工作，A 系统压力经过备用防滞刹车活门施加到刹车组件中。

主轮的刹车可从 B 系统获得压力进行正常工作，也可以从 A 系统获得液压进行备用工作。由 B 系统提供液压的刹车储压器可用于停留刹车或用来在 A 和 B 两个系统压力都丧失时进行刹车工作。除停留刹车之外，所有的刹车工作可由防滞刹车工作控制，换向活门用来将人工刹车压力和自动刹车压力隔开及将备用刹车压力与正常刹车压力隔开，液压保险器用于防止正常和备用系统中的液压完全丧失掉。

当 B 系统压力可用时，人工刹车使用正常刹车计量活门来控制刹车压力；当 B 系统无液压而 A 系统有压力时，人工刹车是通过备用刹车计量活门进行的。当防滞刹车工作时，它的功能是控制从液压源来的机轮刹车压力，这个液压源是通过正常或备用防滞刹车活门提供的压力。

当 A 系统有压力且 B 系统压力降到大约 10MPa 以下时，自动选择备用刹车压力。这种情况发生时，A 系统压力通过备用刹车选择活门供到备用刹车计量活门。从备用刹车选择活门来的压力也通到储压器隔离活门。只要 A 系统压力大于 10MPa，它就隔断储压器的输出。备用刹车计量活门与正常刹车计量活门同时一起工作。从每个备用刹车计量活门来的油液通过备用防滞刹车活门通到刹车组件进行刹车。

在正常刹车工作时，刹车感觉作动器使刹车踏板上的感觉力增加，感觉力最大为4.1MPa。

能力点　刹车系统排气

如果刹车系统中含有空气，由于空气的可压缩性，轻则会使刹车能力松软，降低刹车效率，重则会影响飞机的安全着陆。因此，定期检查并排出系统中的空气是非常必要的。

刹车系统中的排气方法主要有两种：一是从顶端向下排气的重力放气法；二是从底部向上排气的压力放气法。需要根据刹车排气系统的设计和类型，或根据所能使用的排气设备来选择具体的排气方式。无论采用哪种方式，放气工作都必须连续进行，而且完成后要先关断放气活门，然后才松开脚蹬。

1. 重力放气法

在重力放气法（图 2.5.11）中，刹车系统中的空气通过装在刹车装置上的一个放气活门排出。

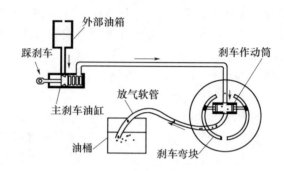

图 2.5.11　刹车装置重力放气法

放气软管一端连接在放气活门上，软管的自由端放入一个油桶里并淹没在油液中，然后通过脚蹬操作刹车系统，油液就会把空气从系统中带出来。

2. 压力放气法

在压力放气法（图 2.5.12）中，空气是通过刹车系统的油箱或其他专门设备排出的。

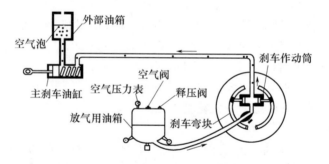

图 2.5.12　刹车装置压力放气法

放气用的油箱是一个轻便型的油箱，其内部装有液压油，通过增压使油平面上的空气成为高压气体。油箱上部装有空气阀、空气压力表和一条连接软管。软管连接到刹车装置上的放气活门上，并且有一个关断阀。随后只需简单的操纵就可以实现排气。

由于重力放气法所用设备简单，容易操作，且能够满足使用要求。所以，在以上两种方法中，现代飞机主要采用的是重力放气法。

任务测评

请学生按照"刹车系统排气"中所给的步骤，利用重力法模拟排出刹车系统中所含有的空气。在条件允许的情况下，再利用压力放气法对刹车系统进行排气操作。

模块 2　飞机停放、起飞和着陆装置

任务 6　起落架机轮结构外观检查

知识目标

（1）掌握飞机起落架机轮的组成和功用。
（2）掌握轮胎的分类以及构造特点。
（3）掌握可卸轮缘式轮毂和分离式轮毂的构造特点。
（4）掌握轮胎充气压力过大和过小的危害。

能力目标

（1）能描述可卸轮缘式轮毂和分离式轮毂的构造特点。
（2）能对机轮进行外观检查。
（3）能描述对轮胎进行外观检查的主要内容。
（4）能描述对轮胎进行气体充填的程序。

情境创建

起落架机轮是飞机上非常重要的部件之一，它不仅要在吸收和消耗飞机在着陆撞击时所产生的一部分垂直能量，还要完全吸收并消耗其水平方向的动能，以保证飞机的着陆安全有效。因此，保持起落架机轮结构的完好非常重要。

教师带领学生前往停放飞机的现场。

任务实施

针对停放在停机坪上的飞机，教师请学生目视检查起落架机轮的外观状况（尤其是主起落架），主要包括机轮结构有无裂纹、腐蚀、变形、压痕和划伤。应特别注意轮缘区域，检查轮毂连接螺栓、螺帽、充气气门、配重、轮轴螺帽保险装置的牢固性；注意机轮、刹车和轮胎有无过热迹象及易熔塞是否已熔化掉等。

知识点 1　轮胎分类与构造

起落架机轮是起落架缓冲装置的一个组成部分，主要由轮胎、轮毂两部分组成。其中，轮胎是一个充有高压气体的气囊结构，由弹性材料制成，可以吸收并耗散飞机在接地着陆和地面运动时的部分能量；轮毂是支持轮胎的骨架，也是安装刹车装置的基础。

1. 轮胎分类

根据其充气压力的大小，可将轮胎分为低压轮胎、中压轮胎、高压轮胎和超高压轮胎四类，如图 2.6.1 所示。这四类轮胎的直径和宽度的比值是不同的。一般来说，直径相同时，低压轮胎要宽一些，高压轮胎要窄一些。

（1）低压轮胎承受载荷时压缩量较大，能吸收较多的能量，同时它对地面的压力较小，在较软的土跑道上滑跑时不易陷入地面。但低压轮胎宽度较大会显得笨重，不便于收入高速飞机的薄机翼内，所以它多用于低速、轻型飞机上，或仅用作某些飞机的尾轮。

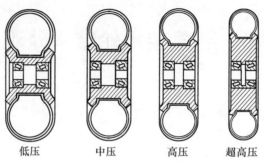

图 2.6.1 轮胎的类型

（2）高压轮胎的工作性能与低压轮胎相反。对于高速飞机，由于机翼较薄，为了能将起落架收入机翼，要求轮胎宽度要小。同时，由于飞机起飞、着陆的速度比较大，要求轮胎有比较大的充气压力，所以采用高压轮胎就比较合适。

（3）中压轮胎的工作性能介于低压与高压轮胎之间。它通常使用在起飞、着陆速度不太大的飞机上。

（4）超高压轮胎是近几年来才开始采用的，它的宽度很小，适用于将起落架收藏在薄机翼内的超声速飞机。它对地面的压力比高压轮胎更大，所以对跑道的抗压强度有更高的要求。

2. 轮胎构造

通常情况下，轮胎由内胎和外胎组成。

1）内胎

内胎是一个用优质软橡胶制成的密封环形囊。由于在刹车过程中轮毂的温度很高，因此在它与轮毂接触的部分又贴上了一层帘布，以防止内胎在高温作用下损坏。

内胎上有一个充气嘴，充气嘴内装有气门芯。气门芯有两种形式，一种是弹簧装在活门里面的短尾气门芯（图 2.6.2（a）），另一种是弹簧装在活门外面的长尾气门芯（图 2.6.2（b））。它们可以互相替用。

维护经验表明，轮胎漏气往往是由于气门芯密封不良造成的，因此对气门芯的密封性要经常进行检查。

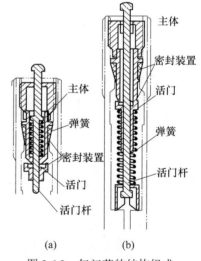

图 2.6.2 气门芯的结构组成
(a)短尾气门芯；(b)长尾气门芯。

2）外胎

外胎的构造比较复杂，但一般是由内部的帘线层、缓冲层及外部的橡胶层、胎圈四个基本部分组成的（图 2.6.3）。

（1）外胎的主要受力部分在帘线层。目前帘线采用的材料有四种，即棉线、人造丝、合成纤维（如卡普隆）和钢丝。帘线层是由若干层涂胶的帘线叠合而成的，各层帘线之间都有一层隔离胶。帘线的层数由外胎所承受载荷的大小和帘线材料的强度等因素决定，一般从几层到二三十层不等。

（2）外表橡胶层是用弹性好、强度大、耐磨性和耐热性高的橡胶制成，用来保护帘线层。外表橡胶层由胎面橡胶层和胎侧橡胶层两部分组成。胎面橡胶层因直接与地面摩擦而比较厚。为了增大机轮与地面之间的结合系数，胎面上都设计有凸凹花纹。

（3）缓冲层位于胎面橡胶层与帘线层之间。它由数层橡胶粘合或数层较稀的帘线胶合而成。当外胎与尖硬物体撞击时，缓冲层可使帘线层的受力得到扩散而趋于均匀，还可以起到使胎面橡胶层与帘线层结合更紧密的作用。这样，即使外胎承受比较大的剪切作用，胎面橡胶层与帘线层也不易脱开。

（4）胎圈包括钢丝圈和胎口涂胶包边布。钢丝圈是胎圈的骨架，具有很大的抗拉强度和刚度，用来保持胎口的形状，使外胎能够牢固地卡在轮缘上并通过它把载荷传给轮毂。胎口涂胶包边布可以保护胎口部分，以避免或减少轮毂的磨损并阻止水分进入帘线层。

现代民航客机大多采用了无内胎轮胎，这种轮胎用外胎内的橡胶气密层代替了内胎（图2.6.4）。无内胎轮胎与轮毂之间依靠胎圈压紧在轮缘齿槽上，以实现密封。与普通轮胎相比，它重量较轻，轮胎被刺破时漏气慢，且充气嘴直接装在轮毂上，当轮胎与轮毂发生相对转动时，不致损坏充气嘴。因此，对无内胎轮胎来说，保持轮胎与轮毂之间的密封性是至关重要的。

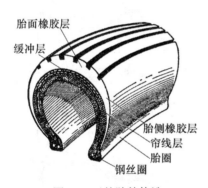

图 2.6.3　外胎的构造

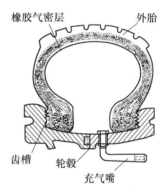

图 2.6.4　无内胎轮胎构造

在制造中，外胎沿圆周方向的质量分布有可能不均匀。对于工作中要高速旋转的轮胎来说，为了使外胎各部分的质量基本上保持平衡，制造厂在产品质量检验后，有时需要在质量较小部位的外胎内壁上贴胶皮。有的外胎上还标有"轻点"标记，在安装内胎时，可以让充气嘴对准"轻点"标记的地方进行安装，以保证装配好的轮胎更趋于圆周平衡。

3. 轮胎压力

轮胎制造厂规定了每种轮胎的额定充气压力，它适用于不承受载荷的冷轮胎。当轮胎承受附加重量时，轮胎的充气压力是通过给额定充气压力加上一个压力修正值来确定的。正常情况下，其压力修正值为4%。但通常规定高于承载充气压力5%～10%的容差，并允许轮胎压力达到该最大值。对具体轮胎，可以根据其使用维护手册确定。

1）冷轮胎压力

在大气温度条件下检查轮胎压力时，对任何低于承载充气压力超过10%的轮胎，应该作报废处理，并放弃使用装在同一轮轴上的另外一个轮胎；对低于承载压力在 5%～

10%之间的轮胎,应重新充气至正确压力,并在第二天对其进行检查,如果压力还是低于承载充气压力的5%,也应做报废处理。

2) 热轮胎压力

有时需要检查着陆后仍然发热轮胎的压力,检查并记录每个轮胎的压力,并与相同起落架支柱上的其他轮胎压力进行比较。如果同一缓冲支柱上的任一轮胎的压力低于所记录的最大压力10%或超过10%,都应重新进行充气至最大压力,但如果下一次检查时仍发生同样明显的压力损失,则应做报废处理。

知识点2 轮毂构造

轮毂通常用镁合金或铝合金制成。与同等重量的钢制轮毂相比,它们具有较大的刚度,在同样的受热情况下,温度升高也较少,这对高速飞机来说是很重要的。因为刹车时,有大量的热能要传给轮毂,如果轮毂温度升高得很多,容易使轮胎(特别是内胎)因高温而损坏。

轮毂通常有三种构造形式,即固定轮缘式、可卸轮缘式和分离式。

1. 固定轮缘式轮毂

最早的飞机机轮与汽车车轮结构形式是相似的,都为中间下凹的固定轮缘式轮毂(图2.6.5),常见于老式飞机上,也可见于现在使用高压轮胎的飞机上。但随着飞机的发展,飞机轮胎尺寸越来越大,轮胎的刚度也越来越大,对更换轮胎来说,固定轮缘式轮毂在外场的拆卸和安装工作都非常困难。

2. 可卸轮缘式轮毂

为了便于装卸轮胎,人们开始采用可卸轮缘式轮毂(图 2.6.6)。对于可卸轮缘式轮毂,无论是中间下凹的,还是基面平直的,都有一个整体的轮缘,并由一个止动卡环来固定。可卸轮缘式机轮通常配备的是低压轮胎。轮毂可在取下止动卡环和从底座上提起轮缘后,快速从轮胎上卸下来。

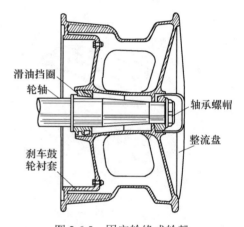

图 2.6.5 固定轮缘式轮毂

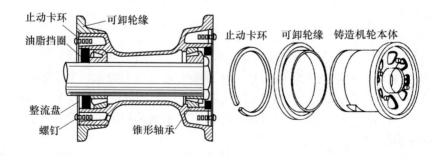

图 2.6.6 可卸轮缘式轮毂

3. 分离式轮毂

随着无内胎轮胎的发明和使用，会遇到轮胎与轮毂之间不易密封的难题，显然可卸轮缘式轮毂不能满足密封的需要，而分离式机轮轮毂与无内胎轮胎配合使用可以较好地解决密封性问题，并成为现在最通用的机轮形式。依靠轮胎的胎缘在内部气体压力作用下压紧在轮缘上，实现密封。另外，在两个半轮毂的分离处加装了"O"形密封圈，可以增加密封效果。图2.6.7为一种分离式机轮轮毂。

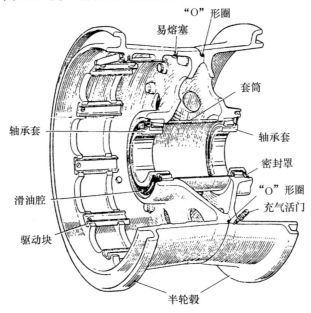

图 2.6.7 分离式机轮轮毂

分离式机轮的充气嘴直接安装在轮毂上，当机轮发生错线现象时，也不会破坏充气嘴。在分离式机轮的轮毂上还装有热熔塞。飞机在猛烈刹车时，刹车装置会产生的大量热能，使轮胎内气体温度升高，压力增加。当气体温度达到一定时，热熔塞熔化，可以将气体缓慢地放出，有效防止了飞机出现爆胎现象。

能力点 1　机轮结构外观检查

1. 对已拆卸下的机轮结构进行外观检查

（1）在分解机轮或拆卸轮胎前，必须给轮胎完全放气。

（2）在合适的清洗液中彻底清洗分解的机轮，然后检查结构有无裂纹、腐蚀、变形或其他损伤。

（3）如果在检查有无裂纹前需要清除机轮上的油漆层的话，在使用化学油漆清除剂的地方还要冲洗去除这些化学物质，然后再做其他检查。

（4）使用超声波或涡流方法，仔细检查螺栓孔周围、轮缘基座（胎缘座）的径向和其他高应力点有无裂纹。

（5）对较轻的表面腐蚀，可以直接清洗掉；对轻微的表面损伤，可在规定限制范围内进行修补，然后继续使用。但对存在超过限制范围深度的腐蚀、擦伤、压痕或裂纹的情况，只有对机轮做报废处理。

（6）通过专用工具及刻度盘试验指示器检查轮缘，保证机轮没有变形及同心度的改变，或利用大型卡尺检查有无变形。检查完毕，还应对机轮做静平衡试验。

（7）原位检查轴承是必要的，但也必须借助分离工具经常拆下轴承进行检查，以便对其进行彻底清洗和检查。检查有无腐蚀、轴承座圈剥落、滚珠或滚柱碎裂等现象；检查止推定位圈的状态；检查轴承的粗糙度等。如果轴承可以使用，在检查后要立刻给轴承填充润滑油脂，防止尘土和污物进入。

（8）检查用于固定分离式机轮两半轮毂的连接螺栓，看其有无腐蚀、变形或裂纹，还要检查螺纹的状况。对自锁螺母，应按照有关规定进行更换。

（9）通常需要按照制造厂的要求和规定给机轮刷漆，然后重新组装机轮。但要特别注意装配顺序和连接螺栓的拧紧力矩，并安装新的密封圈。

机轮安装轮胎时，应该保证整个组件是静态平衡的。

2. 对使用状态下机轮结构进行外观检查

（1）检查机轮有无裂纹、腐蚀、变形、压痕和划伤，应该特别注意轮缘区域。通常情况下，不允许轮缘与轮胎相接触的地方有损伤。当打磨掉压痕或擦伤时，应该仔细检查外露金属有无裂纹并对其重新进行防护处理。对于镁合金机轮来说，还要高度重视修理后所进行的表面防护处理工作。

（2）检查轮毂连接螺栓、螺帽、充气气门、配重、轮轴螺帽保险装置的牢固性及是否有影响使用的损伤。不允许任何连接螺栓失效，否则就应该拆下机轮并重新进行全面调整。

（3）每次使用后，检查机轮、刹车和轮胎有无过热迹象，如油漆起皮褪色、或变形，以及机轮轴承处是否有油脂泄漏。

（4）如果发现易熔塞熔化，应更换易熔塞并检查气密性。如果气密性不能满足要求，则应报废轮胎。

（5）定期将机轮抬高离地，以便检查其能否自由转动及轴承内的轴向活动量是否符合要求。

能力点 2　轮胎的外观检查

每次飞行前，都应该对飞机轮胎进行仔细的目视检查。如果可能，还要转动机轮，以确保检查到整个轮胎表面。一般情况下，制造厂都规定了轮胎的损伤限度，在该规定限度内的轮胎可以继续使用。轮胎损伤超过了该限度，应该从飞机上拆下来进行修理，或根据相应标准予以报废。

轮胎外观目视检查的内容如下。

（1）嵌入石头、硬物或玻璃。应该检查轮胎外表面是否有嵌入物，并应认真清除所发现的所有嵌入物。

（2）切口和划痕。应该用合适的钝头工具探测所有的切口，以便确定对胎体造成损伤的深度和程度。小损伤即不影响胎体帘线的损伤，可以不用处理。如果胎面胶和侧壁胶上发现切口，只要它们没有暴露胎体帘线，就不会明显地影响轮胎使用，可以用轮胎填充剂填充切口,以防止水和砂粒的进入而造成擦伤和腐烂。损伤超过限度的轮胎应报废。

(3)鼓包。鼓包的出现表明胎体有部分损伤,应拆下轮胎做进一步检查。如果胎体已经有很明显的损伤,如纤维层已经裂开,则应对该轮胎做报废处理;如果不是,应将其送回到制造厂家进行修理。

(4)磨损。轮胎磨损指示和轮胎磨损情况如图2.6.8和图2.6.9所示。局部磨损可能是"平点"形式,并且是由严重摩擦或拖胎烧伤引起的,这些情况可能是过度刹车、硬着陆或滑水造成的后果。随着胎面花纹深度的减小,滑水的可能性就相应增加,轮胎的使用功能就会降低。

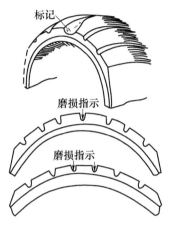

图2.6.8 轮胎磨损指示

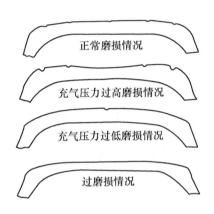

图2.6.9 轮胎磨损情况

能力点3 轮胎的使用与维护

各类飞机轮胎的充气压力都有明确规定,它是根据机轮的停机载荷、承受重复载荷的状况、使用的速度范围、减震性能和磨损情况等方面要求确定的。在维护工作中,应按规定数据进行充气。轮胎压力必须保持正确的压力值,气压过大、过小都是不好的。对两个机轮安装在同一轮轴上的情况,如果两侧的轮胎压力不相同,还会造成两侧轮胎承受载荷不平衡,工作时可能会使某个轮胎超过其额定值,而且起落架会承受由此带来的附加应力。

1. 充气压力过小的危害

轮胎充气不足时,轮胎的压缩量就会增大,使轮胎蠕动,达到一定程度就会使气门被拔出,造成轮胎快速放气。这时由气压引起的正应力虽然有所减小,但由垂直载荷引起的应力却增大了,重复载荷的变化幅度也随之增大,因而轮胎可能提前疲劳损坏。压缩量增大还会使机轮滚动时的滞后阻力与轮胎的发热量增加,从而影响飞机的滑跑性能和缩短机轮的使用寿命。同时,随着压缩量的增大,轮胎的临界速度会相应减小,以致飞机的滑跑速度可能达到甚至超过机轮临界速度,直接毁坏轮胎。

小贴士:所谓轮胎的临界速度,就是轮胎在承载下高速转动时,其接地变形部位的后面胎冠部会形成波浪状变形,此时,轮胎的滚动阻力将急剧增大,大致与速度的三次方成正比，可以达到低速转动时的 2 倍～3 倍，在大变形、高生热的作用下，轮胎很快就将被破坏。

气压过小，还会引起胎侧橡皮层与地面接触而磨损、减震器产生刚性撞击、轮缘和轮胎橡皮损坏、机轮"错线"等现象。

2. 充气压力过大的危害

轮胎过量充气时，帘线层受到由气压引起的拉伸力要增加，会造成飞机滑行时过量振动、轮胎磨损不均匀，机轮以高速越过小障碍物或粗猛着陆时，原来已经承受很大拉伸力的帘线层，就可能因受到撞击而损坏，甚至造成轮胎爆破。

气压过大时，机轮对地面的压力增大，同时轮胎与地面的接触面积减小，刹车时胎面橡皮层容易磨损。气压过大还会使减震器和飞机上其他构件受力增大。

3. 轮胎充气压力的检查

检查轮胎充气压力唯一正确的方法是采用压力表测量，每周至少进行一次。

通过对胎面进行目视检查，也能快速发现其充气压力是否正常。在轮胎的肩部出现过度磨损则表示充气压力不足；如果过度磨损出现在轮胎的中部，则表示充气压力过大。

4. 轮胎充气程序

为了保证轮胎具有良好的性能，必要时需要对轮胎进行充气作业。轮胎正常的充气程序如下：

（1）参照飞机维护手册检查所需充气压力；
（2）拆下气门盖，将压力源连接到气门上；
（3）调节气源车上的调节器至所需压力；
（4）缓慢充气至所需压力；
（5）断开气源，检查气门有无泄漏，然后恢复气门盖。

5. 使用时的注意事项

除了在着陆刹车时会承受冲击和磨损外，轮胎在滑行、转弯、停放时也会由于不当操作而影响其使用寿命。

1）滑行

飞机轮胎被设计成比汽车轮胎的挠度大——超过两倍。轮胎在跑道上滚动时，这种挠度会导致内应力和摩擦的产生，由此而产生的高温会损害轮胎体。

防止飞机轮胎热负荷的最好的安全保护方法是缩短地面滚动时间，滑行速度要慢。如果机场较大，滑行距离较长，轮胎的磨损和损坏将额外增大。滑行距离应尽量短，滑行速度也应限制在不大于 25km/h。特别对于没有前轮转弯装置的飞机，更需注意。

2）转弯

柔和地旋转飞机有利于延长轮胎胎面的寿命。如果飞机在滑行中像汽车或货车那样做一个较大半径的转弯，则轮胎胎面的磨损将显著降低。但在飞行滑行中，当一个机轮（或多个机轮）被卡死时，则被卡死的机轮上的轮胎会受到跑道传来的很大的扭矩。本来不致引起轮胎损坏的一小块硬物或石头，这时完全可能被压入轮胎，这种拖胎或碾压作用会使胎面橡胶剥离，同时在轮胎的侧壁和胎缘上产生一个非常大的变形。

为使这种作用减至最小，建议飞机在每次滑行时，内侧机轮（几个机轮）转弯半径要达到 6m～15m（20ft～50ft），对于小车式飞机起落架，则要在 12m（40ft）以上。

3)停放

飞机长时间停放会使轮胎（特别是尼龙轮胎）在静载荷作用下出现平面压痕，使轮胎动平衡变差，滑行时引起飞机振动，影响飞机的乘坐品质。

一般来说，平面压痕会在滑行结束时消失。如果压痕没有消失，通常通过超充压 25% 或 50%，并且使飞机运动到使轮胎压扁处转到上边为止，使轮胎重新整形。这个压力必须在轮胎内保持 1h，甚至必须使飞机在跑道上滑行或拖行，直到完成整形为止。

对于停机时间在三天以上的飞机，应该每 48h 移动一次，或者把飞机顶起，使轮胎上不承受重量。机库里的飞机（不飞行时间超过 14 天）必须被顶起，以使轮胎上不承受重量。

6. 存放时的注意事项

储存飞机轮胎的理想场所是阴凉低温、干燥、阴暗避光的地方，并要求没有空气流动和灰尘。

（1）远离电机等用电设备。为防止臭氧对橡胶的危害，存放飞机轮胎的场所应远离电机等用电设备，因为它们都会产生臭氧，加速橡胶的老化。

（2）避免接触油料。燃油、润滑油、液压油及溶剂等物质都是橡胶的自然损害物，能使橡胶迅速分解变质。当有上述物质溅到轮胎上时，应迅速用抹布擦去，然后用肥皂水清洗轮胎。

（3）最好使用轮胎架。为防止轮胎变形，存放轮胎时最好使用轮胎架，无论如何绝对不允许把内胎挂在钉子或木桩上。

任务测评

请学生按照"机轮的外观检查"中"对使用状态下机轮的外观检查"的步骤，对安装在飞机上的起落架机轮进行全面的目视检查。如果条件允许，应按照"机轮的外观检查"中"从飞机上拆卸下机轮的外观检查"的步骤，在专业技师的协助下对分解下来的起落架机轮进行详细检查，或者观摩专业技师的检查操作过程。

模块 3　飞机操纵系统

📖 模块学习基本目标 📖

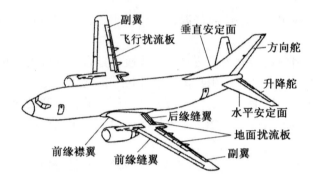

知识目标

- 理解飞机操纵系统的发展历程及飞机的平衡和操纵性概念。
- 掌握飞机操纵系统的基本组成及不同传动机构构造形式的优缺点。
- 掌握飞机主操纵机构和辅助操纵机构的工作内容和工作原理。
- 掌握几种舵面补偿装置的构造和工作原理。
- 了解现代民航客机液压助力器和感觉机构的工作原理。
- 理解电传操纵系统的工作原理、余度技术及其优缺点。

能力目标

- 能描述飞机操纵系统的发展历程及对飞机操纵系统的基本要求。
- 能解释设置飞机重心前限和后限的原因。
- 能解释对飞机主要结构进行校装的原因。
- 能描述不同传动机构构造型式的优缺点及主要构件的构造特点。
- 能解释舵面补偿装置的工作原理。
- 能描述液压助力器的基本工作原理及维护检查的要点。
- 能解释电传操纵系统采用余度技术的原因。

模块 3　飞机操纵系统

任务 1　认识飞机飞行操纵系统

知识目标

（1）掌握飞行操纵系统的功用。
（2）理解飞机操纵系统的发展历程。
（3）掌握对飞机操纵系统的基本要求。
（4）掌握飞行操纵系统的基本组成。
（5）了解飞机的失速警告和起飞警告概念。
（6）理解飞机的平衡概念以及操纵性的概念。
（7）了解对飞机主要结构进行校装的原因。

能力目标

（1）能描述飞机操纵系统的发展历程。
（2）能描述对飞机操纵系统的基本要求。
（3）能解释设置飞机重心的前后限的原因。
（4）能描述飞机主要结构校装的步骤。

情境创建

一个良好的飞机外型可以保证飞机在飞行过程中有所需要的气动升力；飞机发动机可以保证飞机在长距离飞行时能够提供必要的动力。但只有这些还不能使飞机正常飞行，还必须保证飞机在地面和空中是可以操纵的，即飞机要具有良好的操纵性。此外，飞机仅仅依靠固定的结构外型还不能保证飞机在空中飞行时的稳定性。

与生活中使用最普遍的自行车和汽车一样，飞机也有操纵系统，但其复杂程度要远大于自行车和汽车。

任务实施

教师带领学生前往停放飞机的现场参观飞机外型，应注意观察飞机上不同部位的操纵舵面。条件允许时，请学生参观驾驶舱，观察脚蹬和驾驶杆等实物。

教师请学生分组讨论，为什么说飞机的操纵远比自行车、汽车复杂？为什么说飞机操纵系统与飞机在空中飞行时的稳定性有关？

知识点 1　飞机操纵系统的发展概况

自从 20 世纪初第一架重于空气的飞行器诞生以来，人类就是通过操纵位于飞机不同部位的气动操纵面改变作用于飞机上的空气动力和力矩，来实现不同的飞行任务。历经了航空百年的洗礼，飞机飞行控制系统发生了脱胎换骨的变化。但是飞机的安全性、可靠性、经济性、机动性如何取舍，操纵系统又向什么方向发展等，都是摆在航空人面前的一道道难题。

飞机飞行操纵系统是飞机上用来传递操纵指令、驱动舵面运动、控制飞机飞行姿态的重要系统。没有操纵系统的飞机，根本就谈不上安全性、可靠性及机动性，因为驾驶员只有通过操纵飞机的各个活动舵面，才能实现飞机绕纵轴、横轴和立轴的运动，从而实现对飞机飞行姿态的控制。有了操纵系统，无论在有人驾驶状态下，还是在自动驾驶状态下，均可使飞机保持或改变飞行姿态。图3.1.1 为研究飞机运动状态而设定的三个坐标轴。

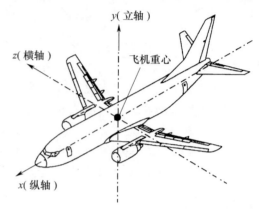

图 3.1.1　通过飞机重心的假想坐标系

操纵系统的功用就是通过操纵力（或位移）将"操纵指令"传给舵面，从而控制飞机的飞行姿态。因此，操纵系统实际上就是指令的"传导载体"。对现代飞机来说，驾驶杆和脚蹬只是该系统的前端设备，而各个舵面则是该系统的尾端设备，在前端设备和尾端设备之间，还有非常复杂的中间信号传递设备。飞行操纵系统是最重要的飞机系统之一，其工作性能的好坏直接影响着飞机的飞行性能，关系到飞机的飞行安全。

现代飞机的飞行操纵系统可以分为两大类：人工飞行操纵系统和自动飞行控制系统。随着科学技术的发展，高精尖技术在飞机上的应用使操纵系统发生了一系列变化。

早期飞机采用的是简单机械式飞行操纵系统（图 3.1.2），分为软式操纵系统和硬式操纵系统。早期飞机的操纵系统构造比较简单，主要由驾驶杆、脚蹬、钢索、滑轮、传动杆、摇臂等组成。

图 3.1.2　简单机械式操纵系统

随着飞行速度和飞机外型尺寸的日益增大，如果还用早期的飞机操纵系统来操纵飞机，就变得越来越费力。因此，20 世纪 30 年代在重型飞机的副翼操纵系统里，首先采用了有回力的液压助力器装置（图 3.1.3）。20 世纪 50 年代初，又采用了无回力的液压助力器。但由于采用了液压助力器后，舵面的气动载荷不能传到驾驶杆，使得驾驶员感受不到杆力的大小，于是就设计使用了载荷感觉机构，来给驾驶员提供操纵感觉力。

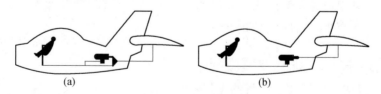

图 3.1.3　助力操纵系统
（a）有回力；（b）无回力。

随着超声速飞机的出现，又出现了一个新的问题，即在高空高速飞行时，飞机的气动阻尼不足。为了解决这一问题，人们设计安装了增稳操纵系统（图 3.1.4）。增稳操纵系统虽然可以增大阻尼、增大静稳定性，但在一定程度上却削弱了飞机操纵反应的灵敏度。为了克服这个缺点，控制增稳系统被研制了出来。所谓控制增稳系统，实际上就是在增稳操纵系统的基础上增加一个指令模型，借助于载荷传感器或位移传感器，将驾驶杆或脚蹬的输出信号转换成电信号输出，经过指令模型，绕过机械系统与增稳反馈信号进行综合。这样的设计不但可以减少飞机的扰动，而且使飞机仍然有较好的机动性能。

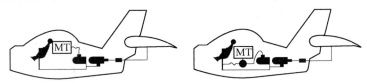

图 3.1.4　增稳操纵系统

现代民航客机上的电传操纵系统（图 3.1.5）实际上就是在控制增稳系统的基础上直接发展而成的。在电传操纵系统中，驾驶员的操纵指令仅通过导线直接输送到克服舵面气动力矩的助力器或舵机上。它将驾驶杆和液压助力器之间的机械联动装置完全用导线所代替。电传操纵系统的采用使自动飞行控制成为可能。因此，电传操纵系统已成为先进操纵系统的代表，广泛应用于现代民航飞机，如 A320、A330、A340、B777 等型号的民航客机。

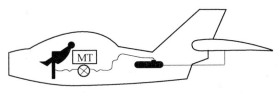

图 3.1.5　电传操纵系统

知识点 2　对飞行操纵系统的要求及系统组成

由于飞机飞行操纵系统的重要性和复杂性，对飞行操纵系统必须提出一些要求，以保证飞机能够安全、可靠地飞行。

1. 对飞行操纵系统的要求

飞行操纵系统必须满足以下基本要求：

（1）必须具有足够的强度和刚度，结构重量应尽可能小；

（2）必须使驾驶员的手和脚的操纵动作与人体日常运动习惯相适应；

（3）飞机对驾驶员的操纵反应要灵敏，即操纵系统中的各构件在工作时的变形和构件之间的间隙要尽可能小，各舵面能迅速地随驾驶员的操纵而偏转，使飞机能很快地随操纵动作而改变；

（4）飞行中，当飞机机体结构由于应力而变形时，操纵系统不应发生卡阻现象；

（5）操纵时，各舵面应互不干扰；

（6）操纵要轻便，操纵系统的摩擦力必须尽可能小，因此应保持各相互连接处的清洁和润滑；

（7）操纵时，系统应给驾驶员适当的感觉力，而且这种感觉力应随舵面偏转角飞行速度、飞行高度的改变而改变。

2. 飞行操纵系统的组成

飞机操纵系统由三个部分组成，即主操纵系统、辅助操纵系统和警告系统。主操纵系统用来操纵副翼、方向舵和升降舵，以改变或保持飞机的飞行状态；辅助操纵系统用来操纵襟翼、缝翼、扰流板、水平安定面等活动面，以分别达到增升、减速、卸升、配平等作用。飞机上各活动舵面如图 3.1.6 所示。

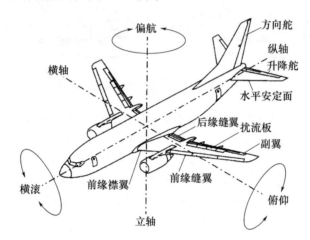

图 3.1.6　飞机上的各活动舵面及飞机绕三轴的运动

1）主操纵系统

主操纵系统舵面包括副翼、升降舵和方向舵。它们主要用于操纵飞机绕三个转轴的运动：副翼用于操纵飞机绕纵轴的滚转运动；升降舵用于操纵飞机绕横轴的俯仰运动；方向舵用来操纵飞机绕立轴的偏航运动。副翼和升降舵通过驾驶杆（盘）来操纵，方向舵通过脚蹬来操纵。

2）辅助操纵系统

辅助操纵系统主要包括增升装置、增阻装置和水平安定面。

（1）增升装置包括后缘襟翼、前缘襟翼和缝翼。主要用于飞机在低速飞行时产生足够的升力，以保证飞机顺利地起飞和着陆。增升装置仅应用于飞机的起飞和着陆过程，当飞机进入正常巡航飞行时，增升装置完全收进，退出工作。

（2）增阻装置主要指扰流板，包括飞行扰流板和地面扰流板。飞行扰流板可在空中和地面使用，而地面扰流板只能在地面使用。飞行扰流板也称为减速板，地面扰流板又称为卸升板。它们主要通过增加阻力和减小升力，起到减速、卸除升力和配合副翼进行横侧操纵的作用。

（3）水平安定面是飞机实现纵向配平的重要部件。现代飞机的水平安定面大多是可以偏转的，这种设计可以大大提高配平效率。

3）警告系统

飞机飞行操纵警告系统就是提前警告驾驶员可能发生的潜在危险，从而避免事故发生。它包括失速警告系统和起飞警告系统。

（1）失速警告系统。失速警告系统用于飞机在空中飞行接近失速状态时发出的警告，有些飞机还能在发出警告的同时自动推杆，帮助飞机改变失速状态。

失速警告系统主要分为三个部分，即输入部分、信号处理部分及输出部分。

① 输入部分通过探测飞机的迎角、襟翼位置、缝翼位置和空地等信号，然后将信号输送到失速管理计算机。

② 信号处理部分可以对失速管理计算机所接收的输入信号进行分析处理，然后输出电信号到抖杆器和推杆器。

③ 输出部分就是抖杆器当接受到信号后迫使驾驶杆抖动，以警告驾驶员飞机接近失速状态，或者信号作用于推杆器使其自动进行恢复操作，让机头自动下俯，防止失速。并不是每架飞机都有推杆器。

（2）起飞警告。起飞警告系统用于当飞机处于不安全起飞状态时所发出的音响警告。

当飞机起飞时，只要某些飞行操纵组件不在正确位置，系统就会给驾驶员提供一个音响警告信号。具体地讲，就是当飞机在地面时，如果任一油门杆前推，而减速板手柄移出放下制动位，或水平安定面指针不在绿色区域范围，或后缘襟翼及前缘襟翼不在起飞位（后缘襟翼伸出位不对，前缘襟翼没有伸出），或停留刹车没松开，所有这些都会触发起飞警告。只有当飞行控制组件重新置于适当位置或将所有油门杆收回，音响警告方可解除。

知识点 3　飞机的平衡概念及操纵性

飞机在空中飞行时，要受到各种外力的作用，在任何姿态下都要保持平衡，这是由飞机的结构气动外型和装载情况所决定的，同时也离不开飞行操纵系统的合理设计。

1. 飞机的平衡概念

与人们在日常生活中所遇到的平衡问题一样，飞机在空中飞行时也要求保持平衡，即要保证作用于飞机上的各力之和为零，各力对飞机重心所构成的各力矩代数和也要为零。

飞机处于平衡状态时，飞行速度的大小和方向都保持不变，也不绕飞机重心转动；反之，飞机处于不平衡状态时，飞行速度的大小和方向都将发生变化并绕飞机重心转动。

飞机在空中水平飞行时，会遇到空气的阻力。因此，要保持飞机在一定速度下飞行，就必须有足够的发动机推力或拉力来克服这种阻力，即满足飞机在水平方向上力的平衡。要想使飞机在一定高度上飞行，飞机必须产生足够的升力，以平衡飞机的重量，从而满足飞机在垂直方向上力的平衡。由于机翼所产生的升力中心点和飞机的重心往往是不重合的，会使飞机产生一个抬头或低头的力矩，通过机身尾部的水平尾翼可以克服这个力矩，实现力矩的平衡。只有这样，飞机才可以在空中进行水平飞行时保持机身的平衡。图 3.1.7 为飞机在空中水平飞行时各力的作用状况。

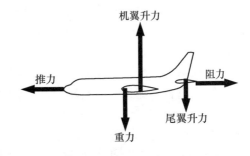

图 3.1.7　飞机在空中水平飞行时各力的作用状况

进一步地讲，飞机的平衡包括飞机的

俯仰平衡、方向平衡和横向平衡。

（1）飞机的俯仰平衡是指飞机做等速直线运动，并且不绕横轴转动的飞行状态。保持飞机俯仰平衡的条件是作用于飞机的各俯仰力矩的代数和为零。影响飞机俯仰平衡的主要因素是机翼和水平尾翼升力产生的俯仰力矩。驾驶员可通过操纵升降舵的偏转角度保持飞机的俯仰平衡。

（2）飞机的方向平衡是指作用于飞机上各偏航力矩之和为零。飞机取得方向平衡后，不绕立轴转动。影响飞机方向平衡的主要因素是垂直尾翼上的气动力。驾驶员可通过操纵方向舵脚蹬、控制方向舵的偏转角来保持飞机的方向平衡。

（3）飞机的横向平衡是指作用于飞机的各滚转力矩之和为零。飞机取得横向平衡后，不绕纵轴滚转。影响飞机滚转平衡的主要因素是两侧机翼的升力对飞机纵轴形成的力矩。驾驶员可通过操纵驾驶盘调节副翼的偏转角，来保持飞机的横向平衡。

飞机的装载情况和飞行过程中燃油的消耗对飞机重心位置变化都有很大的影响。为了保证飞机的重心位置在规定的范围内，必须按照飞机的技术规范进行装载。不合理的装载不但影响飞机的平衡，而且还会影响飞机的操纵性和稳定性。

2. 飞机的操纵性

飞机的操纵性是在驾驶员操纵驾驶杆、作动脚蹬的情况下，飞机随动改变其飞行状态的特性。飞机必须具有可操纵性，并改变其原来的平衡状态。只有这样，飞机才能实现起飞、着陆、转弯等飞行状态的变化，也才能保证飞机在空中飞行时能在三个坐标轴方向上可操纵。

操纵飞机的升降舵使飞机改变其迎角的能力称为飞机的俯仰操纵性。飞机的方向操纵性就是在驾驶员操纵方向舵之后，飞机绕立轴偏转而改变飞行状态的特性。飞机的横向操纵性就是在驾驶员操纵副翼后，飞机绕纵轴滚转而改变其滚转角的特性。

飞机重心位置的前后移动会影响飞机的纵向操纵性能。飞机重心前移，升力所形成的附加下俯力矩增大，使飞机有低头的趋势，为平衡此力矩，驾驶员要向后拉动驾驶杆，使升降舵向上偏转，以产生一个上仰力矩；飞机重心后移，升力所形成的下俯力矩减小，飞机有抬头的趋势，为平衡此力矩，驾驶员要向前推动驾驶杆，使升降舵向下偏转，以产生一个下俯力矩。但是，升降舵偏转角度是有一定限度的，如重心前移过多，就有可能出现即使把驾驶杆拉到底，飞机也不能增加到所需要的迎角。

飞行试验证明，飞机重心位置靠前，迎角变化时稳定力矩大，使飞机不容易改变迎角，即重心靠前的飞机对俯仰操纵的反映比较迟钝；飞机重心位置靠后，迎角变化时稳定力矩较小，使飞机容易改变迎角，即重心靠后的飞机对俯仰操纵的反应比较灵敏。由此可见，俯仰稳定性强的飞机俯仰操纵时比较迟钝；俯仰稳定性弱的飞机俯仰操纵时比较灵敏。

方向操纵由改变方向舵的偏转角度实现。当飞机直线飞行时，方向舵在中立位置，与机身纵轴重合。如果要向右转弯，驾驶员踩右脚蹬，方向舵向右转，相对气流吹向方向舵，就使方向舵产生一个向左的气动力，对重心形成右转的力矩，飞机绕立轴右转；如果要使飞机左转，则要踩左脚蹬，方向舵左转，产生左转力矩。

一架飞机在稳定飞行时，如果驾驶员仅施加不大的力在驾驶杆（盘）或脚蹬上，就改变了相应操纵舵面的偏转角度，并使飞机很快做出反应，改变了飞行状态，则这架飞机的操纵性能就是好的；如果相反，则飞机的操纵性能就是不灵敏的。通常情况下，操纵性好的飞机稳定性必然下降。因此，在进行飞机设计和装载的时候，一定要在满足基本性能参数的情况下，使飞机操纵性和稳定性达到合理的平衡，而不能偏废，这样就必须限制飞机重心的前限或后限。配载平衡后，如果重心在前后极限的范围内，飞机就是安全的。

能力点　飞机主要结构的校装

对飞机主要结构的校装可以保证飞机的结构状态满足飞机设计的外型要求，是保证飞机操纵系统能够正常工作的前提。飞机在外场使用过程中，由于使用或修理的原因，需要对飞机的主要结构进行校装检查。对不同的飞机，校装检查的方法可能不同。以下是飞机主要结构的校装步骤。

1. 顶起飞机

顶起飞机是一个非常严谨的工作，不能有丝毫大意：

（1）不应当在露天顶起飞机，如果无法避免时，必须使飞机机头迎风摆放，且风速不超出规定；

（2）飞机重量和重量分布应符合飞机维护手册的要求；

（3）顶起飞机之前要将所有承力蒙皮、盖板等装好；

（4）一定要使用飞机维护手册中要求使用的工具，在规定部位将飞机顶起。

2. 飞机的水平调整

飞机的水平调整是对飞机进行状态校装的基础性工作。由于飞机各主要结构部件的位置或角度都是相对于两个基准线来测量的，即与飞机中心线平行的纵向基准线，以及和两个翼尖连线平行的横向基准线。因此，在检查这些部件的位置或角度之前，飞机必须调到水平状态。

由于无论是小型飞机还是部分大型飞机，通常都在机身上设置或安装有与基准线相平行或重合的固定标记或固定块。因此，一般只需要将气泡水准仪横放在固定标记钉或固定块上就可以知道飞机是否水平，而且为了保证调整的精确度，这样的基准位置往往不只一处。

3. 校装检查

校装的主要内容包括飞机主要结构部件位置、角度检查和机体对称性检查，具体包括机翼上反角（下反角）、机翼安装角、发动机轴线、水平尾翼上反角（下反角）、水平尾翼安装角、垂直尾翼垂直度和机体对称性等。对于有专用校装工具的飞机，应按维护手册进行检查。

（1）检查上反角（下反角）。机翼、水平尾翼的上反角（下反角）应在规定的位置上使用专用工具进行检查，如图 3.1.8 所示。使用的专用工具通常是飞机制造厂提供的专用检查板，或者使用直线规和量角器。

图 3.1.8　检查上反角

（2）检查安装角。机翼、水平尾翼的安装角应使用专用工具沿翼弦方向在指定位置进行测量检查（图 3.1.9）。最好使用飞机制造厂提供的安装角检查板，并且在至少两个位置测量，以保证机翼没有扭转。

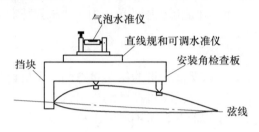

图 3.1.9　检查安装角

（3）检查垂直尾翼垂直度。在检查完水平安定面之后，就可以检查垂直安定面相对于横向基准线的垂直度（图 3.1.10）。从垂直安定面顶部的每边一个给定点起，测量到左、右水平安定面上的一个给定点上。两边的测量结果应该相同，其误差应当在规定的极限范围内。

图 3.1.10　检查垂直尾翼垂直度

（4）对称性检查。对于具体飞机的测量点，精确尺寸和公差可在飞机维护手册中查找。对于小型飞机，通常用钢卷尺进行各点之间的测量。测量大距离时，为了让钢卷尺在测量过程中具有相等的张力，可以使用一个弹簧秤。对于大型飞机，通常先在地板上找出各测量点的投影并做标记，然后用卷尺测量各个标记中心之间的距离（图 3.1.11）。

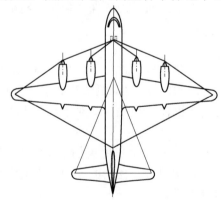

图 3.1.11　检查飞机的对称性

任务测评

请学生用自己的语言完整地描述飞机操纵系统发展的历程,回答飞机在空中实现平衡的条件及怎样实现飞机操纵性和稳定性的合理平衡,并完成表 3.1.1~表 3.1.3。

表 3.1.1　飞机主操纵系统的概念形成表

操纵方向＼项目	操纵方式（手或脚）	对应舵面	飞机的对应运动
横向			
纵向			
航向			

表 3.1.2　飞机辅助操纵系统的概念形成表

系统组成＼项目	组成部件	作用	使用时机
增升装置			
增阻装置			
水平安定面			

表 3.1.3　警告系统的概念形成表

系统组成＼项目	作用	使用时机
失速警告		
起飞警告		

任务2　操纵系统钢索张力检查

知识目标

（1）掌握不同传动机构构造形式的优缺点。
（2）掌握传动机构主要构件的构造特点。
（3）掌握差动摇臂的工作原理。
（4）理解传动系数和传动比的概念。
（5）理解高速飞机采用非线性传动机构的原因。

能力目标

（1）能描述不同传动机构构造形式的优缺点。
（2）能描述传动机构主要构件的构造特点。
（3）能分析传动机构中摩擦力过大的原因。
（4）能用张力计进行操纵系统钢索张力检查。

情境创建

机械式操纵系统是在人类发明了飞机以后就开始使用的飞行操纵系统。在这个系统中，钢索是软式传动机构的主要构件，还有滑轮、扭力管、钢索导向装置、张力补偿器等构件。与软式传动机构相对应的还有硬式传动机构，包括传动杆、摇臂导向滑轮等构件。在所有这些构件中，钢索的弹性最大、使用的数量较多，而且随着使用的时间增长或环境温度的显著变化，很容易发生松弛现象，不仅使弹性间隙加大，而且与滑轮之间会产生滑动，按照对飞机操纵系统的基本要求，必然会降低操纵系统的灵敏性，因此必须引起高度的重视。

任务实施

教师带领学生到停放飞机的现场，在飞机维护人员的配合下，打开容易检查的操纵系统维护口盖，操纵钢索即呈现在学生面前。

采用张力计测定钢索的张力值。张力计是根据所测量的位移数据来间接测量钢索张力的。先由飞机维护人员演示张力计的使用，事先选择好与所测钢索直径对应的顶块，放入张力计。手持张力计，使扳机处于打开位置。将张力计伸进维护开口内，把被测钢索放在砧座和顶块之间，关上扳机。顶块随着扳机的关合，垂直推动钢索卡在砧座和顶块之间，张力计的指针即可将位移数据显示出来。为了方便读数，将指针锁锁上后，从飞机维护口盖内取出张力计，读取数据。根据指针显示的位移数据，在对照表上就可得到对应钢索直径的张力值。将该张力值与系统所要求的张力值相比较，即可知道该张力是否满足操纵系统的要求。

模块 3　飞机操纵系统

知识点 1　传动机构的构造形式及工作原理

传动机构是飞机操纵系统的重要组成部分，其作用是将操纵系统的前端设备（即操纵机构）的信号传送到尾端设备（即各个舵面）。

1. 传动机构的构造形式

传动机构通常有软式、硬式和混合式三种。软式传动机构主要由钢索和滑轮等构件组成，如图 3.2.1 所示的方向舵传动机构；硬式传动机构主要由传动杆和摇臂等构件组成，如图 3.2.2 所示；混合式传动机构则由软式和硬式传动机构混合组成，如图 3.2.1 所示的升降舵传动机构。

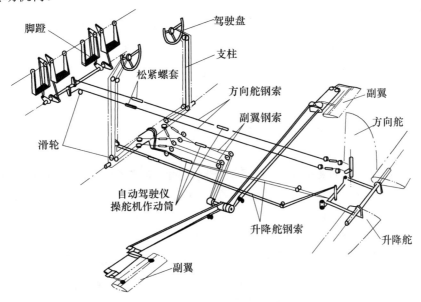

图 3.2.1　软式及混合式传动机构

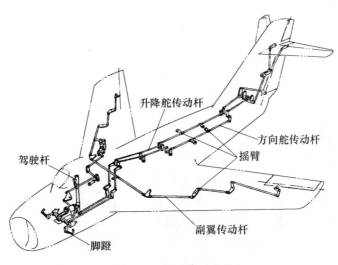

图 3.2.2　硬式传动机构

113

软式传动机构具有重量较轻、占用空间小、装配时容易绕过其他设备等优点。但钢索的刚度较小，受力后容易被拉长，这不仅会使操纵的灵敏性变差，而且在飞行中容易使舵面产生振动。此外，钢索在使用中还容易因与滑轮摩擦而损伤。

硬式传动机构则相反，具有刚度较大、受力后不容易变形等优点，因而操纵灵敏性较好，飞行中舵面也不容易振动。但它的重量较大，占用空间比较多，装配时不易绕过其他设备。

混合式传动机构则兼有软式传动机构和硬式传动机构的优点和缺点。

可见，三种传动机构的构造形式各有其特点，对其中任何一种形式都不应做片面的评估。飞机上到底采用何种传动形式，完全是根据对飞机操纵性的要求和其他具体情况确定的。如某些低速飞机，由于舵面上的空气动力较小，操纵舵面时传动机构受力不大，同时对操纵灵敏性要求也不太高，因此它的主操纵系统，尤其是方向舵操纵系统常采用软式传动机构；而对于现代歼击机和其他高速飞机，由于舵面上的空气动力较大，如果采用软式传动机构，则操纵的灵敏性很差，因此这些飞机又常常采用硬式传动机构；还有些飞机的操纵系统，为了便于配置，同时又要尽可能地改善操纵的灵敏性，就采用了混合式传动机构。

2. 硬式传动机构主要构件的构造和工作原理

1）传动杆

传动杆大多用硬铝管制成，也有用钢管制成的，通常用于短距离传递机械信号。为了使传动杆受压时不易失去稳定性并避免产生共振，传动杆一般不长于 2m。传动杆两端装有接头，其一端的接头通常是可调整的（图 3.2.3）。在调整传动杆的长度时，应注意不要使接头的调整螺杆退出过多，否则由于螺纹的结合圈数过少，受力时接头就容易脱落。在传动杆端部有检查小孔，调长传动杆时，调整螺杆的末端不应超过小孔的位置。

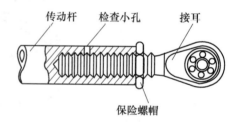

图 3.2.3 传动杆的可调接头

在传动过程中，传动杆不仅要做往复直线运动，而且要相对于摇臂转动，因此其接头内通常都装有轴承（图 3.2.4（a））。此外，有的传动杆既要绕着本身轴线转动，又要向两侧摆动，为了使传动杆（或接头）能转动，在传动杆上装有旋转接头（图 3.2.4（b））；有的传动杆为了能摆动，在接头上装有球形轴承（图 3.2.4（c））。

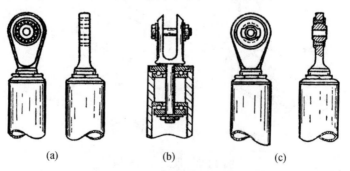

图 3.2.4 传动杆的接头

有些飞机为了便于拆装机体，在分离面附近的传动杆装有不需要使用工具就可以拆开的快卸接头。图 3.2.5 所示为某型歼击机操纵系统传动杆上的快卸接头。拆卸时，先打开弹簧卡销，拧下螺套，然后从叉形接头内退出片形接头，传动杆即被拆开。叉形接头有一定的锥度，安装时，拧紧螺套就可通过锥面将叉形接头和片形接头压紧。

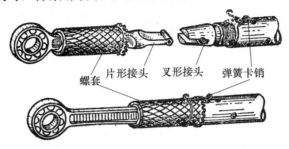

图 3.2.5　快卸接头

2) 摇臂

摇臂通常用硬铝制成，并在连接处装有轴承。摇臂按臂数可分为单摇臂、双摇臂和复摇臂三类。

单摇臂有的仅起支持传动杆的作用（图 3.2.6（a）），有的还可改变力的大小（图 3.2.6（b））；一端固定在舵面转轴上的单摇臂（图 3.2.6（c））用来使舵面偏转，习惯上叫做操纵摇臂。

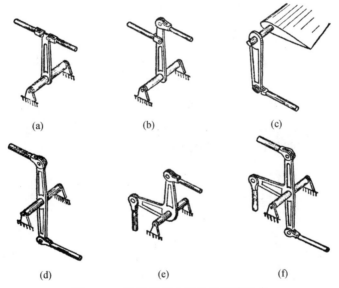

图 3.2.6　操纵系统中常见的摇臂形式

双摇臂两臂之间的夹角有的是 180°（图 3.2.6（d）），有的小于 180°（图 3.2.6（e））。它们除了用来支持传动杆外，还可改变传动杆的运动方向和力的大小。

复摇臂（图 3.2.6（f））除了具有与双摇臂相同的作用外，还可用来同时传动几根传动杆。在上述各种摇臂中，仅起支持作用的单摇臂在传动时不承受弯矩，其他摇臂都要承受弯矩。为了使摇臂在传动时不会产生显著的弹性变形，承受弯矩的摇臂刚度都比较大，维护、修理工作中不得任意改换。

有些飞机的升降舵和副翼是差动的。所谓差动，就是当驾驶杆前后或左右偏转同一角度时，升降舵或副翼会向上和向下偏转不同的角度。差动作用通常是利用双摇臂来实现的。因此，这种摇臂又叫做差动摇臂。

差动摇臂的工作原理如图 3.2.7 所示。它的一个臂 OA 经传动杆 AC 与驾驶杆相连，当驾驶杆在中立位置时，OA 臂与传动杆 AC 垂直；另一个臂 OB 经传动杆 BD 与舵面相连，OB 臂与传动杆不成直角。当传动杆 AC 从中立位置向前后移动同样的距离（$b_0=a_0$）时，OA 臂前后的转角是相等的（$\alpha_1=\alpha_2$），因而 OB 臂前后的转角也相等；但从图中可以看出，这时传动杆 BD 向后移动的距离却大于向前移动的距离（$b>a$），所以舵面向上的偏转角 δ_1 就大于向下的偏转角 δ_2。

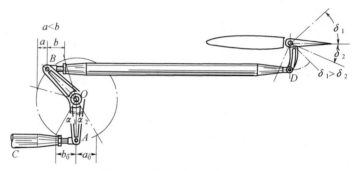

图 3.2.7 差动摇臂工作原理

如果驾驶杆在中立位置，传动杆 AC 与 OA 臂也不成直角（图 3.2.8），则当传动杆 AC 向前、后移动的距离相等（$a_0=b_0$）时，OA 臂的转角 α_2 大于 α_1，因而 OB 臂的转角 α_2' 也大于 α_1'，结果 b' 比 a' 大得更多，差动作用就更大。

如果驾驶杆在中立位置，双摇臂的两个臂与两根传动杆都是垂直连接的（图 3.2.9），则当传动杆 AC 向前后移动的距离相等（$a_0=b_0$）时，传动杆 BD 的移动距离 a 和 b 也相等。因此，这样连接的双摇臂不起差动作用。

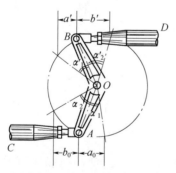 

图 3.2.8 双摇臂与传动杆的连接关系对差动作用的影响　　图 3.2.9 没有差动作用的摇臂

可见，双摇臂之所以能起到差动作用，是因为驾驶杆在中立位置时，它的两个臂中至少有一个臂与传动杆不成直角。对于同一个差动摇臂来说，如果改变它与传动杆之间的角度，就可能使它的差动作用发生变化。因此，在维护、修理工作中，尤其是在调整操纵系统时，必须注意保持摇臂与传动杆的正常连接关系，以免改变舵面的差动角度，影响飞机的操纵性能。

3）导向滑轮

导向滑轮由三四个小滑轮及其支架组成（图3.2.10）。它的功用是支持传动杆；提高传动杆的受压稳定性，使传动杆在受压时不易弯曲；增大传动杆的固有频率，防止传动杆共振。在传动中，传动杆会与导向滑轮产生摩擦作用。因此，在日常维护工作中应注意对导向滑轮进行检查，防止磨损。

图3.2.10　导向滑轮

3. 软式传动机构主要构件的构造和工作原理

1）钢索

钢索是由钢丝编织而成的，如图3.2.11所示，通常用于长距离传递机械信号。它只能承受拉力，不能承受压力，因此在软式传动机构中，都用两根钢索构成回路，以保证舵面能向两个相反的方向偏转。钢索承受拉力时，容易伸长，因此当驾驶员操纵舵面时，舵面的偏转会落后于驾驶杆或脚蹬的动作，就像操纵系统有了间隙一样。这种由于操纵机构和传动机构变形而产生的间隙，通常称为弹性间隙。钢索的弹性间隙太大，就会使操纵的灵敏性变差。

图3.2.11　7×7钢索

为了减小弹性间隙并改善软式操纵的灵敏性，操纵系统中的钢索在安装之前必须用相当于设计强度50%～60%的作用力进行预拉伸处理。装到飞机上的钢索还要进行预加载，把钢索拉紧，使钢索具有一定的预加张力。有预加张力的钢索能减小弹性间隙的原因是，钢索被预先绷直后，各股钢丝之间已经绞紧，传动时钢索就不容易进一步被拉长，而且钢索在传动中张力的增加量较少。

钢索终端可以采用不同的接头方式，主要包括钢索球头、环眼接头、端杆接头、螺纹接头、螺套接头、叉形接头等（图3.2.12），它们都是挤压在钢索端头的。螺纹接头、环眼接头、叉形接头、单柄球头、双柄球头主要用于连接钢索到松紧螺套、扇形轮等机构。图3.2.13为钢索与扇形轮的连接。

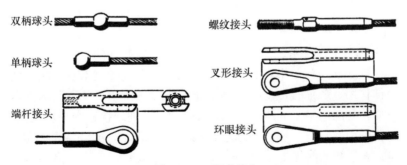

图3.2.12　钢索接头

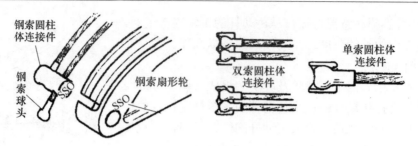

图 3.2.13 钢索与扇形轮的连接

钢索在使用中常见的故障是断丝。由于滑轮部位的钢索在传动中要反复受到弯曲和拉直作用，即经常要受到重复载荷，而且它还可能与滑轮产生相对滑动，因而滑轮部位的钢索比较容易断丝，维护工作中应着重检查。检查时，可用抹布沿着钢索长度方向擦拭，若抹布被钩住即说明此处有断丝。

此外，钢索锈蚀后也容易发生断丝现象，所以还必须做好钢索的防锈工作。钢索锈蚀可以目视检查，若发现钢索表面有锈斑，则要卸除钢索张力，将钢索反向扭转，使之张开，以判断是否有内部锈蚀。若有内部锈蚀，说明钢索已经损坏，必须更换；若没有内部锈蚀，可用塑料或纤维刷子清除外部锈蚀，进行彻底清洁后涂上防锈剂，还可继续使用。

2）滑轮和扇形轮

滑轮（图 3.2.14（a））用来支持钢索和改变钢索的运动方向，通常用胶木或硬铝制成。为了减小摩擦力，在支点处装有滚珠轴承。

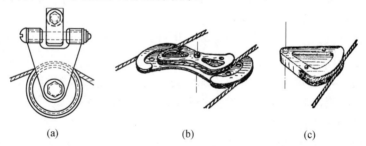

图 3.2.14 滑轮和扇形滑轮

扇形滑轮也叫扇形摇臂（图 3.2.14（b）、图 3.2.14（c）），它除了具有滑轮的作用外，还可以改变力的大小。扇形轮多用硬铝制成，在支点处也装有滚珠轴承。在某些情况下，为了保证传动机构的正常工作，必须用扇形轮与钢索连接。下边是一个扇形轮应用的实例。

在图 3.2.15（a）中，滑轮之间的钢索是直接与摇臂相连的。当摇臂转动时，钢索即被摇臂挑起，线段 ac 与 cb 之和就大于 ab，如果滑轮以后的钢索总长度不变，钢索就要受到额外的拉伸作用，严重时传动机构将不能工作。图 3.2.15（b）表示钢索与扇形轮相连的情况。两滑轮之间的钢索分成左右两段 1 和 2，分别连接在扇形轮的点 3、4 上。当扇形轮在一定范围内转动时，钢索与扇形轮的切点 c 相对于 a、b 两点的位置是不变的，因而线段 ac 与 cb 之和始终等于线段 ab，即一边钢索被拉过多少，另一边钢索则放出多少，这样钢索就不会受到额外的拉伸作用。

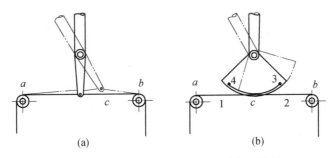

图 3.2.15 钢索和摇臂、扇形轮连接的比较

3)摇臂

软式传动机构中的摇臂大多是双摇臂。其中,固定在舵面转轴上的双摇臂也叫操纵摇臂。摇臂按一定方式与钢索连接,也可以避免钢索在传动中受到额外的拉伸作用。如图 3.2.16(a)所示的连接方式,摇臂和钢索在传动中始终保持着平行四边形,钢索就不会受到额外的拉伸作用。如图 3.2.16(b)所示的连接方式中,两个摇臂在中立位置时,各臂都与钢索垂直,故当摇臂在一定范围内转动时,钢索也不会受到额外的拉伸作用。

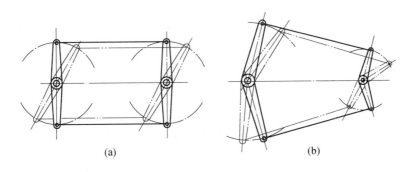

图 3.2.16 钢索与摇臂的正确连接

4)松紧螺套

松紧螺套(图 3.2.17)用来调整钢索的预加张力。螺套两端的螺杆,一根是顺螺纹的,一根是反螺纹的,转动螺套,即可使两根螺杆同时缩进或伸出,使钢索绷紧或放松。螺套上通常也有类似于图 3.2.3 的检查小孔,调松钢索时,螺杆末端也不应超过小孔的位置。对松紧螺套维护时要注意,在螺套内不能使用润滑油,且最后必须打上保险。

图 3.2.17 松紧螺套

知识点 2 传动机构的传动系数和传动比

1. 传动系数

如图 3.2.18 所示,只要驾驶杆(盘或脚蹬)移动一个很小的行程 Δx 时,舵面的偏转角相应也会改变一定数值 $\Delta \delta$。因此,可以引入传动系数的概念,将操纵系统的传动

系数 K 定义为 $\Delta\delta$ 与 Δx 的比值，即

$$K = \Delta\delta / \Delta x$$

如果不考虑操纵系统的摩擦力，则显然驾驶员操纵驾驶杆的杆力 P 所做的功就等于克服舵面铰链力矩 M 使舵面偏转所做的功，即

$$P \times \Delta x = M \times \Delta\delta$$

因此，传动系数又可以表达为

$$K = P / M$$

显然，传动系数的单位为 1/m。

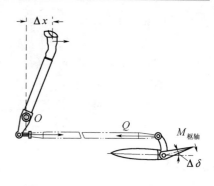

图 3.2.18 操纵系统的传动系数

由以上分析可知，传动系数一方面表示了单位杆行程时舵面偏转的改变量，另一方面表示了克服单位铰链力矩所需要的杆力大小。显然操纵系统的传动系数越小，驾驶杆移动一定行程时舵面偏转角的改变量就越小，克服单位铰链力矩所需的杆力也越小。操纵系统的传动系数是根据规定的最大舵偏角、最大杆行程、最大杆力及舵偏角和杆力随杆行程的变化率等因素综合考虑决定的。传动系数过大或过小都不好。传动系数过大，则杆力太大，操纵起来费力，而且杆行程稍有变化时，舵面偏转角就改变很多，操纵太灵敏，不易准确操纵；传动系数过小，则杆力太小，不便于根据力的感觉操纵飞机，而且需要杆的全行程很大，需占用过多的驾驶舱空间，操纵也显得太迟钝。

2. 传动比

操纵系统的传动比 n 是杆力 P 与舵面操纵摇臂上的传动力 Q 的比值，即

$$n = P/Q$$

因为，当操纵系统处于平衡状态时，舵面铰链力矩 M 与传动力 Q 之间的关系为

$$M = Qr$$

式中，r 是传动力 Q 对舵面铰链的力臂，其大小与操纵摇臂的臂长和舵面偏转角有关。所以

$$n = Kr$$

由传动比 n 的定义可知，它是一个无量纲量，与传动系数成正比。

可见，传动比和传动系数在描述操纵系统传动特性时，具有相同的意义。

知识点 3　了解非线性传动机构

在操纵系统中，如果没有特殊的机构来改变传动比，在舵面偏转过程中，传动系数基本上是不变的，舵偏角 δ 随杆行程 x 的变化近似地成正比例关系，即为线性关系。如图 3.2.19 所示，直线 1 和直线 2 分别表示传动系数较大和传动系数较小时的两种线性传动机构的变化关系。

线性传动的操纵系统对低速飞机比较合适，但往往不能满足高速飞行的操纵性要求。因为，高速飞机的飞行速度变化范围很大，传动系数较

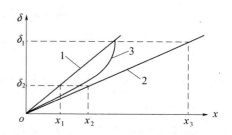

图 3.2.19 杆行程与偏转角的关系

大的操纵系统只能满足小速度飞行时的操纵性要求，而不能满足大速度飞行时的要求；传动系数较小的操纵系统只能满足大速度飞行时的操纵性要求，而不能满足小速度飞行时的要求。

例如，在小速度飞行时，由于动压较小，舵面效能比较低，需要较大的舵面偏转角才能操纵飞机做一定的机动动作。对于采用如图 3.2.19 中直线 2 那样传动关系的操纵系统来说，所需要的杆行程必然很大，操纵会显得过于迟钝，只有采用图 3.2.19 中直线 1 那样的操纵系统，才能有合适的杆行程。但在大速度飞行的情况下，由于动压较大，舵面效能比较高，不需要很大的舵偏角，对于采用如直线 1 那样的传动关系的操纵系统来说，需要的杆行程很小，操纵显得过于灵敏，驾驶员很难准确操纵，只有采用如直线 2 那样的传动关系的操纵系统，需要的杆行程才较合适。

为了满足上述需要，就必须在飞机上安装多套传动系数各异的操纵系统，但现代飞机上一般都不采用这个方法，而是在飞机操纵系统中设置了专门的非线性传动机构，靠它来改变整个操纵系统的传动系数，以满足高速飞机在不同速度飞行时的操纵要求。

能力点 1　分析传动机构中摩擦力过大的原因

在操纵系统的使用过程中，总是希望传动机构中的摩擦力应尽可能小，并且在操纵过程中摩擦力要均匀，也就是没有忽大忽小的卡滞现象。因为，摩擦力过大或不均匀都会使驾驶员在操纵时得不到真实的感觉，并影响操纵动作的柔和与准确。

图 3.2.20 中，实线表示在系统没有摩擦力的情况下（并且舵偏角为零、杆力也为零时），杆力和升降舵偏角的关系。实际上，操纵系统的传动机构中总存在一定的摩擦力，杆力和升降舵偏角的关系如图中虚线所示。这样，无论是推杆还是拉杆，与没有摩擦力的情况相比，杆力都有一个增量 ΔP。当驾驶员由拉杆或推杆变为松杆时，杆力都必须减小 $2\Delta P$（如杆力由 $P+\Delta P$ 变为 $P-\Delta P$），升降舵才能开始往回偏转。显然，系统摩擦力越大，图中虚线所包围的面积（通常称为摩擦带）就越大，它对杆力的影响也就越大。

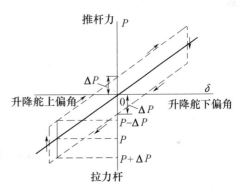

图 3.2.20　杆力与舵偏角的关系

操纵系统摩擦力过大的原因大致有如下几点。

（1）活动连接接头表面不清洁或润滑不良而造成锈蚀。活动连接接头（主要是轴承）润滑后，不仅能直接减少磨损，而且在零件表面形成了一层油膜，还能起防锈作用。如果润滑不良、连接接头不清洁或者有水分，就会使活动接头生锈，以致活动接头的摩擦力增大。

在湿度较大的沿海地区和阴雨季节及风沙大的高原地区，应特别注意加强对操纵系统的清洁和润滑工作。在大城市和工业区附近，也应特别注意这一点。因为这些地区煤烟较多，煤烟中的二氧化硫、二氧化碳等，遇到水分会产生酸类物质，也容易引起零件锈蚀。此外，连接接头润滑不良，传动中会产生干摩擦，也会使操纵系统的摩擦力过大。

（2）活动连接接头固定过紧。操纵系统中，活动连接接头的螺帽拧得过紧，会使接头的摩擦力过大。因此，安装这些接头时，螺帽拧紧的程度应以螺杆没有轴向间隙，而连接接头又可以灵活转动为宜。

（3）传动机构（传动杆、钢索等）和飞机其他部分发生摩擦。传动杆、钢索等和飞机其他部分发生摩擦时，不仅影响操纵，而且摩擦部位还会磨损。传动机构与飞机其他部分发生摩擦的原因，主要是两者的间隙过小。例如，曾经发现某歼击机副翼操纵系统的传动杆与座舱内加温导管之间的间隙太小，在地面检查时，两者并未接触，但在飞行中由于加温导管受热变形，传动杆便与加温导管发生摩擦。

所以，维护工作中必须保持传动机构与飞机其他部分之间有一定的间隙。这个间隙应能保证：在操纵系统的最大活动范围内，传动机构各构件与飞机其他部分不发生摩擦；飞机其他部分在任何工作情况下（如机体受力变形、附件在工作中膨胀或振动等），也不影响操纵系统的工作。

（4）传动机构本身摩擦力过大。如传动杆与导向滑轮之间的摩擦力过大，钢索与滑轮之间有相对滑动，都会使系统的摩擦力过大。此外，传动杆、钢索穿过气密装置时的摩擦力对系统的摩擦力也有显著的影响。

每一种飞机的操纵系统，允许的最大摩擦力都有具体规定。摩擦力的大小可以通过舵面开始偏转时所需的杆力来测量。如果发现系统的摩擦力过大，应及时检查和排除。

能力点 2　钢索张力的检查

如前所述，操纵系统中的钢索在安装以后都要给它一定的预加张力。如果钢索的预加张力不足，不仅会使弹性间隙过大，而且钢索松弛时，它与滑轮之间会产生相对滑动，容易造成磨损。但是，钢索的预加张力也不能太大，如果预加张力太大，钢索就会承受过大的载荷，容易产生断丝现象；而且张力过大，钢索对滑轮的径向压力也会很大，因而滑轮转动时的摩擦力也很大，驾驶员操纵起来会变得比较费力。

另外，环境温度变化时，钢索的预加张力也会随着变化。这是因为飞机的主材是铝，其线膨胀系数比钢索大。当温度变化时，两者的伸缩程度是不同的，钢索的预加张力必然会发生相应的变化，或变大，或变小。

图 3.2.21 为某型轰炸机升降舵操纵钢索在不同的气温条件下所应保持的预加张力曲线。从图中可以看出，如地面气温为 20℃时，钢索的预加张力应为 40kg。这样，如果飞机飞到高空，即使气温下降到-50℃时，钢索也还有约 12kg 的预加张力，因而仍能保障正常操纵。由此可见，在维护工作中，只要严格按照规定的钢索预加张力与气温的关系进行调整，就可以保证飞机在各种气温条件下飞行时钢索张力符合要求。

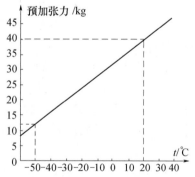

图 3.2.21　不同气温下某轰炸机升降舵操纵钢索的预加张力

事实上，即使调整好的钢索，在使用一段时间后，也会由于要承受拉力而产生永久变形，使其预加张力逐渐变小。所以，在维护工作中，必须按照规定对钢索张力进行定期的检查和调整。用张力计测定钢索的张力值，是外场维护工作中简单而实用的方法。在正确的维护和使用情况下，张力计的精度可达到98%。

钢索的张力是通过测量使钢索位移所需要力的大小来测定的，即通过测量位移来测量力的大小，如图 3.2.22 所示。

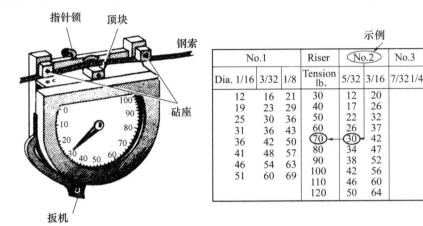

图 3.2.22 用张力计测量张力的方法

测量时，将张力计扳机扳下，把被测钢索放在两个铁砧下，然后关上扳机，顶块垂直推动钢索，将其卡在顶块与两个砧座之间，推动钢索的力可由刻度盘上的指针显示出来。张力计上有一个指针锁，锁住指针，可取下张力计，读取数据。读取数据后开锁，指针回零。每个张力计都配有一个校准图，用来把刻度盘上的读数换算成力的大小。但要注意，不同直径的钢索所使用的顶块不同，每个顶块上均标有号码。

任务测评

在机械式操纵系统中，钢索的状态是影响操纵系统灵敏性的主要因素之一。因此，为了改善软式操纵的灵敏性，在安装之前，操纵系统中的钢索已经用相当于设计强度50%～60%的作用力进行了预拉伸处理。在装到飞机上以后，钢索还要进行预加载，使其具有一定的预加张力。这样在操纵时，传动钢索就不容易产生伸长变形，保证操纵系统的灵敏性。

请学生总结传动机构主要构件的构造特点，对钢索的预加张力给予特别的注意，并分析传动机构中摩擦力过大的各种原因。

任务3　驾驶杆与升降舵对应行程检查

知识目标

(1) 掌握飞机主操纵机构的构造和工作原理。
(2) 掌握飞机主操纵机构和辅助操纵机构的工作内容。
(3) 掌握飞机主操纵系统和辅助操纵系统的工作原理。
(4) 掌握几种舵面补偿装置的构造和工作原理。

能力目标

(1) 能区分操纵机构与操纵系统的不同。
(2) 能解释飞机主操纵系统和辅助操纵系统的工作原理。
(3) 能解释舵面补偿装置的工作原理。
(4) 能描述对操纵系统进行调整的原因。
(5) 能描述对飞行操纵系统进行校装的步骤。

情境创建

在飞机操纵系统中，驾驶杆、脚蹬和各舵面的活动范围是否合乎规定，将直接影响到飞机的机动性，同时也会对飞机的平衡状态产生很大影响。对安装、调整好的操纵系统来说，其活动范围一般在使用中是不容易改变的。但在更换操纵机构和传动机构或拆装机翼、尾翼等大部件以后，就可能因限动钉位置或传动机构长度发生变化而引起驾驶杆、脚蹬和各舵面的活动范围发生变化，这时就必须进行检查和调整。

任务实施

教师带领学生前往停放运七飞机的现场，观摩地勤人员对飞机驾驶杆与升降舵对应行程的检查。

当运七飞机驾驶杆处于中立位置时，请学生观察升降舵是否也在中立位置。当机务人员向前推或向后拉驾驶杆时，学生可以看到升降舵会发生向下或向上的偏转。当驾驶杆偏离中立位置向前移动 120^{0}_{-8} mm 时，按飞机的状态要求，升降舵应向下偏转 15°±1°。请学生观摩地勤人员对升降舵向下偏转角度的测量，看测量结果是否满足要求。同样，当驾驶杆向后移动 240^{+2}_{-5} mm 时，请学生观摩地勤人员对升降舵向上偏转角度的测量，看测量结果是否在 30°±1° 的范围内。

知识点1　飞机操纵机构

对飞机的操纵是通过操纵机构来实现的，因此操纵机构是飞机的重要组成部分。在飞机操纵系统中，驾驶员用手或脚直接操纵的部分被称为操纵机构（或称座舱操纵机构），包括手操纵机构和脚操纵机构两部分。手操纵机构可用来操纵升降舵和副翼，脚操纵机构可用来操纵方向舵（图3.3.1）。

模块 3　飞机操纵系统

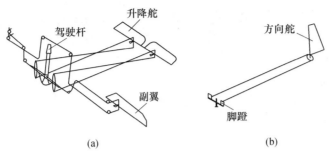

图 3.3.1　机械式飞行主操纵系统示意图

(a) 手操纵；(b) 脚操纵。

除了驾驶杆（盘）和脚蹬这些用于操纵主操纵系统的主操纵机构以外，还有用于辅助操纵系统的辅助操纵机构。

1. 主操纵机构基本构造及工作原理

1）手操纵机构

手操纵机构有驾驶杆式和驾驶盘式两种。

图 3.3.2 为一种驾驶杆式手操纵机构。前推或后拉驾驶杆时，驾驶杆绕着轴线 $a\text{-}a$ 转动，经传动杆 1 和摇臂 1 等构件的传动，即可操纵升降舵。左右压杆时，驾驶杆绕轴线 $b\text{-}b$ 转动，这时扭力管和摇臂 2 都随之转动，经传动杆 2 等构件的传动即可操纵副翼。在操纵过程中，升降舵和副翼不会互相干扰。

图 3.3.3 为驾驶盘式手操纵机构。前推或后拉驾驶盘时，支柱绕轴线 $a\text{-}a$ 转动，经摇臂等的传动即可操纵升降舵。左右转动驾驶盘时，其转轴上的齿轮带动链条和钢索即可操纵副翼。驾驶盘式手操纵机构，也能保证操纵升降舵与操纵副翼时互不干扰。左右转动驾驶盘时，支柱不动，所以不会使升降舵偏转；而前推或后拉驾驶盘时，由于和横管平行的一段钢索与轴线 $a\text{-}a$ 是重合的，钢索不会绷紧或放松，所以既不会使副翼偏转，也不会影响驾驶盘的前后动作。

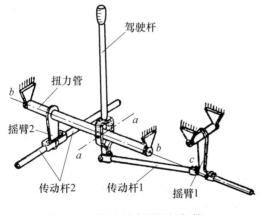

图 3.3.2　驾驶杆式手操纵机构

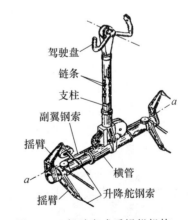

图 3.3.3　驾驶盘式手操纵机构

相比而言，驾驶杆式构造较简单，便于驾驶员一手操纵驾驶杆，一手操纵油门手柄，但不便于通过增大驾驶杆倾斜角的办法来减小操纵副翼时的杆力。驾驶盘式构造较复杂，但可通过增大驾驶盘的转角使操纵副翼省力,当然,这时使副翼偏转一定角度所需的时间要相应增加。因此,前者多用于机动性较好而操纵时费力较小(或装有助力器)的飞机,后者多用于操纵时费力较大而机动性要求较低的中型和大型飞机。

2) 脚操纵机构

脚操纵机构有脚蹬平放式和脚蹬立放式两种。

图 3.3.4 为脚蹬平放式脚操纵机构,其中脚蹬安装在由两根横杆和两根脚蹬杆组成的平行四边形机构上。驾驶员蹬脚蹬时,两根横杆分别绕转轴 O 和 O' 转动(转轴固定在座舱底板上),经钢索(或传动杆)等的传动,使方向舵偏转。平行四边形机构的作用是保证在操纵方向舵时,脚蹬只平移而不转动,以便于驾驶员操纵。

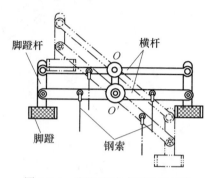

图 3.3.4 脚蹬平放式脚操纵机构

图 3.3.5 和图 3.3.6 为两种脚蹬立放式脚操纵机构。前者的转轴在脚蹬之上,后者的转轴(a-a 轴和 b-b 轴)在脚蹬之下。从图中可见,蹬脚蹬时,它们都是通过传动杆和摇臂等构件的传动而使方向舵偏转的。同时,由于传动杆和摇臂等的连接,左、右脚蹬的动作是协调的,即一个脚蹬向前时,另一个脚蹬向后运动。

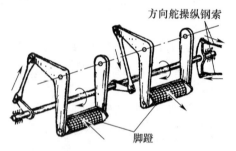

图 3.3.5 脚蹬立放式脚操纵机构 1

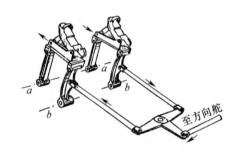

图 3.3.6 脚蹬立放式脚操纵机构 2

相比而言,脚蹬平放式脚操纵机构,为了取得较大的操纵力臂,两脚蹬之间的距离较大;脚蹬立放式脚操纵机构是通过增长与脚蹬连接的摇臂来获得足够的操纵力臂的,两脚蹬之间的距离可以较小。所以,前者多与左右活动范围较大的驾驶杆式手操纵机构组合,后者则多与驾驶盘式手操纵机构组合。

现代飞机在地面还可以用脚蹬操纵起落架前轮转弯。驾驶员踩踏左脚蹬,方向舵向左偏转,垂直尾翼上的空气动力对飞机立轴的力矩,使飞机机头向左偏转,实现飞机左转弯;驾驶员踩踏右脚蹬,方向舵向右偏转,实现飞机右转弯。

2. 双套操纵的操纵机构

在教练机上有教员和学员,在重型轰炸机和现代民航客机上往往有正、副驾驶员,因此这些飞机都装有双套操纵机构。双套操纵机构有的是纵列的,有的是并列的。在座舱宽度不大的小型飞机上,多采用纵列式双套操纵机构。而大型飞机的双套操纵机构,通常是并列式的。图 3.3.7 为某大型飞机的并列式双套操纵机构。左右两套操纵机构利用转轴、钢索等连接,以保证正、副驾驶员的操纵动作一致。一般左侧为"机长"驾驶盘,右侧为"副驾驶"驾驶盘。

3. 辅助操纵机构

辅助操纵机构用于操纵辅助操纵系统舵面的偏转。如图3.3.8所示,扰流板控制手柄用于操纵扰流板,襟翼控制手柄用于操纵后缘襟翼和前缘装置(前缘缝翼和襟翼)的工作,配平手轮用于操纵水平安定面的偏转。

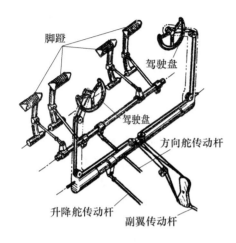

图3.3.7 并列式双套操纵机构

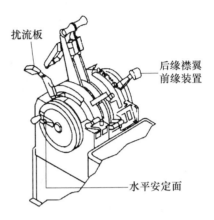

图3.3.8 飞机辅助操纵系统的操纵机构

知识点2 主操纵系统

飞机主操纵系统包括对副翼、升降舵和方向舵操纵的三个操纵系统。

1. 副翼操纵系统

副翼位于机翼的后缘,有些飞机有两块副翼,分别位于左、右机翼后缘靠近翼尖区域。但在大型飞机的组合横向操纵系统中常有四块副翼,即两块内副翼和两块外副翼。在低速飞行时,内外副翼共同进行横向操纵;而在高速飞行时,外侧副翼被锁定而脱离副翼操纵系统,仅由内副翼进行横向操纵,如图3.3.9所示。

副翼用于操纵飞机绕纵轴的横滚运动,由驾驶盘控制。当向左转驾驶盘时,左侧副翼向上偏转,同时右侧副翼向下偏转,导致左侧机翼的升力减小,而右侧机翼的升力增大,产生使飞机向左滚转的力矩,飞机绕纵轴向左侧滚转。当向右转驾驶盘时,右侧副翼向上偏转,同时左侧副翼向下偏转,导致右侧机翼的升力减小,而左侧机翼的升力增大,使飞机绕纵轴向右滚转。

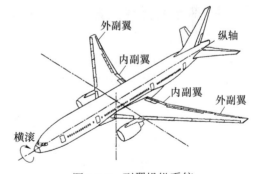

图3.3.9 副翼操纵系统

2. 升降舵操纵系统

升降舵位于水平安定面的后缘,有些飞机有两块升降舵,如波音737、波音757和波音777飞机。而波音747、波音767等飞机则有四块升降舵，如图3.3.10所示，即两块内升降舵和两块外升降舵均铰接于水平安定面的后缘。

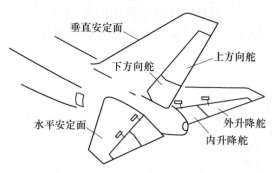

图3.3.10　波音747飞机升降舵和方向舵位置

升降舵由前推或后拉驾驶杆操纵。当前推或后拉驾驶杆时，会使升降舵偏转，从而产生俯仰力矩，操纵飞机绕横轴转动。当前推驾驶杆时，升降舵向下偏转，使尾翼升力增大，飞机产生低头力矩，绕横轴下俯（低头）；当后拉驾驶杆时，升降舵向上偏转，使水平尾翼升力减小，甚至产生负升力，飞机产生抬头力矩，绕横轴上仰（抬头）。

3. 方向舵操纵系统

方向舵位于飞机垂直安定面的后缘，大部分飞机采用单块的方向舵舵面，如波音737、波音757、波音767和波音777飞机。而波音747采用两块方向舵，上、下两块方向舵舵面铰接于垂直安定面的后缘，如图3.3.10所示。

方向舵由脚操纵机构操纵，用于操纵飞机绕立轴的运动。当方向舵脚蹬在中立位置时，即左、右脚蹬平齐时，方向舵也处于中立位置。当向前蹬左脚蹬，右脚蹬向后运动时，方向舵向左偏转，作用于垂直尾翼上的空气动力使飞机机头向左偏转。当向前蹬右脚蹬时，方向舵向右偏转，从而使机头向右偏转。

知识点3　辅助操纵系统

1. 飞机增升装置

高速飞机的机翼外形主要适用于高速飞行。这种机翼在高速飞行时，即使迎角很小，但由于飞行速度较大，仍可产生足够的升力来维持水平飞行。在低速飞行时，特别是在飞机起飞和着陆过程中，由于飞行速度较小，虽然增大迎角，但升力仍然很小，不足以维持飞机的水平飞行。而且机翼迎角的增加是有限的，如果机翼迎角过大，超过其临界迎角，会造气流分离，导致飞机失速。

增升装置的增升原理主要有以下四类。

（1）增加机翼弯度。改变机翼的剖面形状，增加翼型的弯度，使升力系数增加，因而升力增大。

（2）增大机翼面积。由升力公式可知，机翼面积增大，会使机翼升力增大。

（3）控制机翼上的附面层。通过控制机翼上的附面层，使气流分离不致过早发生。

（4）喷气加速。在环绕机翼的气流中，增加一股发动机的喷气气流，改变空气在机翼上的流动状态。

根据以上四项原理所设计的增升装置有前缘缝翼、襟翼、附面层控制和喷气襟翼。但现代民航飞机上所采用的增升装置主要有后缘襟翼、前缘缝翼和前缘襟翼。

增升装置能使飞机产生额外的升力，飞机着陆速度也可以尽可能降低，从而缩短着陆滑跑距离，以便在小机场或近空条件不好的机场着陆。此外，在起飞时使用增升装置，可缩短起飞滑跑距离。

2. 扰流板

扰流板是安装在机翼上表面的可偏转小片。当扰流板打开时，由于扰流板的阻挡，使其前面的气流受到阻滞，速度降低，压力升高，其后形成气流分离区，机翼的升力减小。扰流板收进时，它紧贴在机翼上，不影响机翼表面气流的流动。

如图 3.3.11 所示，扰流板按其作用的不同又分为地面扰流板和飞行扰流板。

地面扰流板只能在地面使用，当飞机着陆时，地面扰流板可完全放出，从而卸除机翼的升力，提高刹车效率，增大阻力，缩短飞机的着陆滑跑距离。

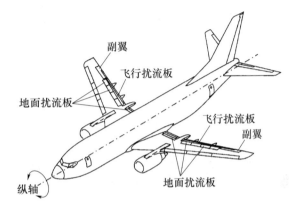

图 3.3.11 扰流板在飞机上的布局

飞行扰流板既可在空中使用，也可在地面使用。飞行扰流板在地面使用时，与地面扰流板相似。在空中，飞行扰流板主要有两个作用：一是作为减速板使用，可由减速控制手柄控制，可使左、右侧的飞行扰流板同时打开，用于飞机空中减速；二是配合副翼进行横侧操纵，即当驾驶盘旋转角度超过一定值时，副翼上偏一侧的飞行扰流板打开，配合副翼进行横侧操纵，而另一侧的飞行扰流板不做相应的偏转。当副翼系统出现故障而卡死时，飞行扰流板还可以单独进行应急横侧操纵。

3. 水平安定面

现代大中型民航飞机由于纵向尺寸大，重心纵向位移量大，如果重心偏前或偏后，需要的纵向操纵量很大，单靠升降舵不能完全实现纵向操纵，因此大多数飞机的水平安定面的安装角是可调节的。飞机在起飞之前，应根据飞机的载重和平衡的情况进行水平安定面的配平。水平安定面在起飞之前必须调节到"起飞"位置，以保证飞机在起飞过程中的纵向操纵。

如图 3.3.12 所示，水平安定面可由驾驶盘上的配平电门控制，配平电门一般位于左驾驶盘左侧和右驾驶盘右侧，可由正、副驾驶员用拇指操纵。除配平电门外，飞机上还有俯仰配平手轮可实现人工配平。

水平安定面的作动动力可以是人力、电机或液压马达。所有动力都要使用丝杠机构，鼓轮、电机或液压马达驱动丝杠转动，再将丝杠的转动转换成螺帽的上下移动来驱动水平安定面上下偏转。

俯仰配平指示器可指示水平安定面的位置。起飞前，必须将水平安定面配平到"起飞绿区"范围内。

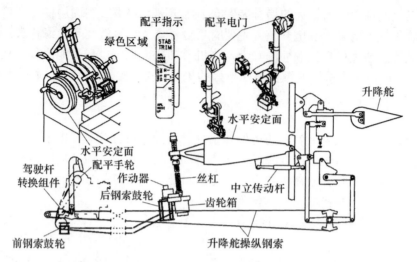

图 3.3.12　波音 737-300 飞机水平安定面操纵系统

知识点 4　舵面补偿装置

随着飞行速度的提高和舵面尺寸的增大，舵面的铰链力矩和操纵杆力亦相应增大。为了减小铰链力矩和杆力，通常采用舵面补偿装置进行空气动力补偿，其形式有轴式补偿、角式补偿、内封补偿和使用调整片等。

1. 轴式补偿

轴式补偿是将舵面的枢轴后移，如图 3.3.13 所示。这时，作用于枢轴前、后的空气动力对枢轴形成方向相反的力矩，使得舵面铰链力矩减小，从而使杆力减轻。枢轴前的面积称为补偿面积。补偿面积越大，铰链力矩越小，杆力越轻。但若补偿面积过大，就可能使驾驶杆力与正常情况相反，产生过补偿现象。

2. 角式补偿

角式补偿的原理和轴式补偿一样，只是它将补偿面积集中到翼尖部分，如图 3.3.14 所示。角式补偿的主要缺点是气流容易在突角部位发生分离，高速飞行时还容易引起舵面抖振，所以通常用于低速飞机。

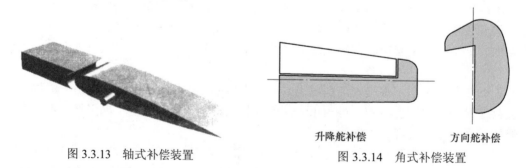

图 3.3.13　轴式补偿装置　　　　图 3.3.14　角式补偿装置

3. 内封补偿

内封补偿装置主要应用于副翼和升降舵结构，所以有时也称为副翼平衡板和升降舵平衡板。图 3.3.15 为副翼内封补偿，副翼平衡板位于副翼前部的平衡腔内，副翼前缘与平衡板的一端铰接,平衡板的另一端与飞机结构铰接。

平衡板把舵面前缘平衡腔的空间分成上、下两部分,平衡板上的空气载荷取决于两部分空间的压力差。当舵面从中立位置偏转时,上、下翼面的通气缝隙变化,使得翼面气流的引射作用发生变化。当舵面向上偏转时,导致平衡腔上腔的压力增大,同时下腔的压力减小,压力差作用于平衡板上,可以帮助舵面向上偏转。

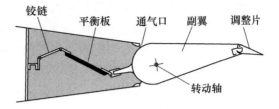

图 3.3.15　内封补偿装置——副翼平衡板

4. 调整片

根据设计的不同,调整片可以有不同的形式,如图 3.3.16 所示。

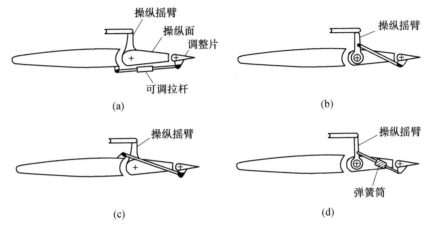

图 3.3.16　飞行操纵调整片的形式
(a) 配平调整片；(b) 随动调整片；(c) 平衡调整片；(d) 弹簧调整片。

1) 配平调整片

飞机在飞行中用配平调整片进行配平。配平,就是对飞机产生某些不希望的飞行姿态趋势进行修正。配平调整片能控制飞机的平衡,在不对驾驶杆(盘)或方向舵脚蹬施加任何操纵的情况下,也能使飞机保持直线和水平飞行。在图 3.3.16(a)中,配平调整片上有一根可以从驾驶舱进行调节的可调拉杆。调整片向一个方向运动,使操纵面向相反的方向偏转。

2) 随动调整片

随动调整片装在舵面后缘的辅助舵面,并直接和操纵系统的操纵摇臂连接,如图 3.3.16(b)所示。驾驶员通过操纵机构直接操纵的是随动调整片,而不是舵面。调整片被操纵偏转后,产生的空气动力对舵面枢轴形成操纵力矩,从而带动舵面做反方向偏转。当舵面空气动力对枢轴形成的力矩与调整片上的空气动力对枢轴形成的力矩相等时,两者取得平衡,使舵面稳定在一定的偏转角上,即此时的铰链力矩为零。在操纵过程中,驾驶员只需克服调整片本身的铰链力矩,故这个力矩比较小。

3) 平衡调整片

平衡调整片装在舵面的后缘，以摇臂和连杆与稳定面相连，实际上形成了四连杆机构，如图 3.3.16（c）所示。当舵面在操纵下偏转时，调整片会朝相反方向偏转。显然，调整片上产生的空气动力对枢轴形成的力矩可以帮助舵面偏转。虽然调整片的面积小，空气动力也小，但由于距离舵面枢轴远，故其补偿作用较好。如果平衡调整片和平衡板一起使用，一个在舵面前缘，一个在舵面后缘，其补偿效果会更好。

4）弹簧调整片

弹簧调整片的操纵摇臂是铰接在舵面转轴上的，一端与操纵系统的传动杆相连，另一端则连接弹簧筒和调整片的传动杆；弹簧筒的后端固定在舵面的承力构件上，里面装有两个预先压缩的弹簧，如图 3.3.16（d）所示。操纵舵面时，操纵力经摇臂传给弹簧筒，再由弹簧筒去传动舵面。如果传给弹簧筒的力小于弹簧的初始张力，弹簧筒就不会伸长或缩短，补偿片不会相对于舵面偏转；但当操纵力增大到足以克服弹簧的初始张力时，弹簧筒就会伸长或缩短，这时才有力会通过传动杆传递到调整片，使调整片相对于舵面向相反方向偏转，从而产生补偿效果。

能力点　操纵系统的调整

1. 系统间隙的调整

为了保证操纵灵活，操纵系统各活动连接接头都有一定间隙，因而整个操纵系统也就有一定的间隙。但如果间隙过大，驾驶员操纵驾驶杆和脚蹬时，在开始的一段行程内，舵面不会随着偏转，即驾驶杆和脚蹬会有一段空移行程。同时，由于驾驶杆和脚蹬的最大活动角度是一定的，间隙过大还会使舵面达不到规定的最大偏转角。此外，系统间隙过大，舵面就有较大的自由活动范围，这样还容易引起舵面振动。因此，维护工作中必须经常注意检查并保持操纵系统的间隙正常，这对机动性能要求很高的高速飞机尤其重要。活动连接接头上的轴承与螺杆磨损，以致螺杆与轴承之间的径向间隙增大，这是造成操纵系统间隙过大的一个主要原因。

因此，定期清洗轴承，保持其良好的润滑，也是防止系统间隙过大的一项重要工作。此外，如果传动杆上固定接头用的铆钉松动，也会引起操纵系统间隙过大，所以对传动杆的接头也应注意检查。系统间隙的大小可以这样测量：将驾驶杆和脚蹬固定住，在舵面上规定的部位加一定的力量，测量舵面后缘相对于不动部分移动的距离。如果测量出的距离不符合规定数据，应及时找出间隙过大的部位，并加以排除。

2. 操纵机构与各舵面对应行程的调整

驾驶杆、脚蹬和各舵面的活动范围是否合乎规定，直接影响到飞机的机动性，同时也影响到飞机的平衡。对安装、调整好了的操纵系统来说，在使用中，上述活动范围一般是不容易改变的，但在更换操纵机构和传动机构或拆装机翼、尾翼等大部件以后，就可能因限动钉位置或传动机构长度发生变化而引起驾驶杆、脚蹬和各舵面的活动范围变大或变小，这时就必须进行检查和调整。

调整操纵系统的要求是驾驶杆、脚蹬在中立位置时，舵面也应在中立位置；驾驶杆、脚蹬到达最大行程时，舵面也应到达规定的最大偏转角。如果驾驶杆、脚蹬的中立位置与舵面的中立位置不相适应，则它们的最大行程和最大偏转角也可能不一致。因此调整时，应先调好中立位置，然后再调最大活动范围。

为了保持操纵系统正常的传动关系和传动比，调整工作必须按照技术说明书中有关的规定进行。对具有差动摇臂、助力器等附件的操纵系统来说，调整前通常还要预先确定这些附件在系统中的相互关系位置。舵面前的固定翼变形或安装角改变，会影响舵面中立位置和最大偏转角的测量，在这种情况下，应先进行飞机的水平测量。

当系统调整结束后，应进行同步运动的检查。当对舵面的移动范围进行测试时，所有的控制必须在驾驶舱中完成，不能直接扳动舵面。在对舵面进行检查过程中，要确保当输入控制装置碰到止动装置时，传动链条、钢索等传动装置还未到达它们的极限位置；当系统采用双重控制时，应确保两输入操作时，系统必须同步动作。

3. 运七飞机操纵机构与舵面、副翼等对应行程的检查

运七飞机在更换舵面、副翼及影响操纵系统状态的零件以后，通常要按照以下步骤进行相应检查。

1）驾驶杆的检查

（1）当驾驶杆在中立位置时，升降舵也应在中立位置。

（2）当驾驶杆向前移动距中立位置 120^{+9}_{-8} mm，升降舵应向下偏转 $15°±1°$；当驾驶杆向后移动 240^{+10}_{-7} mm 时，升降舵应向上偏转 $30°±1°$。

2）脚蹬的检查

（1）当方向舵在中立位置时，两名驾驶员的脚蹬应处于同一条线上。在垂直和水平面内脚蹬距轴线的偏移应不超过 3mm。

（2）当方向舵偏转作用在脚蹬上的力为 220^{+2}_{-5} N 时，在弹簧拉杆作用下，方向舵的补偿调整片应开始偏转。当方向舵向左（向右）偏转到极限位置时，作用在脚蹬上的力为 440^{+3}_{-5} N，此时补偿调整片应向右（向左）偏转 $19°±1°$。

（3）当补偿调整片用电动机构操纵时，此时补偿调整片向左、向右的偏转角度应该是 $19°^{+1°}_{-3°}$。

（4）在检查方向舵的偏转情况时，舵面最大偏转角 $25°±1°$ 应与脚蹬行程 $80±4$mm 相符。当脚蹬继续向下至全行程为 $100±4$mm 时，弹性助力补偿片即向舵面偏转的相反方向偏转 $19°±1°$。

3）驾驶盘的检查

（1）当驾驶盘顺时针（或逆时针）转动 $90°±2°$ 时，右（左）副翼向上偏转的角度为 $24°±1°$；左（右）副翼向下偏转角度为 $16°±1°$。

（2）当副翼向上偏转到极限位置时，副翼上的随动助力补偿片向下偏转的角度为 $14°30'^{+45'}_{-30'}$；副翼向下偏转到极限位置时，随动助力补偿片向上偏转为 $9°30'^{+30'}_{-1'}$。

（3）用电动机构操纵副翼调整片时，调整片向上、向下最大偏转 $7°±1°$。

4）升降舵调整片的检查

当向前或向后转动升降舵调整片的操纵手轮到极限位置时，调整片应向上或向下偏转 $20°±1°$。

任务测评

飞机操纵系统的调整检查是保证操纵系统能正常工作的重要维护工作。除了对系统的间隙进行调整检查外，还必须进行操纵机构与各舵面对应行程的调整检查。对运七飞机驾驶杆与升降舵相关行程的检查只是一个典型的检查实例。

请学生回顾飞机的操纵机构，总结主操纵系统和辅助操纵系统的工作原理，并掌握舵面补偿装置能够实现舵面补偿的原因。

模块 3　飞机操纵系统

任务 4　液压助力器的维护

知识目标

（1）了解采用助力操纵系统的缘由。
（2）掌握助力操纵系统的两种形式。
（3）掌握液压助力器的基本工作原理。
（4）理解载荷感觉器的作用。
（5）了解现代民航客机液压助力器和感觉机构的工作原理。

能力目标

（1）能解释使用助力操纵系统的原因。
（2）能描述液压助力器的基本工作原理。
（3）能描述对液压助力器进行维护检查的要点。

情境创建

早期飞机的操纵系统是机械式的。由于当时的飞机较小，飞行速度也不快，驾驶员的劳动强度还是可以满足的。但随着飞机速度和吨位的提高，单纯机械式的飞行操纵系统远远不能满足现代飞机的要求，由此就产生了助力式操纵系统。液压助力器在现代民航客机的飞行操纵系统中发挥着非常重要的作用，对其进行必要的维护检查，已经成为保证飞机正常飞行的重要工作。

任务实施

为了使液压助力器经常处于良好状态，必须做好以下三方面的维护工作。

（1）对于液压助力器，应保持外露部分清洁；按照规定检查密封情况；定期检查和清洗进口油滤。如果发现油滤脏污，应拆下助力器检查其内部清洁情况，助力器内部不清洁，则应送修理厂分解清洗，必要时应更换系统油液。安装助力器时，要注意保持其位置准确，各活动连接接头应当无紧涩现象，以保证配油柱塞和传动活塞的运动不会受到卡滞。

（2）对于液压系统，主要应保持供压部分的工作性能正常，并要防止空气进入系统。如果助力器有两个供压部分，还要注意保持其自动转换装置的工作良好。

（3）对于操纵系统传动机构，应保持活动间隙符合规定，并应保障配油柱塞和传动活塞的运动在整个行程内都不会受到妨碍等。

根据以上原则，选择适当的液压助力器进行模拟维护。

知识点 1　助力操纵系统概述

早期的飞机，由于飞行速度慢且外型尺寸不大，驾驶员凭借自己的体力就可以很容易地对飞机进行操纵。所以当时的飞机采用的是简单机械式操纵系统，其中没有助力装置。但是，随着飞机飞行速度的不断提高及飞机外型尺寸的不断增大，完全依靠驾驶员的体力进行飞机的驾驶就变得越来越困难。

由于飞行速度和飞机尺寸显著增大，在飞机操纵系统尾端设备（如副翼、升降舵、方向舵）上的空气动力也会显著增大，从而使得各舵面枢轴的力矩显著增大。虽然通过减小操纵系统的传动系数或通过舵面补偿装置可以减小各舵面枢轴的力矩，以减小驾驶员的操纵杆力（或脚蹬力），但还是不能满足要求。因为，减小操纵系统的传动系数，要受到座舱空间等条件的限制。而空气动力补偿面过大，不仅会影响舵面的最大偏转角，而且还容易因制造上的误差而引起过补偿问题。更何况在跨声速和超声速飞行时，由于空气压缩性的影响，舵面上空气动力的分布会发生急剧变化，依靠空气动力补偿面也难使杆力符合要求。

因此，现代高速飞机和重型飞机的操纵系统广泛地采用了助力装置，利用液压或电力来带动舵面，以减小驾驶杆力，降低驾驶员的劳动强度，改善了飞机的操纵性。有助力器的飞机操纵系统，简称助力操纵系统。由于目前飞机上使用的助力装置主要是液压助力器，电动助力器一般只用来进行应急操纵，所以这里只对液压助力器进行说明。

对于无助力操纵系统来说，当驾驶员一旦对系统进行操纵，通过软式、硬式或混合式传动机构，机械信号就直接被传递到舵面枢轴，使舵面偏转；而对于助力操纵系统来说，驾驶员对操纵机构的机械信号通过传动机构，不是直接传递到舵面枢轴，而是首先输送到液压助力器，经信号放大后才通过液压助力器后边的传动机构，将信号输送到舵面，从而实现舵面偏转。这就是操纵系统中有助力和无助力的差别，如图 3.4.1 所示。

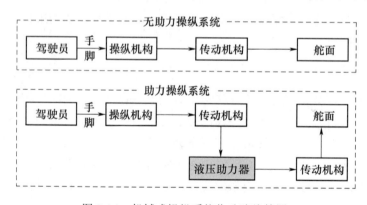

图 3.4.1　机械式操纵系统作动路线简图

知识点 2　助力操纵系统的形式

根据液压助力器传动方式的不同，助力操纵系统可以分为有回力和无回力两种形式：有回力助力操纵系统又叫信号可逆助力操纵系统，当液压助力器工作时，驾驶员可以感受到舵面传来的一部分载荷作用；无回力助力操纵系统又叫信号不可逆助力操纵系统，驾驶员不能感受到舵面传来的载荷作用，舵面传来的载荷全部由助力器阻断。

1. 有回力助力操纵系统

在有回力助力操纵系统中，利用回力连杆把舵面传来的一部分载荷传给驾驶杆，让驾驶员得到感觉。

如图 3.4.2 所示，舵面传来的载荷 P 传到摇臂 CD 以后，在 D 端把一部分力 P_2 传给液压助力器，在 C 端则将一部分力 P_1 通过回力连杆及其他传动机构传给驾驶杆。根据杠杆原理不难看出，摇臂 CD 上的接点 E 越是靠近 D，则助力器承受的力越大，而回力连杆传递的力就越小。如果 E 点与 D 点重合，则力 P 全部由助力器承受，回力连杆传递的力 P_1 将等于零，这时的助力操纵系统就变成无回力助力操纵系统。

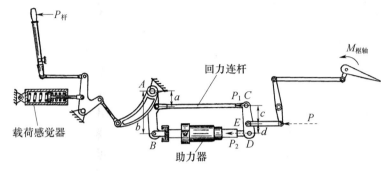

图 3.4.2　有回力的助力操纵系统工作原理

如果连接点 E 距离连接点 D 比较近，飞机在低空或高速飞行中遇到急剧偏转舵面的情况下，虽然舵面枢轴力矩很大，但系统仍然可以保证驾驶杆力不致过大，但是由于点 E 离点 D 比较近，飞机在舵面枢轴力矩较小的情况下，又会使驾驶杆变得过"轻"，驾驶员如果仅凭杆力操纵飞机就变得非常困难。所以，即使在有回力的助力操纵系统中，往往也还要装设载荷感觉器来适当增大驾驶杆力，如图 3.4.2 所示。

有的助力系统利用专门的有回力的液压助力器，可以把舵面传来的一部分载荷传给驾驶杆。图 3.4.3 为一种有回力的液压助力器的原理图。这种液压助力器的配油柱塞两端分别与活塞左、右的油室相通，这样在通过助力器操纵舵面时，驾驶杆可以感受到舵面传来的一部分载荷。由于配油柱塞的有效面积比活塞的面积小得多，所以传到驾驶杆上的力也仅占舵面传来载荷的一小部分。

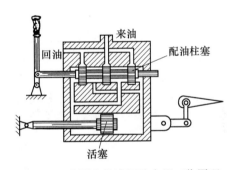

图 3.4.3　有回力的液压助力器工作原理

有回力的助力操纵系统通常用在亚音速飞机上。这样可以保证在不增加其他复杂设备的条件下，使驾驶员能真实地感受到舵面枢轴力矩的变化。

2. 无回力助力操纵系统

虽然有回力助力操纵系统解决了亚声速飞行中的助力问题，但飞行速度进一步增大，又产生了新的矛盾。一方面，飞机作跨声速飞行时，由于空气压缩性的影响，舵面可能出现过补偿现象；另一方面，对全动式水平尾翼来说，当飞行速度由亚声速转入超声速时，水平尾翼的焦点也会显著后移。在这两种情况下，舵面枢轴力矩的大小和方向会发生急剧变化。这时，如果操纵系统是有回力的，驾驶杆力的大小和方向就要随之急剧改变，甚至变得与驾驶员的习惯不相适应，出现感觉失真现象，从而增加操纵上的困难，严重时还会影响飞行安全。因此，现代超声速飞机的助力操纵系统采用的是无回力的形式。

在无回力助力操纵系统中，液压助力器的一端直接与通向舵面的传动机构相连（图 3.4.4），舵面传来的载荷全部由助力器承受。这种操纵系统的驾驶杆力，是由载荷感觉器产生的。载荷感觉器和其他一些附件配合工作，能使驾驶杆力随舵面偏转角、飞行速度、高度等条件的变化而变化。装有无回力助力操纵系统的飞机，在飞行中即使放松驾驶杆，舵面在空气动力的作用下，也不会自由偏转。因此，只要将液压助力

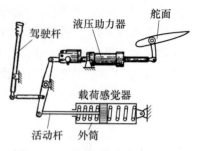

图 3.4.4　无回力的助力操纵系统

器安装在舵面附近，并减少助力器以后传动机构的连接点，就可以减小舵面的活动间隙，从而有效地防止机翼或尾翼发生颤振现象。但是，当舵面受到阵风载荷作用时，由于不能自动偏转，会对结构受力产生不良影响。

知识点 3　液压助力器的基本工作原理

在现代飞机上，采用的液压助力器类型很多，虽然它们的性能和构造各有特点，但其基本工作原理都是相同的。

图 3.4.5 为一种典型的液压助力器构造，由外筒、传动活塞和配油柱塞等基本部件组成。外筒固定在飞机上，传动活塞可以在外筒内左右移动，活塞上装有连通活门，其右端活塞杆的接头与通向舵面的传动机构相连，配油柱塞插在传动活塞内，其左端有接头与通向驾驶杆的传动机构相连。操纵驾驶杆时，配油柱塞可以在传动活塞内左右活动，其活动范围由限动片在限动架内的游动间隙 S 决定，一般为 0.5mm～1mm。

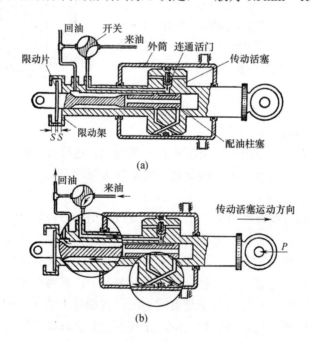

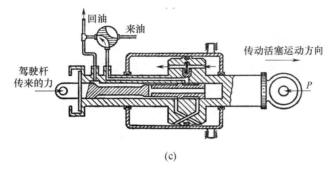

图 3.4.5 液压阻力器的工作原理

使用液压助力器时，必须将其工作开关打开（图 3.4.5（a）、图 3.4.5（b）），使液压系统供压部分的来油管路与液压助力器接通。这时，连通活门在液压作用下处于关闭位置，将传动活塞左右两边的油室隔开。

配油柱塞在中立位置时（图 3.4.5（a）），柱塞凸缘堵住了通向传动活塞两边的油路，因此传动活塞不能左右移动。

如果操纵驾驶杆，使配油柱塞向右移动（图 3.4.5（b）），则传动活塞左边的油室与来油管路接通，右边的油室与回油管路接通。于是，传动活塞在两边油液压力差的作用下向右移动，使舵面偏转。连续操纵驾驶杆，配油柱塞不断向右移动，传动活塞便连续向右移动，使舵面连续偏转。如果在某一位置停止操纵驾驶杆，配油柱塞立即不动，传动活塞仍将继续向右移动，但在移动很短一段距离后，由于压差作用，油孔即被柱塞凸缘堵住，传动活塞就停止运动，舵面也就保持在一定偏转角的位置上。如果操纵驾驶杆，使配油柱塞向左移动，传动活塞在液压作用下也向左运动，其工作原理与上述相同。

若驾驶员操纵配油柱塞的运动速度，超过了传动活塞在液压作用下所能达到的运动速度，则限动片必然会与限动架接触。这时，驾驶员就必须用体力克服一部分由舵面传来的载荷，使传动活塞的运动速度加快。

当液压系统压力不足或液压助力器有故障时，可以关闭助力器的工作开关，转为用体力进行应急操纵，如图 3.4.5（c）所示。在这种情况下，驾驶杆先带着配油柱塞移动很小一段距离，使限动片与限动架接触，然后就完全依靠驾驶员的体力带着传动活塞左右移动，克服舵面载荷，使舵面偏转。助力器的工作开关在关闭位置时，助力器的进油接头是与回油管路相通的，这样就卸除了连通活门下面的液压，连通活门便可以自动打开，把左、右油室沟通。因此，传动活塞左右移动时，一边油室中的油液可以直接流到另一边油室中去，使应急操纵时所需克服的油液阻力大为减小。

由此可知，液压助力器工作时，传动活塞运动的方向、距离和速度都是随配油柱塞的运动而变化的，配油柱塞停止运动，传动活塞也随即停止运动。因此，液压助力器是一种液压随动装置。当在操纵系统中配置液压助力器以后，驾驶员只需要用很小的力量就可以通过驾驶杆带动配油柱塞来控制油路，克服很大的舵面载荷操纵舵面偏转。所以，液压助力器具有信号放大的作用。这就是各种液压助力器工作的共同本质。

知识点 4　载荷感觉器

为了使驾驶员在操纵飞机时能从驾驶杆上感觉到力的大小（但不是真实大小），在无回力助力操纵系统中都装有载荷感觉器。另外，在有回力助力操纵系统中，为了在舵面枢轴力矩较小时，能使驾驶杆不致过"轻"，往往也装有载荷感觉器。

1. 载荷感觉器的基本工作原理

载荷感觉器的类型有气压、液压和弹簧等载荷机构，前两种是按动压来调节载荷机构的载荷梯度。这里介绍的是弹簧载荷机构。载荷感觉器的外筒固定在机体上，活动杆连接在操纵系统的摇臂上（图 3.4.6）。当驾驶杆前后运动时，一方面通过助力器去操纵舵面，另一方面带动载荷感觉器的活动杆向一边移动，使载荷感觉器的一个弹簧受到压缩。弹簧受压缩时，其张力反过来传到驾驶杆上，就使驾驶员有力的感觉。驾驶杆偏离中立位置的行程越大，弹簧压缩得就越多，杆力也就越大。当驾驶员松杆飞行时，载荷感觉器可以使驾驶杆保持在中立位置。

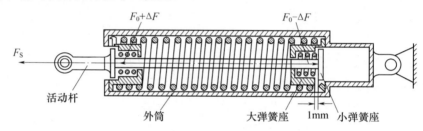

图 3.4.6　弹簧式载荷感觉器的构造

2. 载荷感觉器的构造与工作特性

若弹簧载荷机构只使用一个弹簧，则不能满足杆力、杆位移要求。因为，一个弹簧只有一个刚度，在压缩过程中是不能改变的。驾驶杆由中立位置开始移动时，载荷感觉器的弹簧压缩量很小，如果采用刚度较小的弹簧，就可能出现操纵感觉不灵，甚至出现操纵动作过猛的现象。如果换用刚度较大的弹簧，虽然可以避免上述缺点，但当驾驶杆偏离中立位置的行程较大时，杆力又有可能过大，驾驶员在操纵时容易感到疲劳。为了解决这个矛盾，载荷感觉器通常都采用几个刚度不同的弹簧进行协同工作。这样，它们能在驾驶杆行程较小的时候，刚度较大，在驾驶杆行程较大的时候，刚度较小，使杆力的增加缓慢。

图 3.4.6 的外筒中装有刚度不同的一个大弹簧和两个小弹簧。中间的大弹簧刚度较小，但预压力较大；左、右两个小弹簧的刚度较大，但预压力较小。它们的具体数值如表 3.4.1 所列。

表 3.4.1　弹簧式载荷感觉器中弹簧刚度与预压力

弹簧类型	刚度值 N/mm	预压力值 N
大弹簧	45	345.6
小弹簧	64	281.6

当活动杆的行程为零时，大弹簧的张力作用在外筒上，两个小弹簧的张力在活动杆上互相平衡。当活动杆向左移动时，由于大弹簧的预压力大，暂不受压，而右边的小弹簧受压，左边的小弹簧放松。

当右边的小弹簧被压缩的位移达到 1mm 时，右边的小弹簧座与右边的大弹簧座接触，且压力正好等于大弹簧的预压力。在 0mm～1mm 的行程中，相当于两个小弹簧并联，载荷感觉器刚度为 128N/mm。

当活动杆继续向右移动时，大弹簧开始被压缩，左边的小弹簧继续放松，直到小弹簧完全放松，这时活动杆的位移为 4.4mm。在 1mm～4.4mm 的行程中，相当于大弹簧与小弹簧并联，载荷感觉器刚度为 109N/mm。

若活动杆继续向左移动，这时只有大弹簧被压缩，直到活动杆的行程达到最大工作行程 22.8mm。在 4.4mm～22.8mm 行程中，只有大弹簧工作，载荷感觉器刚度为 45N/mm。

因此，载荷感觉器的刚度在小杆行程时，刚度大；大杆行程时，刚度小，如图 3.4.7 所示。

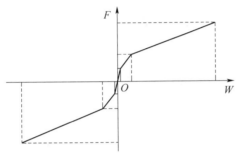

图 3.4.7　弹簧式载荷感觉器刚度曲线

实例链接　现代民航客机液压助力器及感觉机构

随着航空事业的发展，飞机设计技术在不断进步，操纵系统的液压助力器和感觉机构也在不断发展之中，尤其是民航飞机对安全性和可靠性要求更高。下面介绍波音飞机的典型液压助力器和感觉机构。

1. 液压助力器

在助力操纵系统中，液压助力器如果仅使用作动筒与选择活门进行助力操纵，也只能将舵面操纵到有限的几个位置，而不能实现输入与输出信号的一一对应。现代民航客机使用的机械液压伺服助力器比较好地解决了这个问题。

机械液压伺服助力器输入的是一个机械信号，即位移或力信号。此输入信号经比较机构与输出反馈信号进行比较，使偏差信号推动液压伺服活门，将与偏差信号成正比的液压功率输出到作动筒，作动筒在产生一个放大的机械输出信号的同时，也提供一个反馈信号到比较机构，从而实现输出与输入一一对应。

如图 3.4.8 所示，机械液压伺服助力器由双重输入摇臂、控制活门、旁通活门、作动筒等组成。作动筒的活塞杆与飞机结构固定，外筒可移动，产生输出位置信号。

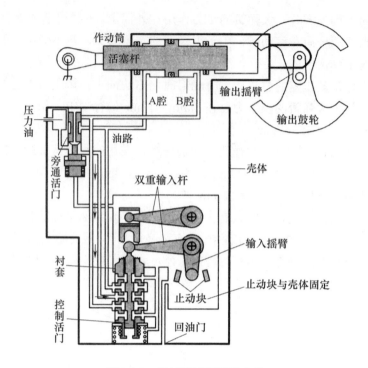

图 3.4.8 机械液压伺服助力器

当液压系统压力足够高时，压力油通过旁通活门的中心通道流入上腔，克服弹簧力使旁通活门下移。旁通活门打开，压力油可通到控制活门和衬套。

正常工作时，如果双重输入摇臂输入逆时针转动信号，控制活门及衬套离开中立位置下移，使压力油通往作动筒 B 腔，而同时作动筒 A 腔通回油。作动筒两腔的压力差使作动筒外筒右移，输出放大的机械信号，推动副翼偏转。随着外筒的右移，反馈作用推动柱塞和套筒上移。当副翼到达预定位置时，控制活门和套筒回到中立位置，堵塞油路，控制过程结束。

如果双重输入摇臂输入顺时针转动信号，柱塞及套筒离开中立位置向上移动，使压力油通往作动筒 A 腔，而同时作动筒 B 腔通回油。由于作动筒两腔的压力差使作动筒外筒左移，输出放大的机械信号。随着外筒的左移，反馈作用推动柱塞和套筒下移。当副翼到达预定位置时，控制活门和套筒回到中立位置，堵塞油路，控制过程结束。

当控制活门故障卡阻时，输入信号作动衬套打开油路，使作动筒两腔产生压力差，作动筒外筒移动，输出放大的机械信号，推动副翼偏转。

当液压助力器进口压力过低时，旁通活门在弹簧力作用下向上移动，使作动筒 A、作动筒 B 两腔沟通。人工输入信号可推动输入摇臂转动，由于作动筒两腔无压力差，输入摇臂继续转动，直到接触到止动块，直接推动作动筒外筒移动，实现人工操纵。

2. 感觉机构

如前所述，助力操纵系统由于使用了液压助力器，其舵面载荷不能反传回操纵机构，驾驶员不能直接感觉到舵面载荷，为此必须借助专门的感觉机构给驾驶员产生一个感觉力，以增加驾驶员操纵时的真实感觉。

图 3.4.9 为一种副翼感觉定中凸轮机构，其目的是为驾驶员提供副翼操纵的感觉力。它主要由凸轮、滚轮、滚轮臂和感觉弹簧组成，凸轮固定在扭力轴上，扭力轴由传动机构驱动。滚轮臂上的滚轮在感觉弹簧力的作用下压紧在凸轮中心。

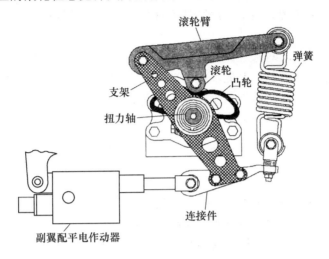

图 3.4.9　副翼感觉定中凸轮机构

当操纵机构有输入时，传动机构驱动凸轮偏转，不论向哪一个方向偏转，都要推开滚轮（由于凸轮型面对称），感觉弹簧被拉长。因而在操纵过程中要克服弹簧力，此作用力和操纵行程（或舵面偏转角）成正比，这就是所需要的感觉力。当停止操纵并松杆时，在感觉弹簧力作用下，滚轮回到凸轮中心型面半径最小的位置，于是整个操纵系统也返回到中立位置。

能力点　液压助力器的维护和修理事项

液压助力器工作的好坏与助力器本身、液压系统和操纵系统传动机构三方面的因素有关。为了使液压助力器经常处于良好状态，必须做好以下三方面的维护工作。

（1）在液压助力器方面，应保持外露部分清洁；按照规定检查密封情况；定期检查和清洗进口油滤。如果发现油滤脏污，应拆下助力器检查其内部清洁情况，助力器内部不清洁，则应送修理厂分解清洗，必要时应更换系统油液。安装助力器时，要注意保持其位置准确，各活动连接接头应当无紧涩现象，以保证配油柱塞和传动活塞的运动不会受到卡滞。

（2）在液压系统方面，主要应保持供压部分的工作性能正常，并要防止空气进入系统；如果助力器有两个供压部分，还要注意保持其自动转换装置的工作良好。

（3）在操纵系统传动机构方面，则应保持活动间隙符合规定，并应保障配油柱塞和传动活塞的运动在整个行程内都不会受到妨碍。

此外，飞行前试车时，必须打开助力器的工作开关，检查助力器的工作是否正常。驾驶杆在整个活动范围内来回运动时，必须平稳，无冲动、摆动现象，而且从两极端位置返回中立位置的速度应当相等。然后关闭开关，操纵驾驶杆，检查连通活门的工作。这时，驾驶杆的运动仍应平稳，而且操纵起来不十分费力。

需要注意的是,液压助力器是由精密度较高的零件组合而成的附件,只有在修理厂才能进行分解、修理和清洗。液压助力器各零件的尺寸和形状、零件间的配合间隙、零件表面的光洁度和密封装置的密封性等,都直接影响着助力器的工作性能。因此在修理工作中,应切实按工艺规程施工,严防碰伤和挤坏零件,并且要防止污物、金属屑进入助力器。

为了保证修理质量,对修理好的助力器,必须按照规定在试验设备上进行调整和检验:调整配油柱塞的长度;检查配油柱塞的交叠量和不灵敏范围;检查助力器的内部和外部密封性;检查传动活塞所能承受的最大载荷和运动速度;检验配油柱塞和传动活塞的摩擦力;检验助力器外筒的强度等。

任务测评

在机械式操纵系统中,由于助力操纵系统的使用,从而改善了飞机的驾驶品质,大大减轻了驾驶员的劳动强度。虽然不同飞机所使用的助力操纵系统形式,以及对应的感觉器构造可能有所不同,但它们的功用是相同的,工作原理也是相似的。

请学生研读"现代民航客机液压助力器及感觉机构",并掌握液压助力器的维护和修理事项。

模块 3　飞机操纵系统

任务 5　了解电传操纵系统的有关知识

知识目标

（1）了解电传操纵系统的发展历程。
（2）理解电传操纵系统的工作原理。
（3）掌握电传操纵系统中的余度技术概念。
（4）掌握电传操纵系统的优点和所存在的问题。
（5）了解 A320 飞机的电传操纵系统。

能力目标

（1）能解释电传操纵系统采用余度技术的原因。
（2）能描述电传操纵系统的主要优缺点。

情境创建

电传操纵系统是飞机操纵系统的一次革命，是随着飞机飞行控制技术的不断提高以及科学技术的发展而逐渐发展起来的。与传统的飞机操纵系统相比，从操纵杆到舵机之间的机械传动装置和液压管路除了在少数飞机上还保留了一小部分外，在绝大多数电传操纵系统飞机上已经看不到了。

任务实施

上课之前，教师请学生通过网络或图书馆查阅有关电传操纵系统的资料，从中了解哪些现代民航客机采用了电传系统，典型电传操纵系统主要由哪些部分组成，电传操纵系统有什么特点，并填写表 3.5.1。

表 3.5.1　电传操纵系统任务实施表

序号	飞机型号	系统组成	系统特点	系统有无备份
1				
2				
3				
4				

知识点 1　电传操纵系统概述

任何事物的发展都是由需要和可能这两个因素决定的，电传操纵系统的发展也是如此。它是随着飞机飞行控制技术的不断提高及科学技术的发展而逐渐发展起来的。

第二次世界大战后不久，出现了全助力操纵系统。在这种系统中，操纵钢索从驾驶杆直接连到作动器的伺服阀上，不再与操纵面发生直接机械联系。使用全助力操纵的主要原因是在跨声速飞行时,作用在操纵面上的力变化很大而且非线性很厉害。从操纵品质的观点来说,这样的飞机在操纵时从操纵面反传到驾驶杆上的力是难以接受的。

在全助力操纵系统中,不再必须需要驾驶员的体力去改变舵面状态,但驾驶员无法直观地感受到飞机所处的状态,因此,还必须借助一些力的反馈装置来提供人工杆力,这种人工杆力虽然在移动操纵面时不需要,但在操纵飞机时给驾驶员提供适当的操纵品质还是必要的。

随着飞机尺寸的继续增大和性能的进一步提高,增加稳定性、帮助驾驶员操纵变得十分迫切。于是,从全助力操纵系统又发展到增稳系统,如偏航增稳系统、俯仰增稳系统和横滚增稳系统。系统通过传感器反馈的飞机状态,在程序控制下自动控制舵机偏转,以保证飞机静稳定性。这种增稳系统与驾驶杆或脚蹬是互相独立的,因而增稳系统的工作不影响驾驶员的操纵。

虽然增稳系统可以增大阻尼、增大飞机的静稳定性,但在一定程度上却削弱了飞机操纵反应的灵敏度。为了克服这个缺点,在增稳系统的基础上又增加了一个指令模型,借助于载荷传感器或位移传感器,将驾驶杆或脚蹬的输出信号转换成电信号输出,经过指令模型,绕过机械系统,与增稳反馈信号进行综合,这就是所谓的控制增稳系统。这样的设计不但可以减少飞机所受的扰动,并且飞机仍然有较好的机动性能。

图 3.5.1 为增稳或控制增稳操纵系统中舵机与助力器的连接方式。从图中可知,无论采用哪种连接方式,在增稳或控制增稳操纵系统中都会发生力反传,其根本原因就是系统中有机械杆系的存在。

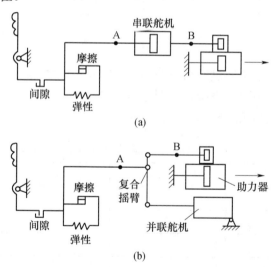

图 3.5.1　舵机与助力器的连接方式
（a）串联连接；　（b）并联连接。

从控制增稳系统发展到电传操纵（Flying By Wire）系统,实际上只是很小的一步,即通过增加一个离合器和其他机构,使机械系统在不使用的时候断开,就可以实现电传操纵。

进一步,只要把电传操纵系统中的机械备份完全去掉,系统就变成了全电传操纵系统。

因此,可以将电传操纵系统定义成这样的一个系统:电传操纵系统是将驾驶员的操纵信号,经过变换器变成电信号,然后通过电缆直接传输到自主式舵机上去,实现对舵面的操纵。现在所谓的电传操纵系统,已经没有了传统飞机操纵系统中的机械传动装置和液压管路,和过去布满飞机内部的从操纵杆到舵机之间的机械传动装置和液压管路相比,已经发生根本改变。所以,将电传操纵系统称为电子飞行控制系统也是非常恰当的了。

表3.5.2列出了国外一些飞机采用电传操纵的情况。由表可见,电传操纵系统可分为模拟式和数字式两种,而数字式电传操纵系统是发展的方向。这是因为,数字式比模拟式有许多优点,不但具有高度的灵活性,容易实现多种逻辑运算和电子综合化,而且在实施复杂控制律和修改控制律方面也很方便,尤其是如果与自动驾驶仪、导航和推力控制系统交联,就可以使飞机的操纵性能发生质的变化。

表3.5.2 国外部分采用电传操纵系统的飞机

飞机型号	协和	狂风	F-8	F-16	F-18	幻影2000
国家	法	英、法、意	美	美	美	法
备用形式	模拟+机械	数字+机械	数字+模拟	模拟	数字+机械	模拟
余度数	4	3	3	4	4	4
故障等级	双故障安全	双故障安全	双故障安全	双故障安全	双故障安全	双故障安全
飞机稳定性	稳定	稳定	稳定	放宽稳定性	稳定	接近中性稳定

电传操纵系统是一种利用反馈技术的电飞行操纵系统。它是在余度技术发展的基础上发展起来的。其安全可靠性由余度技术来保证。为此,在系统中常有备份系统,即采用余度设计。选择工作原理与主系统不相似的系统作为备份系统,如采用机械操纵系统(包括硬式和软式两种操纵形式,或混合形式)、电气操纵系统和模拟式电传操纵系统。对于采用数字式电传操纵系统为主操纵系统的,一般不再采用体积大且笨重的机械杆系作为备份系统,而通常采用模拟式电传备份系统。如果主系统的安全可靠性相当高,也可以不采用备份系统。在四余度或自监控的三余度系统中,电传操纵系统可以达到双故障安全的故障等级。

知识点2 电传操纵系统的组成和工作原理

1. 电传操纵系统组成

电传操纵系统主要由驾驶杆或脚蹬、传感器、前置放大器(包括指令模型)、机载计算机和伺服控制机构(执行机构)等部件组成,如图3.5.2所示。

电传操纵系统是把驾驶员发出的操纵指令变换成电信号,与飞机运动传感器返回来的信号综合比较,其误差信号经计算机处理放大,通过电缆或导线输出一个操纵舵面的指令信号给作动器,使舵面偏转,而对飞机进行全权限操纵的一种人工飞行操纵系统。

当飞机运动参数达到驾驶员希望的操纵数值时，则舵面停止偏转（因误差趋于零），使输出信号与杆力传感器（或杆位移传感器）的电信号指令相比较而形成新的误差信号，以此操纵舵面偏转，使飞机自动地回复到原运动状态。

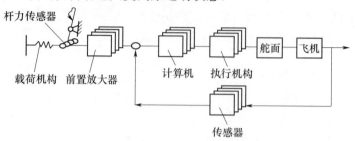

图 3.5.2　四余度电传操纵系统组成

小贴士：操纵权限就是操纵舵面的行程。有限行程，称为有限权限；全行程称为全权限。在增稳系统中，对舵面的操纵权限只有最大偏航角的 5%~10%；而控制增稳系统的操纵权限增大了，但也只有 30% 左右。

在电传操纵系统中，驾驶杆有时候由侧杆来代替，如图 3.5.3 所示的 A320 飞机的电传操纵机构。侧杆是侧杆操纵器的简称。它是一种力信号输入、电信号输出的小型侧置手操纵机构，通过前后、左右摆动操纵，可以发出互不干扰的电信号，使飞机产生纵向和横向运动。其具体结构、力特性与驾驶员的生理特点、操纵感觉、飞机操纵性能有关。由于侧杆操纵器具有重量轻、空间尺寸小的特点，从而改善了驾驶员观察仪表的视线。

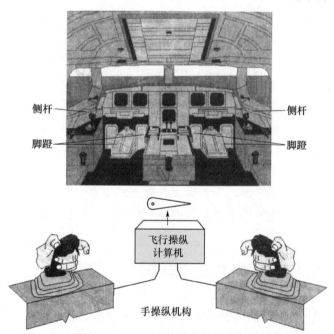

图 3.5.3　A320 飞机的电传操纵机构

2. 电传操纵系统工作原理

图 3.5.4 为四余度电传操纵系统原理图。它由 A、B、C、D 四套完全相同的单通道电传操纵系统按一定的关系组合而成。

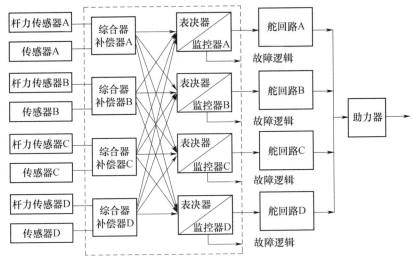

图 3.5.4 四余度电传操纵系统原理图

1) 故障监控+信号表决

图中表决器/监控器是用来监视、判断四个输入信号中有无故障信号,并从中选择正确的无故障信号,如果四个输入信号中任何一个被检测出是故障信号后,系统就自动隔离这个故障信号,不使它再输入到后边的舵回路中去。

2) 双故障安全(故障隔离+系统重组)

当四套系统都工作正常时,驾驶员操纵驾驶杆经杆力传感器 A、B、C、D 产生四个同样的电指令信号,分别输入到相应的综合器/补偿器、表决器/监控器中,通过四个表决器/监控器的作用,分别输出一个正确的无故障信号加到相应的舵回路,四个舵回路的输出通过机械装置共同操纵一个助力器,使舵面偏转,以操纵飞机产生相应的运动。

如果某一个通道中的杆力传感器或其他部件出现故障,则输入到每个表决器/监控器的四个输入信号中将有一个是故障信号,此时由于表决器/监控器的作用,可以将这个故障信号隔离。因此,每个表决器/监控器按规定的表决方式选出工作信号,并将其输入到舵回路,于是飞机仍按驾驶员的操纵意图做相应运动。如果某一个通道的舵回路出现故障,由于舵回路采用的是余度舵机,所以它本身能自动切除与助力器的联系,这样到助力器去的仍是一个正确无故障信号。同样,如果系统中某一个通道再出现故障,电传操纵系统仍能正常工作,而且不会降低系统的性能。

由此可见,四余度电传操纵系统是具有双故障工作等级的操纵系统。实际上,四余度电传操纵系统仍是人工操纵系统,且是由余度技术来保证其安全可靠性的双故障/工作电传操纵系统。

知识点 3　电传操纵系统的可靠性与余度技术

通常,采用飞机损失概率来表示飞机的安全可靠性指标。

实践证明,在电传操纵系统中遇到的最大问题就是可靠性问题。因为电子器件都是拥有一定可靠性的产品,如果是仅采用单通道电传操纵系统,其故障率通常只能达到 1×10^{-3}/飞行小时,与机械传动系统的可靠性相比是很低的。

根据可靠性理论计算，系统多余度数目 n 与最大损失率 Q_s 间的关系如图 3.5.5 所示。

由图可知，当电传操纵系统为四余度系统时，故障率可以满足系统要求。因此，为了使电传操纵系统具有不低于机械操纵系统的可靠性，目前世界各国均以 1×10^{-7}/飞行小时的故障率作为电传操纵系统的可靠性指标。

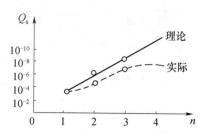

图 3.5.5 系统多余度数目与最大损失率间的关系

所以，要想保证电传操纵系统的可靠性，就必须需要采用余度技术。所谓采用余度技术，就是引入多重（套）系统来执行同一指令，完成同一项工作任务。多重（套）系统也称余度系统。从图 3.5.2 可以看出，在系统中，前置放大器、计算机、执行机构和传感器均有四个，即有四套系统。这个多重系统同时满足以下条件。

（1）对组成系统的各个部分具有故障监控、信号表决的能力。

（2）一旦系统或系统中某部分出现故障后，必须具有故障隔离的能力，即在发生故障时，系统应具有第一次故障能工作，第二次故障还能工作的能力。

（3）当系统中出现一个或数个故障时，它具有将余下的完好部分重新组织，使系统具有故障安全或双故障安全的能力，即在性能指标稍有降低情况下，系统仍能继续承担正常任务。

采用余度系统的目的是为了增加系统的可靠性，其实质是通过消耗更多的能源来换取可靠性的提高。只要电传操纵系统具有四余度设计，则系统的故障率可以满足要求，即系统的可靠性不低于不可逆助力操纵系统的可靠性

可见，电传操纵系统是现代技术发展的综合产物。微电子技术和计算机科学的发展，可靠性理论和余度技术的建立为电传操纵系统奠定了坚实的基础，余度系统的采用才使系统具有了较高的安全可靠性。因此，电传操纵系统在现代民航飞机中的广泛应用也是事物发展的必然结果。

知识点 4　电传操纵系统的优点及存在的问题

传统的机械操纵系统存在许多缺点，如重量大、体积大、存在非线性（摩擦、间隙、弹性变形）、机构复杂等。如某飞机的机械操纵系统，铰支点就有 114 个，每个铰支点都是一个摩擦源和可能的故障源。但机械操纵系统也有一个非常大的优点，就是可靠性较高。而电传操纵系统的优缺点大体上与机械操纵系统相反，尤其是单通道电传操纵系统的可靠性远不如机械操纵系统，但采用余度技术后，电传操纵系统的可靠性就可大大提高。

1. 电传操纵系统的优点

（1）减轻了操纵系统的重量。按操纵系统的重量百分比来考虑，使用电传操纵系统可减轻的重量是相当显著的，大型运输机可减轻 84%，直升机可减轻 86%。

（2）减少体积。常可减少原机械操纵系统所占有空间的 1/2。

（3）节省设计和安装时间。对于大型飞机来说，每架飞机仅生产工时就可节约 5000h 左右。

(4) 提高生存力。电传操纵系统总线（导线）可在机翼和机身内分散布置。

(5) 消除了机械操纵系统中的摩擦、间隙、非线性因素及飞机结构变形的影响。采用电传操纵系统后，这些影响自然消失。不仅如此，在飞机设计时，可以应用某种结构模态稳定措施，从而有效提高飞机构架的刚度，增加系统的疲劳寿命。

(6) 简化了主操纵系统与自动驾驶仪的组合关系。由于电气组合简单化，使电传操纵系统与战术武器投放系统、自动跟踪系统、自动着陆系统等自动控制系统的结合变得方便，且易于实现。

(7) 可采用小侧杆操纵机构。采用小侧杆操纵机构可减轻驾驶员的工作负担，同时驾驶员观察仪表的视线不再受中央驾驶杆（盘）的影响，也消除了重力加速度对驾驶员给驾驶杆输入量的影响。

(8) 飞机操稳特性不仅得到根本改善，且可以发生质的变化。由前面分析可知，电传操纵系统不仅能改善飞机的稳定性、操纵性，而且能改善机动性，这是电传操纵系统最突出的优点。

2. 电传操纵系统存在的问题

(1) 单通道电传操纵系统的可靠性不够高。由于单通道电传操纵系统中的电子器件质量及设计方面的因素，使得单通道系统的可靠性不够高。所以，目前均采用三余度或四余度电传操纵系统，并利用非相似余度技术设计备份系统，如四余度电传操纵加二余度模拟备份系统。

(2) 电传操纵系统的成本较高。就单套系统来说，电传操纵系统的成本低于机械操纵系统，但由于余度设计的原因而提高了成本。

(3) 系统易受雷击和电磁脉冲干扰影响。电传操纵系统抵抗雷击和电磁脉冲干扰的能力较差，现代飞机越来越多地采用了复合材料，其使用率可达30%左右。这样，系统中的电子元件就失去了飞机金属蒙皮的屏蔽保护，故抗电磁干扰和抗核辐射的问题更为突出。所以，电传操纵系统需要解决雷击和电磁脉冲干扰的损害。目前，解决这些问题的唯一办法是采用光纤作为传输线路。因为光纤是介质材料，不向外辐射能量；不存在金属导线所固有的地环流及由此产生的瞬间扰动；对核辐射电磁干扰不敏感；可以隔离通道之间故障的影响；光纤系统传输容量大，一根光纤就能传输视频、高频及数据信息。由于光纤技术和数字式电传操纵系统的发展，出现了光传操纵系统。从功能来讲，光传操纵系统就是应用光纤技术实现信号传递的操纵系统。当然，这种系统还存在强度、成本、地面环境试验问题及光纤维和飞机结构组合等问题有待进一步解决。

(4) 尚无一套现成的品质规范可循。对电传操纵系统来说，目前尚无一套现成的品质规范可以遵循，因此还需要尽快地制定出既符合国际标准，又适合本国实际情况的飞行品质规范。

实例链接　A320飞机的飞行控制系统

1. 概述

A320是欧洲空中客车工业公司研制的一种新型双发近、中程客机。该飞机于1987年3月试飞，1988年2月取得适航证，第一架生产型于1988年交付。A320是第一架采用侧杆控制器的电传控制的民航客机。方向舵和平尾配平的机械操纵设计，使飞机在即使发生全部电气系统故障时,驾驶员仍能安全操纵飞机着陆。在电子飞行控制系统设计中,采用了多种余度和安全性概念,从而能保证失去全部电子控制的概率仅为 10^{-10}。

飞机采用电传操纵系统后,其操纵机构完全打破了传统意义上手操纵机构的结构,将主操纵系统的手操纵机构采用侧杆设计,放置在左、右侧台上。侧杆看起来像一个电脑"游戏杆"(图 3.5.3),清除了驾驶员前面的空间,使舱内更加宽敞。除了 12 块备用的主要数字式仪表外,全部数据都显示在"T"形的六块彩色阴极射线管显示器上,可以用于电子姿态指引仪、电子水平情况显示器和集中式飞机监控告警系统的显示。

2. 基本系统结构

1)系统构成

图 3.5.6 为 A320 飞机的电传飞行控制系统结构示意图。整个系统采用非相似余度设计概念,可以分成两个独立的系统,分别以升降舵/副翼计算机(ELAC)和扰流片/升降舵计算机(SEC)为核心。它们均可在自己的权限内,通过分离操纵面去控制飞机运动。ELAC 系统操纵副翼,升降舵和平尾分别进行横滚控制、俯仰控制和自动俯仰配平;SEC 系统操纵每个机翼上的五块扰流片,横滚控制用四块外侧扰流片,减速时用三块内侧扰流片,着陆减小升力时用全部五块扰流片。方向舵配平是通过两台飞行增稳计算机(FAC)实现的,而辅助操纵面缝翼和襟翼的操纵是通过两台缝翼/襟翼控制计算机进行的。

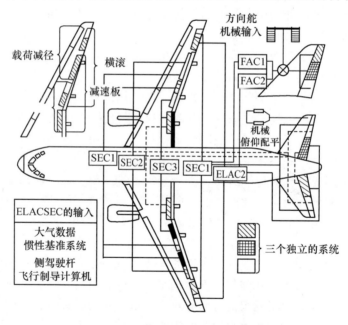

图 3.5.6 A320 飞机的电传飞行控制系统结构

主操纵系统中的五台控制计算机由两台 ELAC 和三台 SEC 组成,其中任何一台都能控制 A320 飞机的飞行。虽然权限将降低,但这将提高系统余度水平的等级,使 A320 飞机失去全部电子控制的概率仅为 10^{-10}。一旦全部电子控制系统失效,A320 飞机仍可在方向舵和平尾配平的机械备份操纵情况下实现安全着陆。

2)系统特点

(1)能使飞机在正常飞行包线内具有良好的中立静稳定度和纵向短周期安全性。因为在中立静稳定下杆力很小，易于进行人工操纵，使采用侧杆控制器成为可能。A320飞机侧杆控制器采用位移传感器，每个轴上有10个传感器。

（2）A320飞机的俯仰控制是通过施加俯仰速率和法向过载的混合反馈，从而使系统得到最好的操纵品质。在飞行速度大于370km/h时，飞行操纵的主要基准是法向过载，速度小于此值时，为改善动态响应，逐渐引进俯仰速率反馈信号。在速度减小到278km/h以前，这两个数的作用是相同的。但当速度小于平飞失速速度的1.3倍时，原来的控制律将被迎角指令控制律代替，迎角则成为主要基准。

（3）滚转操纵由机翼外侧副翼和四块外侧扰流板实现，基本偏航操纵由方向舵实现。操纵滚转率一般为13°/s，最大允许值为25°/s。电传操纵系统能提供良好的姿态保护和单发停车补偿。一般情况下，飞机倾斜角最大允许为65°，如出现超速警告，这个限制值降为40°。为留出改出倾侧的余度，实际倾斜角不能超过33°。

（4）侧杆操纵手柄在俯仰操纵方向的最大偏角为±16°，相应最大杆力100N；在滚转操纵方向的最大偏角为±20°。两套侧杆控制器之间通过电子线路连接，一般情况下，两名驾驶员不能同时操纵飞机。为了解决两名驾驶员操纵输入可能不一致的矛盾，在电子线路中加装了一个比较装置。如果操纵输入不同，电传控制系统则取其代数叠加。当一名驾驶员认为有必要停止或取消另一侧控制器的输入时，只要按压自己手柄顶端的按钮，面前荧光屏上会显示绿灯亮，而对方荧光屏上则会显示红灯亮。

（5）系统使用三套$2110N/cm^2$的液压系统，分别标以绿、黄、蓝三种颜色。绿、黄系统是互相连通的，每台发动机带动一套。若其中一套发生故障，则由另一套提供液压。蓝色系统由空气冲压涡轮带动。

（6）系统使用三套400Hz、115/200V三相交流电源，其中两台恒频电机由发动机驱动用于正常供电，另一台由辅助动力装置恒速驱动供地面使用，同时也能作为飞行中的备用电源。

（7）ELAC和SEC采用非相似余度技术设计。每台计算机都有两台单独的微处理机，且采用不同软件编制，一个执行控制而另一个作为监控。因此，所有计算机都能连续进行自检。

3. 基本功能

1）俯仰控制

A320飞机的俯仰控制是通过升降舵和可配平水平安定面的运动实现的。来自侧杆控制器的指令信号和自动驾驶指令信号在飞行控制计算机内综合。正常情况下，水平安定面和升降舵将由ELAC控制。一旦两套ELAC发生故障，则自动转为由SEC控制。

每个升降舵有两套使用不同液压源的液压作动器，从而提高了系统的工作可靠性。水平安定面也能实现人工配平，通过配平轮和钢索系统来实现，从而可保证最低限度的飞行安全。

2）横滚控制

A320飞机的横滚控制是通过副翼和四对外侧扰流片的运动实现的。来自侧杆控制器的指令信号和自动驾驶指令在飞控计算机中综合。正常情况下，副翼由ELAC控制，扰流片由SEC控制。一旦ELAC或SEC故障，则横侧控制将只有通过副翼或扰流片进行控制。

每个操纵面均有独立液压源的液压作动器操纵。每个扰流片有一个伺服阀控制，而每个副翼由两个伺服阀控制。

阵风载荷减载系统使用副翼和两对外侧扰流片实现。

3）偏航控制

A320飞机的偏航控制由方向舵作动器驱动方向舵的运动实现。方向舵作动器由三个不同液压源的伺服阀驱动。方向舵配平由脚蹬和钢索系统实现，从而保证最低限度的飞行安全。

偏航阻尼功能在整个飞行包线范围内均可使用。

4. 主要分系统

1）集中式飞机监控告警系统（ECAM）

A320飞机采用电子式集中监控告警显示。在主仪表板的中央有上下两块彩色显示器，显示器1（DU1）用于发动机参数、襟翼和前缘缝翼位置、油量及其他装置的工作状态显示；显示器2（DU2）用于各飞行阶段有关系统数据故障状况的显示。通过监控告警系统控制台可以人工选择所需的系统状况显示。

2）飞机阵风载荷减轻系统（LAS）

A320飞机的电子飞行控制系统（EFCS）具有阵风减载功能。设计目的是把翼根处由阵风引起的总的对称向上弯曲力矩减小15%，从而容许减轻机翼顶部的蒙皮结构。

阵风减载系统的垂直加速度计安装在机身中心线上，而且对机翼上的载荷有足够的相位超前，因此对飞机的颤振稳定性不会产生不良影响。作为控制回路反馈的垂直加速度信号，通过滤波器滤掉高频噪声后，进入飞行控制计算机处理。为防止经常以低幅度作动操纵面，减载系统的动作门限为0.3g。阵风减载系统的作动面利用了副翼和两对外侧扰流片。

3）电子飞行仪表系统（EFIS）

A320飞机的电子飞行仪表采用四管方案。每个驾驶员面前有两个电子显示仪表，一个是电子姿态指引仪，用以提供飞机姿态和驾驶员需要的全部操纵信息；另一个是电子水平情况显示器，用于显示多种导航信息；再加上中央仪表板上配置的两个集中式飞机监控告警显示器，将传统的机电式仪表几乎全部取消。

电子飞行仪表系统通过数字总线可以与飞行控制计算机、飞行管理计算机、仪表着陆系统和其他传感系统交联，能为驾驶员提供精确而快速判读的信息。

4）综合飞行管理系统（FMS）

A320飞机的飞行管理系统由飞行管理制导计算机、飞行增稳计算机、飞行控制面板和控制显示装置组成。A320飞机的综合飞行管理系统采用了将电子飞行控制系统与飞行管理系统相结合，初步实现了对飞行的综合管理。

飞行管理制导计算机综合来自无线电导航系统、大气数据和惯性量测系统的信息。它通过飞行控制计算机将必需的指令信号传输给俯仰和横滚操纵面；通过飞行增稳计算机将指令信号传输给方向舵，将推力管理信号传输给全功能数字式发动机控制装置，从而实现飞机的横侧和垂直面导航功能。

任务测评

学生通过查阅资料及本任务各知识点的学习，对电传操纵系统的发展历史、系统基本组成及余度技术在其中的应用都有了比较清楚的认识。请学生研读"A320 飞机的飞行控制系统"，帮助学生进一步理解，并就电传操纵系统完成表 3.5.3。

表 3.5.3 总结飞机电传操纵系统特点任务测评表

系统基本组成		优 点	缺 点
	1		
	2		
	3		
	4		
	5		
	6		
	7		

模块 4　飞机供油与放油

📖 模块学习基本目标 📖

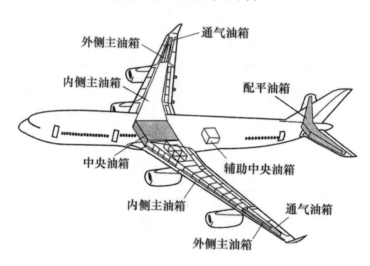

知识目标

- 了解航空燃油的特点、爆震现象及抗爆措施。
- 了解飞机燃油系统的功用、结构与组成。
- 掌握飞机的供油方式及其优缺点、燃油供油顺序。
- 了解飞机加油的注意事项及必须按一定顺序供油的原因。
- 了解燃油系统腐蚀的防护。
- 了解燃油渗漏的检查方法。

能力目标

- 知道航空燃油的特性及如何安全使用航空燃油。
- 掌握燃油附件的工作原理、结构及安装。
- 熟练掌握加油的方法和加油注意事项。
- 知道飞机抽油系统的原理与工作过程。
- 掌握燃油系统腐蚀的预防与处理。
- 掌握各种渗漏的检查与维护方法。
- 掌握燃油管路及其附件渗漏的处理方法。

任务 1　认识航空燃油及燃油系统

知识目标

(1) 了解航空燃油的特点。
(2) 学习燃油的爆震现象及抗爆措施。
(3) 掌握飞机燃油系统的功用。
(4) 掌握燃油系统的结构与组成。
(5) 了解飞机油箱的种类及其优缺点。
(6) 掌握通气系统的组成及工作过程。
(7) 熟悉燃油箱通气系统的作用。

能力目标

(1) 能描述航空煤油的特性，知道如何安全使用航空燃油。
(2) 能描述燃油系统的总体结构和组成，了解它们的主要功用。
(3) 能够描述飞机燃油箱的结构及通气系统原理。

情境创建

飞机的飞行需要很大的动力。目前，飞机的能量主要来源于燃油，往往一次飞行就需要大量的燃油，而且对燃油有一定的要求，如热值要高、含水量要低等。因此，有必要了解燃油的特点及这些燃料在飞机上的储存情况等。

任务实施

学生根据过去的生活经验，列举燃油（主要是汽油）的性质，说明燃油的特点。
根据汽车和摩托车的燃油系统结构，列举出燃油系统都由哪些组件组成，说出各个组件的功用。

知识点 1　航空燃油的特点

航空燃油常用的有航空汽油与航空煤油两大类。喷气发动机使用的基本都是航空煤油。我国现用的有喷 A（JetA）与喷 B（JetB），国外有 JP4、JP5、JP8 等，JP4 与 JetB 相当，JP5 与 JetA 相当。JetB 是种宽馏分燃料，是汽油与煤油的混合物，汽油约占 50%～60%，挥发性较高。

飞机对燃油的要求是高热值、高挥发性、高纯度、低冰点、低腐蚀性和低燃点。但有的要求又会带来负面影响，只能综合考虑。

1. 挥发性

挥发性是液体物质在给定条件下蒸发的趋势。航空燃油是由有着不同饱和蒸汽压的碳氢化合物组成。当燃油蒸发时，具有高饱和蒸汽压的易挥发馏分首先变为气态，同时剩余燃油的饱和蒸汽压随着降低。气相容积与液相容积之比越大，易挥发馏分就少得越多，饱和蒸汽压就越低。燃油的蒸发是轻馏分粒子从表面蒸发，又有新的粒子从燃油中升到表面上来，就这样连续不断地上升、蒸发。对液体的振动、搅拌和传输都加强了液体的对流，从而也加快了轻馏分粒子上升的速度，加大了蒸发量。易挥发的燃油在高空飞行中，由于大气压降低，自然流失就多。

2. 可燃性

喷气燃油闪点很低，在密封杯中（1个标准大气压以下），JP4为23℃～1℃，而一般煤油为43℃～60℃，可见燃油是很容易着火的。燃油的可燃性除与闪点有关，还与气相与液相的容积比有关，即与油箱中"油—空气"混合气的混合比有关，只有在一定的混合比下才可能因火花或火焰引起发火。混合比由混合气中的燃油量来确定，即由油面上压力和燃油温度来确定。

小贴士：在稳定的空气环境中，可燃性液体或固体表面产生的蒸汽在试验火焰作用下被闪燃时的最低温度称为闪点。闪点又叫闪燃点，是可燃性液体表面上的蒸汽和空气的混合物与火接触而初次发生闪光时的温度。各种油品的闪点可通过标准仪器测定。液体挥发的蒸汽与空气形成混合物遇火源能够闪燃的最低温度采用闭杯法测定。闪点温度比着火点温度低些。从消防观点来说，液体闪点就是可能引起火灾的最低温度。闪点越低，引起火灾的危险性越大。

3. 纯度

纯度是指燃油中的杂质含量，而不含一点杂质是很难做到的。燃油中含有芳烃、烯烃、硫、酸及胶质等。芳烃多了会在燃烧室出现积碳，也会使腈橡胶的膨胀率超过规定值。硫和酸对金属有腐蚀作用。酒精对大多数密封材料不利。低分子量的烷基苯使弹性体膨胀率高过高分子量的烷基苯的作用，所以用JP8更替JP4之后引起了油箱更多的渗漏。

另外，为了改善燃油的特性，燃油中也会特意加进一些添加剂。当前，加进的添加剂有腐蚀抑制剂、静电消散剂、抗氧化剂、防水添加剂、防火防爆剂和金属钝化剂等。并不是在每种燃油内都添加所有的添加剂，而是根据当时的环境条件和使用要求来综合考虑。

4. 燃油中的空气

燃油会溶解一些空气，在所溶解的气体中氧的含量比空气中氧的含量高。空气中氧含量约占20.9%，而在燃油溶解的气体中氧含量可达32%～40%。当大气压力下降，所溶解的气体会析出，无疑增加了混合气中氧的浓度，这对防止燃油自燃是不利的。因此，在加油前用干燥的惰性气体使燃油饱和，且可使燃油脱水，从而减少了系统中结冰和产生微生物的可能性。燃油中溶解的气体随大气压力降低而析出，再加上燃油本身的挥发，会在管道中形成大的气泡，严重时会形成气柱，影响对发动机的燃油输送，同时会导致发动机熄火，形成气塞现象。

5. 燃油中的水分

所有燃油都会溶解水分，空气中湿度加大使其溶解度也会增加。在高空中，被溶解的水会析出，喷气燃油的黏性相对大些，析出的水会以悬浮方式存在，不会很快下沉，从而形成游离水或乳浊状。空气中的水蒸气在温度下降时也会以水滴或霜的形式凝结于油箱壁面上，一旦受热会有很多水掉进燃油中，有一小部分被溶解，大部分会沉积于油箱底部。油箱中的燃油越少和停飞时间越长，燃油系统中的水分也越多。沉积的水在搅动后会形成乳浊状悬浮。当温度低于水的冰点，悬浮的水会结成冰晶，堵塞油滤并使附件磨损。进入导管中的水受冻结冰，会使导管截面变小，影响燃油的流量。

知识点 2　燃油的爆震现象及抗爆措施

1. 爆震

当活塞发动机工作时，燃油（汽油）开始燃烧，已燃区内燃气热量增多，压力和温度升高。由于燃气压力的升高而产生一系列压缩波，并以声速前进，超过火焰前锋移动的速度，从而压缩未燃区的混合气，由于燃气温度升高，热量会向未燃区混合气传递。这样，未燃混合气由于压缩和传热的作用，压力和温度将升高很多，过氧化物浓度将大为增加。当过氧化物生成速度不很大，浓度还在一定值时，汽缸内的燃烧仍能正常进行，火焰前锋正常移动，汽缸内压力、温度是均匀的；但当未燃区混合气中的过氧化物生成速度很大，浓度积累到一定值时，在火焰前锋未到达之前，未燃区中受挤压特别厉害的那部分混合气就会发生剧烈的化学反应而自行着火。这时，火焰传播速度极大，局部燃气的压力和温度急剧上升到很大值形成爆炸性燃烧，也就是爆震。燃烧速度的骤然猛增会导致汽缸头温度升高，甚至导致汽缸头和活塞的结构损坏。

2. 航空汽油的抗爆措施

燃油本身所具有的抵抗、阻止爆震发生的性能称为燃油的抗爆性。为提高航空汽油的抗爆性，需要加入抗爆剂。常采用的抗爆剂是铅水，含有四乙铅和溴化物（或氯化物）。加入铅水的汽油燃烧时，四乙铅与氧化合生成氧化铅，能阻止混合气中过氧化物的大量生成，故能提高燃料的抗爆性。但生成的氧化铅呈固体状态，会沉积在气门或电嘴上，使气门关闭不严或电嘴不跳火。铅水中的溴化物（或氯化物）能与固态的氧化铅化合生成气态的溴化铅（或氯化铅）随废气一同排出机外。

知识点 3　燃油系统的组成和要求

1. 燃油系统的主要功用

（1）存储燃油。飞机油箱中存储着飞机完成飞行任务所需的全部燃油，包括紧急复飞和着陆后的备用燃油。

（2）可靠供油。飞机燃油系统可在各种规定的飞行状态和工作条件下保证安全可靠地将燃油供向发动机和 APU。

（3）调节重心。通过燃油系统，可调整飞机的横向和纵向重心位置。横向重心调整可保持飞机平衡，减小机翼结构受力；纵向重心调整可减小飞机平尾配平角度，减小配平阻力，降低燃油消耗。

（4）冷却介质。燃油还可作为冷却介质来冷却滑油、液压油和其他附件。

2. 燃油系统的组成

作为一个燃油系统，至少要有油箱、管道、油滤、截止阀和油量表等部件。最简单的燃油系统是靠重力供油的活塞式发动机的汽油系统。油箱相对于汽化器有一个高度，形成一定的压力，使汽油能顺畅地到达汽化器。油箱顶部有个加油口，也是油箱的通气口；油箱底部有一放油口，也是排污口。在油滤之前有切断阀，也是防火阀，另有一启动泵可在启动时注油。以上所说的系统虽然很简单，但满足了对燃油系统所提的基本要求。当燃油量加大又不能相对于主泵有足够的压力时，就要采用增压泵来给燃油加压，即构成压力供油（输油）系统。增压泵放在油箱下面，也可以装在油箱内的底部。

燃油系统通常由燃油箱、油箱通气系统、加油/抽油系统、供油系统、空中应急放油系统和指示/警告系统等部分组成。

3. 对燃油系统的要求

为了保证燃油系统在所有正常飞行状态下都能够可靠地向发动机供给所需燃油，并且确保飞行中飞机和乘员、旅客的安全，许多国家都颁布有各类飞机的适航条例。例如，美国有联邦航空条例（FAR），欧洲有欧洲联合航空条例（JAR），中国有中国民用航空适航条例（CCAR）。条例中对燃油系统都有详细具体的要求，这些要求是必须满足的。

对燃油系统的主要要求有如下内容。

（1）压力供油系统应能提供飞机在起飞时所需流量的 1.25 倍燃油。

（2）燃油增压泵一般安装在油箱的最低点，以保证系统在起飞、着陆、启动和高空时都能有效地工作，还要有足够的能力当发动机驱动的油泵失效时以替代之。

（3）当增压泵全部失效时，通过重力供油方式，靠发动机驱动的油泵的抽吸作用，仍能向发动机供油。

（4）每个油箱至少有两台增压泵。任何正常飞行姿态下，每个油箱至少要有一个油泵能泵出燃油。

（5）对多发动机的燃油系统，应能从各自相应的油箱供油，但应急时，也可以从一个油箱向所有发动机供油。

（6）燃油系统可实现交叉供油，但不能在油箱间有溢流现象发生。

（7）通往每台发动机的管道上应装有防火切断阀，以保证在意外情况下能切断输往发动机的燃油供给。

（8）油箱应通气。通气系统应在任何飞行状态下都能提供足够的通气流量，且能防止燃油从通气管道溢出。通气系统应使油箱内有正压，不出现负压，以保证增压泵运转正常。

（9）应有水分收集和排水设施，以排除积水或受污染的脏油。

（10）应设通气集油箱，阻止燃油向机外溢出，收集到的燃油在主油箱耗去大部分燃油后，可以靠重力流入主油箱。

（11）机翼油箱中应有挡板，以防止飞机在机动飞行时因燃油流动而引起的平衡问题。

（12）燃油管道的尺寸应保证有足够的流量，且没有小半径的弯折和急剧的弯曲上升或下降，因为这些地方会引起蒸汽的集聚而导致气塞。

（13）所有油箱的内部、外部和附件都是可以接近的，以便维修。

（14）输油系统应保证随着燃油的消耗，其重心的变化能符合要求。

（15）当在机身尾部装有发动机或辅助动力装置时，通过机身的燃油管道应有同心套管，以收集渗漏出来的燃油，并将渗油引向机身腹部，而后排出机外。

（16）在多发动机飞机的燃油系统中，任何一个附件或组件的失效，最多只能导致一台发动机停车。

（17）燃油系统应能防止燃油蒸汽的意外点燃。

（18）多油箱供油时，不允许在顺序更换供油油箱的过程中有超过 10s 的缺油。

（19）在防火墙的发动机一侧，不应有油箱，油箱与防火墙至少有 38mm 以上的间隔。

（20）每个油箱至少有 2% 以上不能充油的膨胀空间。

（21）当飞机着陆时，应有紧急放油系统使飞机重量降到允许的最大着陆重量。在放油系统工作中，放油阀可以人工关闭。

（22）燃油系统应有抗污染、防水与防气塞的措施。

知识点 4　油箱的类型及布置

1. 油箱的类型

飞机油箱的作用是存储飞行所需的燃油。飞机油箱有三种类型，即软油箱、硬油箱和结构油箱。

1）软油箱

软油箱是用耐油橡皮、胶层和专用布等胶合而成，一般应用在老式飞机和某些单翼飞机的中央油箱上。目前，软油箱在大型民航运输机上已很少采用。

2）硬油箱

由防腐能力较强的铝锰合金制成箱体，箱内有防止油液晃动的带孔隔板，隔板可以提高油箱强度和刚度。目前，硬油箱通常作为大型飞机的中央辅助油箱。

3）结构油箱

现代飞机的油箱大多采用结构油箱，即利用飞机机身、机翼或尾翼的结构元件直接构成的油箱，如图 4.1.1 所示。结构油箱又被称为整体型油箱。整体型油箱是飞机结构的一部分，因此在接缝、结构紧固件和接近口盖等处应妥善密封。

结构油箱的优点：结构油箱内的翼肋可防止油液发生晃动，翼肋底部有单向活门，使油液由翼尖流向翼根。结构油箱可充分利用机体内的容积，增大储油量，并减小飞机的结构重量。

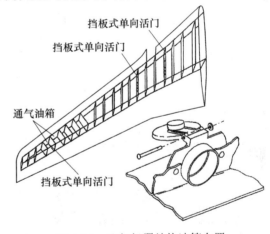

图 4.1.1　飞机机翼结构油箱布置

2. 油箱的布局

一架飞机上会布置多个油箱，即中央油箱和机翼主油箱，在主油箱外侧还设有通气油箱。有些飞机还配有机尾配平油箱和中央辅助油箱。

1）中央油箱

中央油箱位于中央翼盒内，油箱内的隔板可防止飞机在机动飞行时燃油发生晃动。飞行中，为减小机翼根部所受的弯矩，中央油箱的油液应首先使用。当油箱中油液耗空时，油箱内充满燃油蒸汽。当燃油蒸汽浓度在着火（爆炸）浓度范围内时，遇到高温或火花（静电或通过油箱的电缆故障）会导致油箱起火爆炸。为消除油箱起火爆炸的危险，设计中央油箱时必须考虑加装惰性气体抑爆系统或设置无油干舱。

某些飞机采用了其他解决办法，即取消独立的中央油箱，沿飞机纵剖线将中央油箱分开，分别与左右主油箱相通，构成双油箱布局。此种设计虽然省略了中央油箱惰性气体抑爆系统，但飞行中机翼受力情况不如"三油箱"（即中央油箱+两侧的机翼主油箱）布局。

2）主油箱

机翼上的结构油箱称为主油箱，一般将左侧主油箱称为1号主油箱，右侧主油箱称为2号主油箱。主油箱上表面一般都有重力加油口，下表面装有数个油尺，翼肋底部有单向活门，使油液由翼尖流向翼根。主油箱内的翼肋可防止油液发生晃动。

为了减小翼吊发动机（图4.1.2）对主油箱的影响，某些飞机在其主油箱发动机上方的高温区域设置了干舱。干舱内不存储燃油，因此干舱内不会存在燃油蒸汽，从而达到了防火的目的。图4.1.2为波音777飞机的油箱干舱系统，为了防火，波音777设置了三个干舱，即中央油箱干舱和左、右机翼干舱。

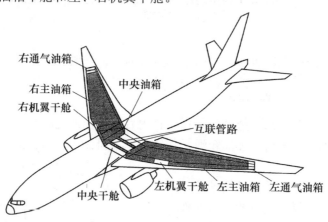

图4.1.2　波音777油箱干舱示意图

3）通气油箱

通气油箱位于主油箱外侧、靠近翼尖的区域内。通气油箱内不装燃油，仅用于油箱的通气。

4）配平油箱

某些大型飞机有配平油箱。配平油箱装在飞机尾部，一般安装在水平安定面内。在飞行中，燃油管理系统可根据需要将燃油送入（或排出）配平油箱，调整飞机重心的位置，减小飞机平尾配平角度，降低配平阻力，达到提高飞机燃油经济性的目的。

5）中央辅助油箱

中央辅助油箱作为飞机正常油箱系统的补充，用于提高飞机的航程。中央辅助油箱外形与标准货运集装箱类似，安装在飞机的前后货舱内，通过专用的供油管路和通气管路与飞机燃油系统相连。在飞机内配置中央辅助油箱时，应注意对飞机重心的影响。

知识点5　油箱通气系统

1. 通气系统的作用

当油箱内的供油泵向发动机供油时，油箱油面会随之下降，若油箱密闭，油箱内就会形成负压，这种负压不仅会导致供油泵吸油困难，造成供油中断，还会造成油箱因外部气压大于油箱内气压而受到挤压,最终导致结构损坏。通过油箱通气系统为油箱内通气,可以防止以上故障的出现。简单来说,油箱通气系统具有三方面的作用,即平衡油箱内外气体压力,确保加油、抽油和供油的正常进行;避免油箱内外产生过大的压差造成油箱结构损坏;通过增压作用确保供油泵在高空的吸油能力,提高供油可靠性。

燃油通气系统不能将油箱简单与外界大气相通。油箱通气系统必须满足的要求是,要防止燃油蒸汽从通气口溢出而引起火灾,同时防止飞机姿态改变时燃油从通气口洒出。

2. 通气系统的组成

图 4.1.3 为飞机燃油通气系统,系统主要由通气油箱、通气管两大部分组成。为了确保通气系统的安全和正常工作,通气油箱(图 4.1.4)和通气管上还有一些关键元件,即火焰抑制器、安全释压活门、单向活门、浮子活门等。

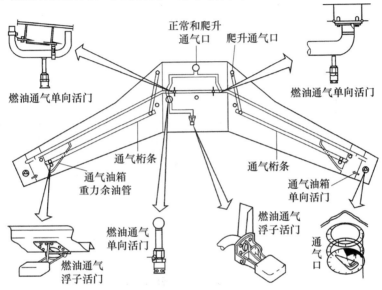

图 4.1.3　飞机燃油通气系统

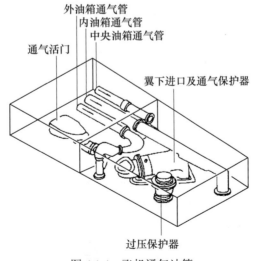

图 4.1.4　飞机通气油箱

任务测评

通过本任务的学习，要求学生能够掌握飞机燃油的特点，掌握安全使用航空煤油的方法。能够掌握飞机燃油系统的基本组成和要求。

另外，请学生说出飞机燃油系统的组成及其功用，并填写表 4.1.1。

表 4.1.1　飞机燃油系统基本构成

燃油系统组件	功　用	对组件的技术要求

任务 2　认识飞机燃油供油系统

知识目标

（1）掌握波音 737-300 飞机顺序供油系统。
（2）掌握飞机的供油方式及其优缺点。
（3）掌握飞机燃油供油顺序，了解按一定顺序供油的原因。

能力目标

（1）掌握供油附件工作原理。
（2）能够说出安装附件的步骤。

情境创建

飞机上储存了大量的燃油，分布在飞机不同位置，燃油的消耗对飞机重心会造成很大的影响。因此，飞机的燃油必须按照一定的顺序进行供应，并且安全可靠地供给发动机，这就要求飞机必须有结构复杂的供油系统。

任务实施

请同学说说飞机上不同油箱的燃油是按照怎样的顺序进行供应的，是否知道为什么要这样供油。同学们可以进行一个简短的讨论。

知识点 1　燃油供油系统

供油系统是将油箱的燃油按一定的顺序提供给发动机的系统，供油方式主要有重力供油、动力供油和气压供油。

1. 重力供油

重力供油适用于油箱比发动机位置高的小型飞机，如油箱装在机翼内的上单翼飞机。重力供油系统原理如图 4.2.1 所示。油箱顶部的加油通气口将大气引入油箱，确保供油通畅。供油活门安装在供油管路上，燃油过滤器安装在供油系统的最低处，用于过滤油液中的杂质并收集燃油中的部分水分。当打开燃油系统供油活门时，燃油便会在自身重力作用下流经油滤向发动机供油。多油箱飞机采用重力供油系统时，应在各油箱之间加装燃油平衡管，以保证各油箱的油量平衡。

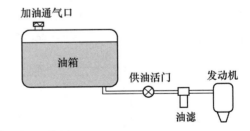

图 4.2.1　飞机重力供油系统

重力供油方法简单，但其供油可靠性较低，尤其是飞机飞行速度变化和机动飞行时。

所以，现代喷气式运输机广泛采用供油可靠性更高的动力供油系统。

2. 动力供油

动力供油系统原理如图 4.2.2 所示。动力供油系统采用电动离心泵作为供油动力源，将燃油增压后供向发动机和辅助动力装置。为了保证供油的可靠性，每个油箱中安装两台燃油增压泵。

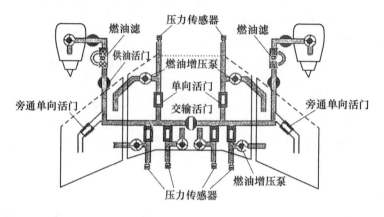

图 4.2.2　飞机动力供油系统

动力供油系统具有以下主要功能：在各种规定的飞行状态和工作条件下保证安全可靠地将燃油供向发动机和 APU；控制飞机重心，保证飞机平衡。动力供油系统按功能可分为主供油系统、辅助供油系统和交输供油系统三个分系统。

1）主供油系统

主供油系统采用电动离心泵作为供油动力，将燃油从油箱中抽出并增压，向发动机和 APU 提供一定压力和流量的燃油。主供油系统可控制各油箱的供油顺序并在供油泵故障时，由旁通单向活门提供旁通供油能力，增加供油可靠性。

2）辅助供油系统

当主供油系统工作时，辅助输油系统同时工作。辅助供油系统的首要功用是避免水分在主油箱底部积累，减弱水对燃油系统的影响，如图 4.2.3 所示。主油箱增压泵将燃油增压后，一部分压力油液通过管路送到引射泵内，通过引射泵内的引射喷嘴喷出，在引射泵内形成一定的真空度（即低压），将主油箱底部的含水燃油抽吸上来，送到增压泵的吸油口。这样，油箱底部的含水燃油便不断被供油系统送入发动机烧掉，从而避免水分在油箱底部的积累。因此，辅助供油系统又被称为燃油除水系统。

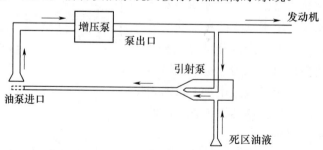

图 4.2.3　飞机辅助供油系统

3）交输供油系统

在飞行中，若左、右机翼主油箱出现燃油量消耗不均衡的情况会导致飞机横向失去平衡，此时可通过燃油交输系统予以纠正。在如图 4.2.4 所示的供油系统中，交输活门位于左、右侧供油管路之间，平时处于关闭状态。当飞机主油箱出现不平衡现象时，驾驶员应按下面的要点进行油量平衡的调节：打开交输活门；关闭油量较少的油箱内的燃油增压泵，此时，两台发动机均由燃油较多的油箱内的燃油增压泵供油；观察油箱油量指示，当两侧油箱油量恢复均衡时，启动关闭的油泵；当油泵的低压指示消失后，将交输活门关闭，完成油量不平衡的调整操作。

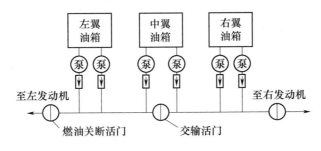

图 4.2.4　飞机交输供油系统

3. 气压供油

在密封的油箱内通进一定压力的气体，如二氧化碳、氮气或发动机压气机的引气，使油从油箱中压出，供发动机工作的需要。这种供油方式工作可靠、方便，而且同时解决了燃油箱通气和燃油挥发损失问题。但它的缺点是增加系统的重量和复杂性，如果用发动机的增压空气，则消耗发动机的功率较多，所以在民用飞机上用得不多，只应用在一些军用飞机上的副油箱供油。

4. 供油顺序

现代客机的燃油系统油箱的数量较多，而且容量较大，导致难以将它们都安装在飞机重心附近。特别是对大型亚声速客机，它的大部分油箱是分布在离飞机重心较远的机翼内。为了在燃油消耗过程中使飞机重心的移动量不致过大，各类飞机都根据其重心的允许变化范围，规定了一定的用油顺序。现代大中型客机大都采用大后掠角机翼，并且飞行速度较大，机翼上的气动力载荷很大。所以，在用油时既要考虑对飞机重心的影响，又要考虑对机翼结构受力的影响。

目前，普遍采用的供油顺序是先消耗机身中央油箱内的油液，然后再用两翼油箱内的油液。因为中央油箱靠近飞机重心，对飞机重心变化影响不大，同时充分利用主油箱内油液对机翼的卸载作用，减轻飞行中机翼结构的弯曲载荷（即减小机翼根部所受的弯矩）。

实现燃油箱向发动机供油顺序的控制方式有以下三种。

1）不同压差的单向活门

图 4.2.5 为波音 737-300 飞机燃油供油系统，左、右和中央油箱的燃油增压泵完全相同。燃油增压泵出口采用挡板式单向活门，它依靠泵出口压力打开，依靠弹簧力关闭。燃油泵出口单向活门打开压力不同，中央油箱增压泵出口单向活门的打开压力为 9.0kPa，

而左、右主油箱增压泵出口单向活门打开压力为 82.7kPa。当所有增压泵同时工作时，中央油箱增压泵出口单向活门首先打开，此时由中央油箱首先向发动机供油。如果中央油箱内的油液用完，中央油箱增压泵出口压力降低，则左、右翼油箱油泵出口压力顶开其出口单向活门向发动机供油。

2）不同工作压力的燃油泵

这种方法主要是通过利用不同工作压力的燃油泵与管路中的单向活门和释压活门配合工作来保证供油顺序。

要控制中央油箱和左、右翼油箱的供油顺序，也可采用不同工作压力的增压泵。

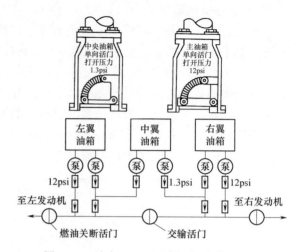

图 4.2.5　波音 737-300 飞机燃油供油系统

如果想要让中央油箱先供油，则中央油箱采用工作压力大的增压泵，左、右翼油箱采用工作压力小的增压泵，而油泵出口单向活门打开压力都相同。当所有油泵同时工作时，由于中央油箱增压泵的工作压力大，所以其出口单向活门将首先打开，其打开压力作用在左、右翼油箱增压泵出口单向活门的下游，使其不能打开，因而使中央油箱优先供油。当主油箱的燃油耗尽后，其油泵出口压力迅速降低，左、右机翼油箱增压泵向发动机供油，实现了供油顺序的控制。

在有些飞机上采用上述两种方法进行供油顺序的控制，即同时采用不同工作压力的液压泵和不同压差的出口单向活门。

3）程序控制

有些飞机上采用供油程序控制，使各油箱的供油按预定的程序供油。本部分可参考波音 747-400 飞机燃油供油系统。

波音 737-300 飞机燃油供油顺序控制管路关系如图 4.2.6 所示，其供油系统工作情况如下。

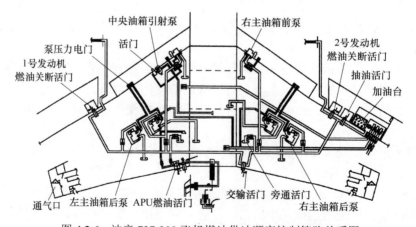

图 4.2.6　波音 737-300 飞机燃油供油顺序控制管路关系图

（1）正常向发动机供油。打开所有增压泵，由于中央油箱增压泵的出口单向活门工作压力小于左、右主油箱增压泵的出口单向活门工作压力，所以当燃油泵同时打开时，中央油箱首先供油，随后油压传至左、右主油箱增压泵出口单向活门出口，此单向活门打不开，主油箱暂不供油。当中央油箱燃油用完后，两个低压信号灯亮，则可关断中央油箱增压泵，由主油箱接替供油。

（2）交输供油。若因某种原因，使左、右主油箱用油不一致时，则会影响飞机的横侧平衡，这时可进行交输供油。如左主油箱用油多时（左主油箱油量少），可关闭左主油箱的增压泵，打开交输活门，让右主油箱向两台发动机供油，直至两边油箱油量相等为止。

（3）增压泵失效后的供油。若增压泵失效，可由发动机驱动的燃油泵产生的吸力、机翼上反角引起的重力，以及通气油箱的冲压作用来保证向发动机供油，燃油可经旁通活门流入供油管路。

（4）辅助动力装置供油。辅助动力装置由左主油箱供油，在正常情况下，辅助动力装置可依靠本身燃油泵的吸力，再加上油箱油面上的冲压空气作用来供油，也可由左主油箱的一个增压泵供油。

知识点 2　动力供油主要附件

1. 燃油增压泵

飞机上的燃油泵（也叫供油泵或增压泵）不但要重量轻、尺寸小，而且要工作可靠、寿命长，同时还要保证低压大流量，以满足燃油系统的要求。因此，燃油增压泵选用适合低压大流量工作要求的电动离心泵。

1）离心泵原理及性能特点

离心泵体主要由叶轮、导流筒和带输出管的蜗壳组成，如图 4.2.7 所示。叶轮是泵的最主要部分。离心泵就是通过叶轮将外部的机械能传递给液体，变成了液体的压力能和动能。导流筒使液体以一定速度和方向导入叶轮。

油泵启动后，电动机带动叶轮高速旋转，从导流筒流入的燃油受叶片的推动也随着旋转。

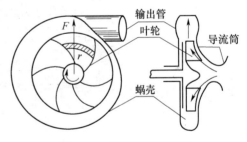

图 4.2.7　离心泵工作原理

燃油在旋转中受到了离心力的作用，被甩进了蜗壳，最后经输出管排出。离心泵就是靠所产生的离心力使燃油增压并流动。叶轮中心处产生的真空度（即低压）将油液吸入油泵。油泵使燃油压力增加的同时，也不可避免地会引起燃油能量的损耗。例如，叶轮与导流筒之间有间隙存在，出口压力又大于进口压力，在进出口压力差的作用下，就会有少量燃油从叶轮边缘经此间隙返回入口，造成了泄漏损失。

2）燃油增压泵的结构特点

燃油增压泵不同于地面应用的普通电动离心泵，燃油增压泵对增压性能、防火安全性有更高的要求。

（1）油泵进口处有分离油气的扇轮。飞机在高空飞行时，油箱内压力降低，油泵叶轮中心处的压力会更低，不但会导致油液中溶解的气体析出，也会造成燃油蒸发加剧，大量蒸汽析出。油泵进油口存在气泡，会降低油泵的供油能力。因此，燃油增压泵的主叶轮前会设置一个扇轮，与主叶轮同轴转动，用于分离油泵入口处燃油中的气泡，改善油泵工作状态。

（2）油泵装有滴油管。油泵的主叶轮与泵的驱动部分（电动马达）之间是密封的，以防燃油或燃油蒸汽渗入马达引起火灾。为确保密封效果，一般采用双层密封圈，并在两层密封圈中间设置通向机外的滴油管。如果燃油漏过第一层密封圈，将由滴油管排到机外。一旦发现滴油管漏出的燃油超过标准，可判断密封圈已经损坏，必须及时更换。

3）油泵典型构造

图 4.2.8 为某型飞机燃油增压泵结构。在电动机转子轴上套有两个叶轮（在前的主叶轮和在后的重新启动叶轮）和一个导流扇轮。这一组件支撑在两个由燃油润滑的石墨轴承上。导流扇轮安装在主叶轮的端面上，而主叶轮通过键连接到在蜗形管内的转子轴上，桨形的重新启动叶轮被安装在转子轴承上。在重新启动叶轮与轴承组件之间有一个由一组迷宫式通油盘排列而成的火焰抑制器。蒸汽释放管通过火焰抑制器组件连接在泵的壳体上，火焰抑制器组件由一个带凹槽衬套和一个蒸汽返回导管通过压配组成。

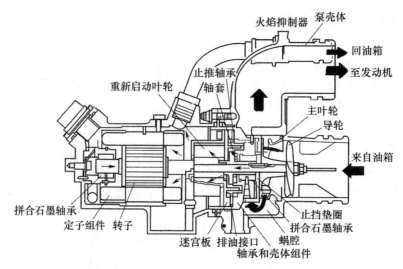

图 4.2.8　典型燃油泵结构

当电动机通电，泵旋转，燃油经导流轮进入主叶轮，油在压力作用下通过蜗形管流向飞机输油管，同时在泵和电动机的壳体内循环，这就提供了电动机冷却和轴承润滑，并且使重新启动叶轮能在主叶轮的油槽内吸油。为了防止通电的泵空转，重新启动叶轮将来自主叶轮油槽处积聚的燃油蒸汽和混入的空气吸走，燃油蒸汽从蒸汽排放管道回到飞机油箱。电动机启动后，如果入口吸不到油，重新启动叶轮将从电动机壳体的油池中不断地吸油来延迟时间，使得泵能重新启动。在壳体下部有一排油塞，在拆卸泵时可拧下塞子将泵内燃油排尽。

4）燃油增压泵的安装

燃油增压泵安装在燃油箱底部，周围的隔板（翼肋和隔框）为油泵提供了一个稳定的吸油空间。隔板底部开有向油泵一侧开启的单向活门，确保油液只能向油泵流，防止飞机姿态变化时油泵抽空。燃油泵马达可从油箱外单独拆下，如图 4.2.9 所示，且油泵的吸油管和排油管均设有单向活门。维护人员既不用进入油箱，也不用放油就能完成燃油泵主要部件电动马达的拆换，提高了燃油系统的维护性能。

2. 引射泵

引射泵（图 4.2.10（a））外廓尺寸小、重量轻、寿命长、无活动部件，在油箱中不需引入导线，吸油管可以放在油箱中任

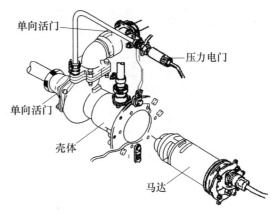

图 4.2.9　油泵的安装

何地方，方便布置。引射泵利用增压油泵的高压燃油作为引射动力，其工作原理如图 4.2.10（b）所示。压力油管将增压泵增压的燃油引入引射泵的喷嘴，经收缩喷嘴以较高的速度射出，燃油的速度增加，其压力相应降低，在喷射流的周围形成了低压区，吸油管口的燃油在压差的推动下流入引射腔，跟随射流流向出口混合管。

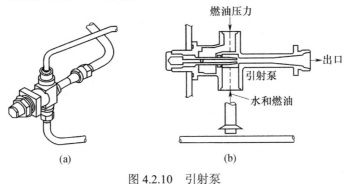

图 4.2.10　引射泵
（a）引射泵外形；（b）引射泵工作原理。

3. 单向活门

燃油系统中的单向活门一般为蝶形或舌形。单向活门安装在燃油增压泵的出口，防止油泵关断时供油系统燃油经油泵反向流回油箱，并可控制主供油系统的供油顺序。

4. 控制活门

在燃油系统中，控制活门的作用是关断或改变燃油的流动方向，主要包括供油控制活门、交输活门等。目前，飞机燃油系统控制活门多采用电动或手动的关断活门。控制活门为驱动机构（包括电动机构）和阀门两大部分。阀门形式主要有提升式的闸阀、旋转式的锥阀和柱阀（旋塞阀）、旋转式的蝶阀（旋板阀）和凸轮驱动的菌状阀等。

图 4.2.11 为典型燃油控制活门，电动机安装在油箱外部，通过一根驱动轴驱动活门体内的蝶形活门转动，此种设计增强了活门的防火安全性和维护便利性。

在燃油系统中，控制活门主要有供油活门（又称燃油关断活门）和交输活门。燃油关断活门安装在通往发动机的油路上，控制供向发动机的燃油流动。当发动机发生火警

时，提起灭火手柄，可将燃油关断活门关闭，切断供向发动机的燃油。

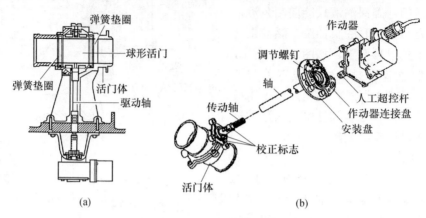

图 4.2.11 燃油系统的控制活门
（a）控制活门剖面图；（b）控制活门安装示意图。

交输活门安装在供油系统管路的中央，平时关闭，将供油系统分成相互独立的左、右两部分，其主要作用是纠正油箱间油量的不平衡。

5. 油滤

油滤是一种燃油杂质过滤器，有粗油滤和细油滤。粗油滤仅能防止较大的微粒进入燃料系统，在燃油进入喷嘴之前多用细油滤。油滤的主要元件是滤芯，滤芯由金属骨架支撑的滤网构成。滤网有金属滤网与纸质滤网，网眼的大小决定了滤芯的过滤度，即通过的最大微粒大小。燃油的通路多是从滤芯外面进入滤芯内部，然后流出。这样，油的压力使滤芯紧紧贴在滤芯的骨架上，使滤芯不易受损。

油滤堵塞会导致发动机供油量下降，严重时会导致发动机空中停车。为了提高供油可靠度，油滤设置了旁通活门，当油滤进口、出口压差达到旁通活门开启压力时，旁通活门便打开，油液绕过滤芯，直接供向发动机。同时，驾驶舱燃油控制面板上的油滤旁通指示灯会点亮。

任务测评

根据教材内容，说出飞机供油系统的组成及飞机供油系统各种附件的工作原理及其结构。

通过该任务的学习，学生应了解飞机供油是按照一定顺序进行的。请学生根据教材的知识点，解释按一定顺序供油的原因，了解飞机供油如何控制这样的顺序。

模块 4　飞机供油与放油

任务 3　了解飞机加油和抽油

知识目标

（1）掌握飞机的加油的方法及各种方法的优缺点。
（2）了解飞机加油注意事项及按一定顺序供油的原因。
（3）了解飞机抽油原理，进一步掌握燃油系统的结构。

能力目标

（1）熟练掌握加油的方法和加油注意事项。
（2）熟练掌握飞机抽油系统的原理与工作过程。

情境创建

飞机使用了大量的燃油，加油需要快速。因为油箱很多，所以需要一个复杂的加油系统，并需要做到防火、防静电等。为了维护燃油箱或油箱内的附件，将燃油箱内剩余燃油排放到地面油车上，或者为了保持飞机的横向平衡，将一个油箱中的燃油传输到另一个油箱中，飞机还需要一套抽油系统。

任务实施

从安全角度考虑，请学生说出飞机加油应该注意的安全事项及飞机的加油系统是如何进行安全快速加油的。通过学习，学生应掌握加油系统的工作原理及系统结构等。同时了解飞机抽油系统的工作原理和结构组成。

知识点 1　飞机加油和抽油中的安全问题

飞机的加油和抽油操作是相对危险的工作，在整个过程中都要防止火灾的发生。为了确保安全，飞机在加油/抽油时应注意以下事项。

1. 场地应开阔通风

为了防止加油/抽油过程中燃油蒸汽溢出发生火灾，加油/抽油操作应在开阔通风的场地进行，同时场地附近应有消防设备。为了确保发生意外（发生火警）时，油罐车能够迅速撤离，消防车能够快速抵达现场，飞机周围必须留有足够的安全距离。

2. 加油时应注意防静电

飞机加油时产生静电失火和爆炸事故，在世界各航空公司几乎每年都有发生，造成了生命财产的重大损失。随着大型飞机加油量的增加和加油速度的提高，以及加油操作的不当，使飞机在加油过程中产生静电灾害的危险性有所增加。

1）航空燃油静电的产生

航空燃油主要是由碳、氢两种元素构成的，碳和氢两种元素约占航空燃油总重量的 87% 以上。此外，还有少量的硫、氧、氮及微量的磷、钒、钾、硅、铁、镁、钠等元素。

在静止状态，燃油本体中正离子携带的电荷等于由负离子携带的电荷。因此，在燃油中没有过剩的电荷存在，故不显电性。

燃油相对固体表面运动时产生静电，由于吸附电解等原因，在喷雾、冲刷等过程中也产生静电。摩擦产生的静电达到一定量时，才可能造成静电事故。燃油是介电常数较大的物质，它既能通过摩擦产生静电，又能蓄电。当带有电荷的燃油进入飞机油箱后，如果电位差达到 20kV 时就会发生放电现象，并产生火花。当火花能量达到或大于周围油料最小点火能量（0.2MJ），而且燃油蒸汽在空气中的浓度或含量在爆炸极限范围内（航空汽油蒸汽体积浓度占空气的 1%～6%；航空煤油蒸汽体积浓度占空气的 1.4%～7.5%）就会立刻发生爆炸。这种现象多发生在飞机加油开始的 1min～2min 内。在大多数飞机油箱内，电容式油量表的探头、增压泵等突出部件也易诱发加油初始阶段的放电火花。

2）静电产生的因素

飞机带静电的因素很复杂，主要包括如下几个方面。

（1）燃油中含有过量的杂质与水分。燃油中带有杂质是自然存在不可避免的，但国际标准（API-1581 标准）规定燃油中所含杂质不得超过 1mg/L，杂质的大小不超过 5μm。燃油中所含杂质主要是一些氧化物、沥青质、环氧酸及磺酸等金属盐类。燃油中的杂质过量，会导致油滤和油路精密元件被堵塞，严重时可造成空中停车。另外，杂质直接离解正、负离子（或吸附自由离子形成带电质点），也加重飞机带电情况。

燃油中所含水分有三种形式，即游离状态、乳化状态和溶解状态。水对燃油起电的影响是通过燃油内所含杂质的作用而影响的，水与杂质混合后将正、负离子包围、分割，使正、负离子不易重合。实验证明，当燃油中含有 1%～5% 水分时，极易产生静电事故。

（2）加油流速和加油管径。燃油在管道中流动，流速和管径对燃油静电影响很大，燃油在管道中所产生的流动电流或电荷密度的饱和值与燃油流速的 1.75 次方～2 次方成正比。

（3）过滤器对起电的影响。发动机燃油系统对航空燃油质量的要求很高。加油时，燃油通常经过多道过滤以便除掉水分杂质及其他物质。过滤器导致燃油流动阻力增大，摩擦加剧，更重要的是过滤导致燃油中的抗静电添加剂性能降低，加剧了静电的产生。

3）飞机加油静电的抑制与消除

（1）提高航空燃油的导电率。提高燃油导电率可使静电电荷被迅速传导，防止局部静电电位上升得过快和过高。提高导电率的方法是在燃油中添加抗静电添加剂。炼油厂在燃油出厂时会在油液中统一添加抗静电剂，减少燃油在运输环节的危险性。经过运输和过滤，燃油中的抗静电剂会减少，油料公司应该在加油前重新加入抗静电剂。

（2）严格控制燃油中的水分和杂质。过量的水分和杂质会增加燃油的静电起电量，但航空燃油具有吸水的特性。因此，应在以下两个环节控制燃油中的水分和杂质。

① 油料供应保障部门必须按规定定期清洗油罐、加油车；定期清洗或更换过滤介质；定期从油罐和加油车沉淀槽、过滤器排除水分杂质；在每次灌入新的燃油并且澄清之后，应当用石蕊试纸检查燃油含水量，石蕊试纸应保证至少浸在油样内 15s；在大雨季节，地下储油罐更应经常用石蕊试纸检查。通过采取以上措施，可保证加入飞机的燃油目视检查无色透明，无水分、杂质。

② 航空公司须按机务工作有关规定，定期清洗飞机油箱；在航前、飞机加油前与加油后，都要把飞机油箱中的水分和沉淀物放掉。

（3）接地与跨接。在消除飞机静电的方法中，最有效的方法是接地法。静电接地是指在飞机加油时，将加油车通过金属导线分别与飞机导静电接地桩和地面接地跨接起来（图 4.3.1），使加油车、飞机和大地形成等电位体，加快燃油中静电电荷的传递。接地可以使飞机和加油车电位相等，避免因静电电位差造成外部放电引起灾害。

（4）控制加油流速。使用较低的加油初始流速，可以防止燃油摩擦生电过多。一般规定压力加油时，无水燃油最大线速度不超过 7m/s。在飞机加油时，通常应同时打开两个以上油箱电门，让大流速的燃油一流入油箱就成为分流状态，减缓大流速就可以减少静电灾害的危害性。同时，还应注意避免加油时出现湍流和溅射。输油泵出

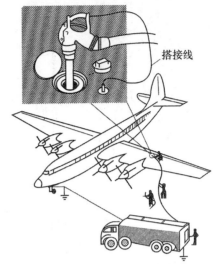

图 4.3.1　飞机重力加油及接地

现气塞或空隙现象时，燃油中有大量气泡，增强了湍流，使油液与管壁和空气的摩擦加剧，摩擦生电严重。从油箱上部加油口溅射加油，也增大了燃油与空气的摩擦，产生的电荷直接储存在燃油中。所以，通常采用油箱底部加油方法，可减少加油时的溅射。

3. 及时处理溢出燃油

在加油和抽油过程中，对溢出的燃油要及时处理，防止出现火灾。一般少量溢出时，可撒上细沙，然后仔细清扫。如果燃油大量溢出，则应及时通知消防部门喷洒泡沫灭火剂，然后用水冲洗场地。

知识点 2　重力加油和压力加油

现代飞机的加油方法有三种，即重力加油、压力加油和空中加油。由于空中加油仅用于军用飞机，故本节只讨论重力加油和压力加油。

1. 重力加油

1）重力加油的原理

重力加油操作简单，一般被小型飞机所采用，如图 4.3.2 所示。大型飞机一般优先采用压力加油系统，重力加油仅在机场没有专用加油车时作为辅助加油手段采用。飞机的重力加油口一般位于主油箱顶部，如图 4.3.3 所示。重力加油时，加油员登上机翼，打开重力加油口盖板。不同飞机的加油口结构都不相同，但作用都是一样的。加油口周围设有密封腔，制成可收集和放出溢出燃油的漏斗形。为了防止异物掉进油箱，加油口有滤网保护。口盖盖好后因有密封，阻止了燃油从加油口外溢。加油时，应将加油枪与机翼表面的放静电搭铁线搭接（大型飞机重力加油口油操作如图 4.3.1 所示）。加油完成后，应将加油口盖密封、盖好。

图 4.3.2　小型飞机重力加油

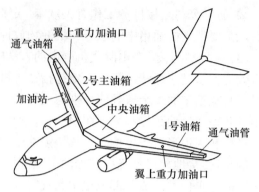

图 4.3.3　大型飞机重力加油

2）重力加油的缺点

重力加油虽然简单，但也存在着一些缺点。

（1）加油操作速度慢。重力加油从开始准备和结束收场的时间很长，如加油车开动、搬梯子和加油管、打开和关闭加油口盖、加油枪的接地和定位、加油车油泵的启动和流量调节、供油量的监测等，这些工作都是在速度很慢的状况下进行的。

（2）重力加油操作容易导致机翼表面损伤。因为重力加油口总是配置在机翼的上表面，加油人员在上面走动和搬动加油管等，不可避免地会引起表面油漆层的损坏。

（3）重力加油存在一定的危险。在冬天机翼表面结冰的情况下，加油人员在上面操作极易发生危险。更值得注意的是，加油时难免会冒出燃油和燃油蒸汽，如遇到火星则有发生火灾的危险，且敞口式加油也容易导致燃油污染。

因此，现代大中型飞机只将重力加油作为一种辅助应急手段而保留。

2. 压力加油

1）压力加油的原理

压力加油系统也叫集中加油系统，是将加油车上的加油软管连接在飞机加油站上的加油接头上，通过人工或自动控制等方法，在加油车油泵压力的驱动下通过预先铺设的管道往各油箱加油。它包括地面加油车在内，形成了一个完整的压力加油系统，这种加油也称为单点式加油，这种加油方式的特点是抗污染性好，安全性高。

2）压力加油系统组成

图 4.3.4 为典型的飞机压力加油系统。系统由机翼前缘的加油站、加油电磁活门、通往各个油箱的加油管和油箱内的满油浮子电门构成。加油管连接在加油总管上，分别通往 1 号油箱、中央油箱和 2 号油箱。为了同时加油时使流往左、右机翼油箱的流量达到均衡，2 号油箱加油管加装了节流器，以限制流往 2 号油箱的流量。

压力加油站提供了压力加油的控制和指示，包括压力加油接头、加油总管和压力加油控制面板等功能元件。加油总管连接压力加油接头和通往油箱的加油管，起到加油分配中心的作用。加油总管内包括三个由电磁阀控制的膜片式加油活门和四个出口，三个出口通向油箱，一个出口与抽油活门连接。加油总管原理如图 4.3.5 所示。

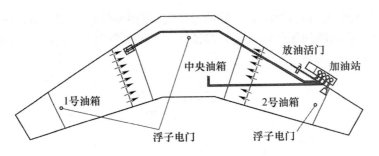

图 4.3.4 飞机压力加油系统组成

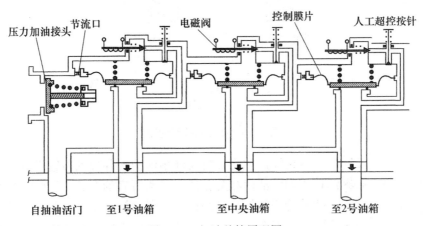

图 4.3.5 加油总管原理图

当加油软管和加油接头相接时,软管上的顶针顶开了菌状阀门,打开了燃油进入总管的通道。燃油同时经小孔进入加油活门的内隔膜的上腔,隔膜上、下腔室压力相等,阀口仍然关闭。当线圈通电时,电磁阀打开,燃油经节流口和电磁阀进入油箱,燃油流经节流口会使隔膜上下腔产生压力差,在压力差的推动下,克服了弹簧力将阀门向上打开,燃油就通过打开的加油阀经单向阀进入指定油箱。

浮子电门感受油箱内油面位置,当油面到达加油预定值时,电磁阀线圈断电,自动关闭加油活门,防止燃油过满溢出。

加油时,因电磁阀失效阀门没能打开,可以人工将超控按针按下并保持,可使阀门打开。注意要到油加满了才能松手。

进行压力加油操作时,要注意飞机和加油车接地,加油口与加油车搭接地线(即三接地),同时注意防火,加油压力不要超过规定值(一般为 379 kPa),严格按照操作程序进行加油。

知识点 3　飞机的抽油

抽油是飞机在地面时,为了维护燃油箱或油箱内的附件,将燃油箱内剩余燃油排放到地面油车上,或者为了保持飞机的横向平衡,将一个油箱中的燃油传输到另一个油箱中。抽油时,可采用燃油系统本身的增压泵作为动力,即压力放油,也可采用油罐车内油泵进行抽吸,即抽吸放油(简称抽油)。

图 4.3.6 为某型飞机的抽油系统。抽油操作时,将抽油管接在加油总管的压力接头上,打开抽油活门,启动燃油箱的增压泵,燃油通过供油总管经抽油活门进入加油总管,并由抽油管进入油罐车油箱。

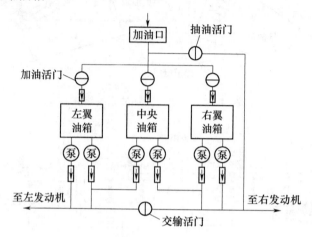

图 4.3.6　抽油系统原理图

如果需要油箱之间的油液传输,如需要将左油箱内的一部分油液输送到右油箱内,应打开抽油活门、右翼油箱的加油活门和交输活门,然后启动左翼油箱的燃油泵,油液从左翼油箱经供油管路、抽油管路和加油管路进入右油箱,完成油液的传输。

当进行地面抽油操作时,不但要注意防火,还要注意飞机重心变化问题,尤其是大后掠角的飞机,一般应先抽两翼主油箱的油液,再抽中央油箱的油液,以防止抽油过程中飞机后倾。

任务测评

通过该任务的学习,学生应能详细说出加油的安全措施;了解飞机压力加油和重力加油的特点及其操作方法;掌握飞机加油总管和抽油系统的结构和工作原理。

任务 4　了解应急放油和油箱指示系统

知识目标

（1）了解飞机应急放油的必要性。
（2）掌握飞机应急放油系统结构等。
（3）了解飞机燃油指示系统。
（4）了解飞机燃油油量指示原理和方法。
（5）了解油尺的原理和使用方法。

能力目标

（1）熟练掌握应急放油系统的结构特点。
（2）熟练掌握应急放油系统的原理与工作过程。
（3）熟练掌握油箱指示系统的结构特点。
（4）熟练掌握油箱指示系统的原理与工作过程。

情境创建

当飞机以较大的起飞重量起飞时，若起飞不久即遇到需要紧急着陆的情况，由于飞机的重量较大，超过最大着陆重量，在紧急着陆时将会对起落架和机身结构造成严重损坏，同时也容易引起飞机着陆后起火爆炸的危险。因此，必须设置一套应急放油系统，以迅速使飞机的重量减到飞机的最大着陆重量。

任务实施

教师带领学生前往飞机现场，让同学参观飞机上有关应急放油系统和油箱指示系统的结构，使同学简要了解飞机应急放油系统和油箱指示系统。

知识点 1　应急放油的基本要求

1. 应急放油的提出

飞机的最大起飞重量和最大着陆重量通常是不同的，最大起飞重量应大于最大着陆重量。根据适航规章要求，当运输机或通用飞机的最大起飞重量比其最大着陆重量超出很多（一般为 105%）时，必须考虑为飞机设置空中应急放油系统，如图 4.4.1 所示。设置应急放油系统的主要目的是使飞机在空中迅速减重，以满足紧急迫降的条件。

当飞机以较大的起飞重量（超过最大着陆重量）起飞时，若起飞不久即遇到需要紧急着陆的情况，驾驶员可通过应急放油系统将燃油迅速放出，从而将飞机自身重量降低到最大着陆重量以内，避免在紧急着陆时对起落架和机身结构造成严重损坏。另外，紧急放油系统可使飞机以较少的燃油量着陆，减小飞机着陆后起火爆炸的危险。

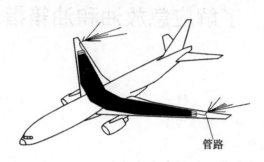

图 4.4.1　飞机应急放油示意图

2. 应急放油系统要求

考虑到应急放油操作中飞机的安全问题，对应急放油系统提出如下要求。

（1）放油系统工作时不能有起火的危险，因此应急放油管口必须设置防火网。

（2）排放出的燃油必须不能接触飞机，应急放油口设置在机翼外侧，使放出的燃油避开飞机机身和尾翼（图 4.4.1）。

（3）驾驶员在放油操作过程中任何阶段都能终止放油操作，应避免在居民区或危险区放油。因此，在驾驶舱内应设置放油电门，供驾驶员控制放油活门的开启和关闭。

（4）在放油过程中，应保持飞机的横向稳定，即必须设置两个分开的独立放油分系统。

（5）必须有保持最少油量的自动关断活门，以保证飞机有足够的燃油着陆。

知识点 2　应急放油系统的组成

下面以波音 747-400 飞机为例分析现代飞机的应急放油系统，如图 4.4.2 所示。飞机应急放油系统的主要附件如下：

（1）位于翼尖的两个应急放油喷嘴；

（2）两个应急放油活门；

（3）两个超控/应急放油泵；

（4）两个应急放油泵（每个内主油箱）；

（5）两个主油箱转换活门；

（6）四个备用油箱转换活门；

（7）应急放油控制电门。

应急放油控制电门包括应急放油转换活门的选择电门、剩余油量选择电门和应急放油活门控制电门，以上电门均位于应急放油控制面板上，如图 4.4.3 所示。

应急放油系统工作时，油泵将油箱内的燃油输送到应急放油总管。在应急放油总管两端有应急放油活门及放油口，打开应急放油活门即可开始放油。实际上，应急放油总管本身就是加油总管，因而也称为加油/应急放油总管。

模块 4 飞机供油与放油

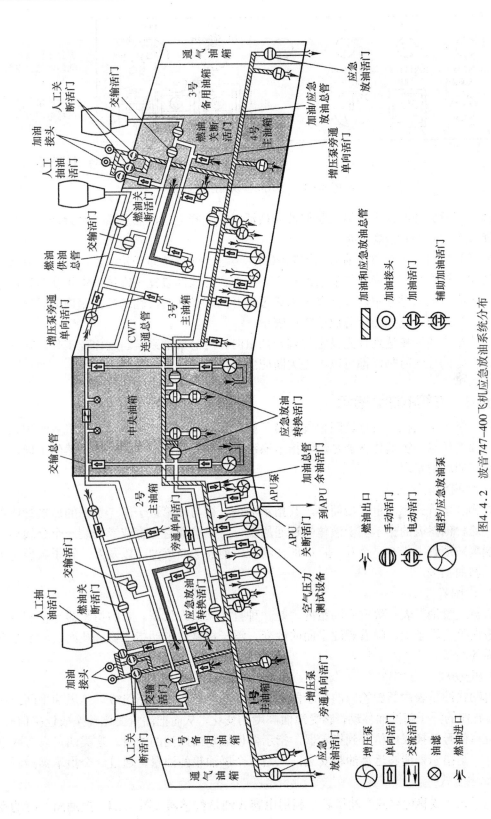

图4.4.2 波音747-400飞机应急放油系统分布

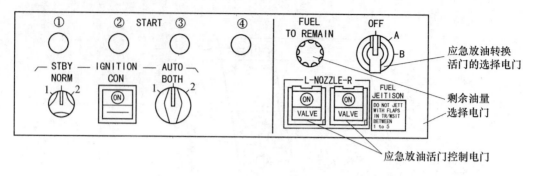

图 4.4.3　飞机应急放油控制面板

准备应急放油时，先操纵应急放油转换活门的选择电门，然后通过剩余油量选择电门选择每个油箱的剩余燃油量。

当打开任何一个应急放油活门控制电门，应急放油系统即开始工作，其后系统就可以自动控制转换活门及应急放油泵的工作。超控应急放油泵在正常情况下可作为增压泵工作，在应急放油过程中，该油泵可以通过打开的转换活门，输送各油箱内的燃油到应急放油总管，通过翼尖的应急放油喷口喷出。

当油箱内的油量达到预先设定的剩余油量时，应急放油系统自动停止工作。在应急放油过程中的任何时刻，都可以人工关断应急放油系统。

知识点 3　油箱的油量指示

燃油量表是飞机在飞行期间使驾驶员了解油箱油量的仪表，也为地面机务维护人员提供燃油的信息。燃油传感器是燃油指示系统的关键元件，根据燃油传感器的不同，有四种形式的燃油量表。

1. 观测玻璃管式

观测玻璃管式燃油量表最简单，其指示器是一根与油箱置于同一水平的玻璃管或塑料管。这种油量表的指示基于液体的连通原理，管子按加仑分度或者安装一个金属刻度盘。观测玻璃管上带有一个开关，以便在清洗时能够关断燃油，以及万一管子破裂时也能防止燃油损失。

2. 机械式

机械式燃油量表一般位于油箱内，是一种直接阅读式仪表。它的指示器直接连接在燃油表面上的浮子上，随着燃油平面的改变，浮子机械地带动指示器，从而表明油箱燃油平面的高低。

3. 电动式

电动式油量表由驾驶舱内的指示器和油箱中的浮子式传感器组成。当燃油平面改变时，传感器的浮子随油面移动，感受油面高度的变化，从而把油量变化转换成位移信号，再将位移信号转换成电信号到指示器，指示器便显示出燃油的油量。这类油量表有两个优点：一是指示器能够远离油箱安装；二是几个燃油箱的油量可通过一个指示器指示。

4. 电子式

电子式（或称电容式）油量表是利用电容式油量传感器（图 4.4.4）把油面高度的变

化转换成电容量的变化。其主要组成部件是电容式探头、桥式电路、放大器和指示器。

燃油量传感器在燃油箱内无活动部件。油量传感器实际上是一个由同心圆筒形极板组成的圆柱形电容器，该电容器的电介质是燃油和燃油之上的空气。电容值的大小取决于油箱中现存燃油与空气的比例，即电容值与油面高度之间具有单值函数的关系。当油箱内燃油增加时，油面增高，电容值增大；燃油减少时，油面降低，电容值相应减小。传感器的电容与在平衡电桥中的标准电容器比较，其不平衡信号由电压放大器放大后传送到指示器。

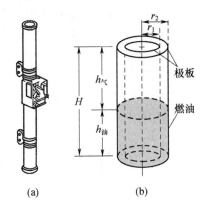

图 4.4.4　电容式油量传感器

电子式油量表比浮子式油量表测量精确，是因为电子式油量表系统在油箱内没有活动部件，而且可以采用多个传感器进行多点探测，更主要的是电子式油箱传感器直接测量的是油箱内油液的重量容量，而不仅仅测量体积容量。因为电子式的油量传感器采用电容器式传感器，电容器两极板间的介质不同会导致电容器的电容改变。油量的变化可引起电容器电容值的变化。燃油温度的变化可使燃油密度变化，而燃油密度的变化同样会影响电容器的电容。

总之，电子式油量传感器不仅可以感受油箱内的油液体积容量，而且可感受油箱内油液的密度。体积和密度实际上就反映了重量，所以说电子式油量表直接测量的是油箱内的重量容量。对于这种形式的油量表，其指示单位一般采用重量单位，常用磅或千克作为计量单位。

电子式油量指示系统的精度比较高，这是因为电子式油量指示系统的传感器没有活动部件，消除了机械摩擦等影响；一般采用多个传感器进行多点探测，消除了飞机姿态变化对燃油信号的影响，可得到油箱内油面的精确信号。另外，系统中可加装温度补偿器，以弥补温度波动对油量指示的影响。

但是，电子式油量指示系统会因为燃油内水分的影响导致指示精度下降，甚至造成系统完全故障。当水进入油量传感器时，由于水的介电常数不同于燃油介电常数，导致燃油信号出现较大误差。当细菌滋生的污染物集聚在油量传感器或温度传感器入口时，会导致燃油不能顺利流入和流出传感器或补偿器，造成燃油指示系统失效。为消除此类故障，可以从油箱加油管引一油管到油量传感器和温度补极板（图 4.4.5），每次加油时，加入的清洁燃油可对传感器和补偿器进行清洗。

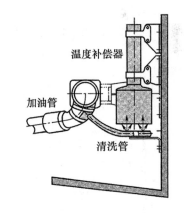

图 4.4.5　传感器/补偿器清洗原理

5. 油尺

除了驾驶舱燃油指示系统，有些飞机还备有确定飞机在地面时每一个油箱中的燃油量的手段，即油尺。其结构简单，使用方便。油尺主要有下面三种形式。

1) 浮子式油尺

浮子可随油平面高度变化而上下运动，从而探测油平面的高度。油尺可从油箱下部拉出。浮子上及油尺的端头都带有磁铁。当油尺从油箱内拉出时，油尺的端头运动到靠近浮子时，可感觉到有磁吸力的作用，此时观察油尺的伸出刻度即可得知油量（图4.4.6）。

2) 滴油管式油尺

如图4.4.7所示，当空心滴油管顶端落到燃油平面时，燃油就会进入滴油管顶部开口，此时即可读出油量。

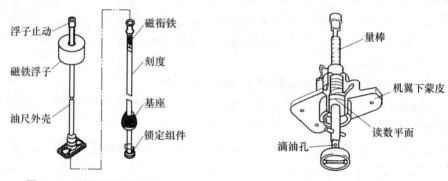

图4.4.6 磁性浮子式油尺　　　　　　图4.4.7 滴油管式油尺

3) 光线式油尺

光线式油尺是一根长的玻璃棒，外面用一个带刻度的管子保护，管顶有一个反射镜。当顶端浸入油液时，在玻璃棒的下端可见到一个亮点。当反射光减小到最小可见点，读出棒上表示油量的刻度值。

知识点4　油箱压力和温度指示系统

1. 油箱压力指示

在驾驶舱中，燃油控制面板设有燃油增压泵的低压指示灯，其作用是当燃油增压泵输出压力低于特定值时向机组发出警告，其工作原理如图4.4.8所示。

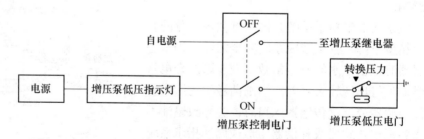

图4.4.8　燃油压力工作原理

当打开增压泵控制电门时，接通了油泵低压指示灯电路和增压泵继电器电路，此时低压指示灯点亮。增压泵继电器通电后，将三相交流电输送到增压泵电动机，增压泵开始工作。增压泵出口管路的低压电门感受油泵出口压力，当燃油压力高于调定值时，低压电门将低压指示灯电路断开。若油泵出现故障或油箱内油液快用光时，油泵输出压力降低，低压电门会在压力低于调定值时接通电路，点亮增压泵低压指示灯，此时驾驶员应将增压泵控制电门关闭，低压指示灯自动熄灭。

2. 油箱温度指示系统

燃油温度指示系统采用电阻式温度传感器感受油箱内油液温度，并将其显示在燃油控制面板的燃油温度表上，用以监视燃油的温度。

任务测评

教师请学生全面、详细地描述飞机应急放油系统的结构及其工作原理，掌握飞机各种油箱指示附件的工作原理和使用方法。

任务 5　燃油系统的维护

知识目标

（1）了解燃油系统的主要故障。
（2）了解燃油系统的腐蚀的防护。
（3）了解燃油渗漏等检查方法。

能力目标

（1）掌握燃油系统腐蚀的预防与处理。
（2）掌握各种渗漏的检查与维护方法。
（3）掌握燃油管路及其附件渗漏的处理方法。

情境创建

飞机燃油系统的长时间运行，会出现漏油和油箱腐蚀等故障，需要经常进行检查和维护来保障飞行的正常进行。如何进行飞机油箱和管路的漏油检查和维护，是保障飞机燃油系统正常工作的关键。

任务实施

教师请学生根据自己的理解编写油箱漏油和油箱腐蚀的检查和修复工作过程，并尽量描述飞机燃油系统的故障检查和维护方法等。

知识点 1　燃油箱的渗漏处理

1. 燃油渗漏分级

燃油箱的主要故障是渗漏，因而燃油箱的主要维护就是渗漏的检查、分类及修理。

渗漏一般分为四级，即微漏、渗漏、严重渗漏和连续滴漏。渗漏分级是按在 15min 内渗漏燃油沾湿的表面区域的大小作为分级标准，如图 4.5.1 所示。

具体的检查方法为，发现有燃油外漏后，要找到飞机蒙皮上外漏的准确区域，清洁燃油渗漏邻近区域的表面，并使用溶剂清除此区域内的油脂，用棉布擦干这个区域。如果是连续滴漏，找到最初的滴漏区域，使用胶黏剂或胶带阻止燃油的流淌，并确认是否有其他燃油流动途径，在最初的滴漏区域作标记。然后用棉布擦干渗漏区域，洒上掺有红色染料的滑石粉，监控滑石粉颜色的改变，如果是在边缘处的滑石粉改变颜色，就在那个边缘洒上更多的滑石粉，根据图 4.5.1 判断渗漏等级，并根据表 4.5.1 进行处置。

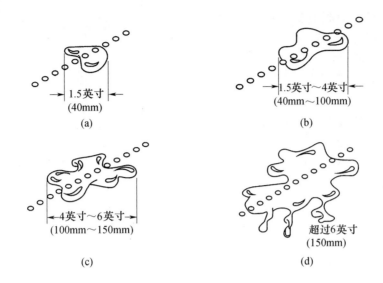

图 4.5.1 渗漏等级

(a) 微漏; (b) 渗漏; (c) 严重渗漏; (d) 连续滴漏。

表 4.5.1 渗漏分级

渗 漏 位 置	微漏	渗漏	严重渗漏	连续滴漏
外露的、空气流通的、漏油后不会流向火源的区域,如没有整流罩的上、下机翼表面	①	①	②	③
没有完全封闭、流通状况不好的区域,如在后缘襟翼处的后梁、前缘襟翼或缝翼处的前梁及轮舱区域	①	②最多2个渗漏区域	③	③
封闭不通风的区域,如有整流罩的机翼下表面、空调舱、翼/身整流罩、有整流罩的前后梁和内封补偿平衡板	②	③	③	③
增压泵的外部空间	①	②最多1个渗漏区域	③	③
机翼中央油箱的增压区域	④	④	④	④
说明:①不需要修理,但要时常检查渗漏是否扩大; ②不必马上进行修理,但要定时检查渗漏是否扩大,必须在下次定检时修理; ③必须立即修理,要使渗漏满足①、②类处理的标准; ④必须立即修理,修理后不允许再有渗漏			

2. 燃油渗漏的原因

现代飞机大多采用结构油箱,它是将机翼内部结构进行密封及防腐等处理后形成油箱,用于储存燃油。油箱是飞机结构的一部分,在其内部常采用紧固件固定、胶接等连接方式,采用密封剂进行密封处理。

导致燃油箱渗漏的主要原因如下：

（1）不正确的接头连接、安装；

（2）紧固件松动；

（3）密封圈损坏；

（4）密封剂问题。

密封剂导致泄漏有以下主要原因。

（1）密封剂损坏。

（2）表面处理不当，即表面有油脂、金属屑、刷毛等。这些外来物导致密封剂不能紧密结合。

（3）密封剂混合和保存不正确。密封剂一般包括两个部分，即基体材料和加速剂。如果其混合比例不正确，则会影响密封效果。而且密封剂都有一定的寿命，在一定时间后，应测试密封剂是否能够继续使用。

（4）密封剂使用不当。没有严格按密封剂使用操作规程操作，有可能导致密封效果变差，导致燃油泄漏。

3. 渗漏源的检查

当找到燃油渗漏区域后，必须还要找到内部的渗漏源。渗漏源检查的主要方法如下。

1）气压发泡剂检查法

此方法是在油箱渗漏区域涂上发泡剂（肥皂水）。一个人使用 0kPa～345kPa 的气源（带有喷嘴）向渗漏区域喷射，另一个人在油箱内寻找起泡区域，从而找到渗漏源。此种检查方法需要两个人，是推荐采用的检查方法，如图 4.5.2 所示。

2）空心螺栓气泡检查法

此方法用于检查复杂结构渗漏区域，它是通过空心螺栓进行喷气，然后在内部寻找起泡区域。

3）空心螺栓染色剂喷射法

此方法用于检查复杂结构渗漏区域。只有在使用空心螺栓气泡检查法后才能使用这种检查方法。

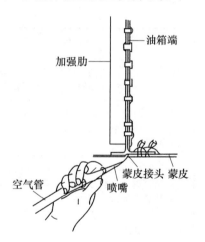

图 4.5.2　气压发泡剂检查法

4）染色剂喷射法

此方法从燃油箱的外部喷射染色剂到渗漏区，在油箱内部寻找染色剂。

5）气压检查法

只有上述方法都已尝试过时，方能采用此方法。它是通过对油箱进行增压，在油箱外部涂上发泡剂，然后在外部检查起泡区域。

能力点 1　渗漏的排除

1. 安全措施

进行渗漏检查与排除时，维修人员都必须进入油箱，燃油箱内充满了燃油蒸汽，容易引发火灾，可能会威胁到人身安全，因而在进入油箱前要做好以下安全防护工作。

1）对油箱进行惰化处理或强迫通风

油箱内充满了燃油蒸汽,所以在进入油箱前必须至少强迫通风 24h 以上。进入的人员要穿戴带有防毒面具的衣服。

2)油箱内防止静电火花

为了防止油箱内出现火花,进入油箱的人员不能穿底部带金属的硬底鞋;不允许穿容易起静电的衣物;不允许带手机、助听器等;要使用安全手电筒;不能带电机、电钻等电动工具,将不用的工具放在防静电盒内,避免金属相撞和电火花产生。另外,工作中的无线电设备和雷达设备应远离油箱。

为了确保进入油箱的维护人员的人身安全,应向油箱内输入新鲜空气并设置专门的安全观察员,如图 4.5.3 所示。

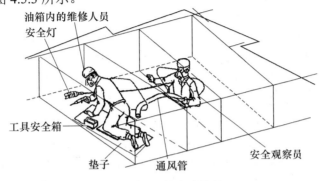

图 4.5.3 油箱安全维护

2. 渗漏的排除

渗漏的排除方法也视渗漏等级而定,渗漏范围不大的缝内密封可先清除损坏的密封剂,然后注入密封胶。如果缝内渗漏面积较大,就要将已密封的结构分离,重新清洗、涂密封胶、紧固。

1)缝内密封

对于渗漏范围不大的缝内密封,可增加涂覆缝外密封胶,或者同时在外表面的渗漏点附近进行清洗后涂上一层密封胶,然后贴上一层很薄的密封布,这与补自行车内胎的贴补方法一样。如果缝内密封渗漏范围较大,就要将已密封的结构分离,重新清洗、涂胶、紧固。

2)缝外密封

对渗漏不大的缝外密封,应加涂密封胶,加大密封胶的涂覆面积;对渗漏范围大的地方,需要将原有密封层刮掉,清洗干净,重新涂上密封胶。

3)紧固件密封

紧固件有不严重的渗漏时,可使用专用的压胶工具从结构外侧的钉孔周围间隙注射进密封剂,也可在采用缝外密封的同时,向缝隙加注密封胶,以增加其密封性能。

知识点 2 燃油箱的腐蚀处理与防护

1. 油箱腐蚀简介

1)微生物污染和油箱腐蚀

当油箱内条件适宜时,细菌会在油液内大量滋生。燃油中的碳氢化合物及溶解在燃油中的氮、氧、硫、磷等物质，为各类细菌提供了赖以生存的物质基础，燃油中的水为细菌滋生提供了合适的环境。细菌一般生活在燃油和水的界面处。适宜的温度会加速细菌的繁殖速度。细菌的最佳生长温度是25℃～30℃。微生物在燃油内的滋生会造成燃油品质下降，在燃油中形成暗色泥状沉淀物。该沉淀物会对燃油系统造成较大影响：堵塞油泵吸油口和油滤，造成供油系统故障；堵塞油量传感器燃油口，造成油量指示系统故障；污染物不能得到及时清理而导致油箱的腐蚀。研究表明，微生物腐蚀是结构油箱腐蚀的主要形式。为了消除微生物污染对燃油系统的影响和对油箱的腐蚀，必须破坏细菌的滋生环境，控制其滋生速度。目前唯一的方法就是控制燃油中的水分。

2）水进入油箱的途径

水进入油箱的途径包括以下两条。

（1）燃油本身溶解的水分析出。所有燃油都会溶解水分，随着空气温度和湿度的增加，水在燃油中的溶解度会相应增大。随着飞机的爬升，外界环境温度下降，油液中水的溶解度下降，部分水分将从燃油中析出。由于航空煤油的黏性相对较大，析出的水会以悬浮方式存在，不会很快下沉，形成游离水或乳浊状。

（2）大气中的水分在油箱内壁上冷凝成水滴流入油箱。当飞机在低空飞行时，大气中的水分含量较大，湿度较高。空气经过油箱通气系统进入油箱，水分便在温度较低的油箱侧壁上凝结成水滴或凝华成霜（气温升高时，霜会溶化成水），最后流入燃油。由于凝结生成的水滴较大，且水的密度比燃油大，水经油箱侧壁直接流入油箱，聚集在底部。当飞机执行短程航线时，经油箱侧壁凝结进入燃油中的水分会增加，因为短程航线飞行中，飞机在低空飞行时间相对较长。飞机在地面停放时，空气中的水分也会经油箱壁凝结进入燃油中。油箱中的剩余燃油越少和不飞行时间越长，燃油系统中的水分也就越多。

3）水分对燃油系统的其他影响

燃油中的水分不但会为细菌滋生创造适宜的环境，还会对飞机燃油系统造成直接的负面影响。

（1）增加静电危害。

（2）导致燃油指示系统故障。游离的水会造成燃油指示系统偏差（油量读数偏高），因为水的介电常数不同于燃油的介电常数。

（3）游离水引起飞机燃油系统结冰。进入燃油系统导管内的游离水受冻结冰，会使导管截面变小，影响燃油流量；悬浮的水会结成冰晶，会堵塞油滤并使附件磨损。管路截面变小和燃油滤的堵塞会使发动机因得不到足够的燃油而发生燃烧不稳定，严重时会导致发动机空中停车。

为防止这种情况发生，燃油滤设置旁通活门，并在燃油进入油滤前的管路上设置燃油加温器，对燃油进行加温。目前普遍采用发动机润滑油冷却器作为燃油加热器，既降低了润滑油的温度，又消除了燃油中的冰晶。

4）微生物污染检查

燃油内是否发生微生物污染，可通过检查分析从油箱中排出的燃油油样和目视检查油箱内部两种方法确定。

（1）油样检查分析法。当目视检查油样时，任何颜色、气味的异常均是燃油出现微生物污染的征兆，尤其是油样中出现浑浊、悬浮物、沉淀物和强烈的硫磺气味时。为了得到准确的结果，也可将油样送到检验室进行专业分析，测定每毫升油样中的菌落数确定污染等级。

（2）油箱目视检查法。每次进入油箱进行维护都是检查油箱内是否出现微生物腐蚀的机会。检查时，应仔细检查容易出现污染的油箱底部区域，若发现存在固形物，无论是何种颜色，均意味着油箱已发生微生物污染。

2. 微生物污染的预防

通过以上分析可知，微生物生活在水中，以燃油中的碳氢化合物和其他元素为生。水积存在油箱内，增加了微生物滋生的危害。控制燃油内的水分是预防微生物污染的唯一有效手段。

现代飞机采用以下两种方法控制燃油中的水分。

（1）燃油系统中设置除水系统。通过引射泵将油箱底部的含水燃油抽吸送到燃油增压泵吸油口处，不断送入发动机燃烧，减少水分在油箱底部的积累。

（2）油箱定期放水。油箱底部设有排水阀。排水阀安装在油箱的最低点，而且从排水阀出来的油正是水油界面附近的燃油，因此排积水和取油样可以同时进行。为了有效放水，应根据飞机制造厂家推荐的间隔和自身的运行情况确定飞机的放水间隔。在飞机执行短航线、低高度飞行和在温暖区域运行时，应缩短放水间隔。一般在每天的航前、飞机加油前与加油后，都要把飞机油箱中的水分和沉淀物放掉。

飞机油箱会在其底部设置多个放水活门，为了有效排水，应对每个放水活门进行放水操作，直到游离水全部放空为止。

能力点 2　微生物污染和油箱腐蚀的处理

当通过目视油样发现燃油出现微生物污染迹象时，应采用精度更高的生物分析法确定微生物污染的等级，并根据污染程度采取相应的处理措施。

1. 轻度污染

当确定油液存在轻度污染时，可定期监控油液污染状况，监控间隔根据此次污染的具体程度确定，一般在 1 个月～12 个月之间。

2. 中度污染

若油液污染程度为中或高度污染，应在 10 天内再次检查以确认污染程度。如果确定为中度污染，可对油箱进行生物杀菌处理。

（1）按照飞机制造厂家给定的程序向油箱内加入含一定浓度生物杀菌剂的燃油。燃油中杀菌剂的浓度要严格控制，浓度过高会引起结构油箱的腐蚀，而过低的浓度会导致细菌产生抗药性。同时注意，不能采用从重力加油口向油箱内加杀菌剂的方法，因为此方法可能导致油箱内杀菌剂局部浓度过高，容易引起油箱结构腐蚀。同时，不建议采用预防性杀菌处理。

（2）让系统在添加了杀菌剂的燃油中浸泡一段时间，增强杀菌效果。

（3）将燃油放掉，加入新的燃油（也可以将含有杀菌剂的燃油送到发动机烧掉）。在生物杀菌处理后 10 天内（至少是 5 次飞行后），重新检查油液污染程度，并根据检查结果采取进一步措施。

3. 高度污染

若经确认油样微生物污染为高度污染，则必须对油箱进行物理清洁，并在物理清洁后实施生物杀菌处理。

（1）将油箱内燃油全部放出过滤，并用杀菌剂处理。

（2）进入油箱，用手工清理的方式仔细清除微生物污染物，彻底清洗油箱。先用去垢剂和甲醇刷洗，刷洗干净后用清水冲洗，要反复刷洗除去所有微生物小块。冲洗干净后擦干，再用甲醇溶液洒到微生物侵害的地方，停留 15min，以便杀死剩余的微生物。15min 后用纯净水洗刷所有甲醇溶液痕迹，刷净后放掉水，用海绵擦干。再用加过温的压缩空气将油箱内部烘干。

清洗油箱时，不建议采用压力清洗法，因为压力清洗法可能导致油箱密封剂的损坏，并且清洗后的水很难清除。

（3）检查油箱腐蚀程度，如果需要，依据飞机的结构修理手册进行修理。

（4）对油箱进行生物杀菌处理，步骤见"中度污染"部分。

在生物杀菌处理后 10 天内（至少是 5 次飞行后），重新检查油液污染程度，并根据检查结果采取进一步措施。

知识点 3　燃油管路系统维护

燃油系统故障主要是油管及附件的渗漏。油管的故障有两种，即接头漏油和油管破裂。接头漏油的原因很可能是密封件老化、断裂和离位，也可能是机械原因，如壳体有砂眼或裂纹等。漏油从外观目视即可发现。

系统内漏的检查应在燃油泵运转状态下进行，检查方法为关断供油活门，拆下管路中的滤杯，放空管路中的油液；启动燃油增压泵，看是否有油液流入滤杯。当活门内漏严重时，应更换供油活门。

系统严重外漏时，应更换损坏的部件和密封圈。更换垫片、密封圈和封严皮碗的注意事项如下：

（1）附件、接头等必须清洁；

（2）旧垫圈等在封严槽内无残留物；

（3）必须以新换旧，新密封圈要合格；

（4）连接件必须均衡拧紧到规定力矩。

在更换部件之后，对部件和系统的工作性能都要进行严格的试验和检查，检查系统工作是否正常，故障是否已经排除，有没有达到原定的性能指标。

任务测评

请学生根据各知识点和能力点的学习，详细描述燃油系统的常见故障，分清漏油等级；详细描述燃油系统故障检查和处理的方法，能够有效地解决飞机燃油系统的常见故障。

模块 5　现代民航客机座舱环境控制

📖 模块学习基本目标 📖

知识目标

- 掌握实现民航客机座舱小环境的基本技术措施。
- 掌握空气式热交换器的分类和工作原理。
- 掌握座舱空气流量控制的原理。
- 掌握座舱空气的分配与再循环工作情况。
- 掌握增压座舱气密性检查的工作内容。
- 掌握机组及乘客氧气系统的组成和工作原理。

能力目标

- 能描述高空飞行环境对人体的危害。
- 能对空气循环冷却系统中的热交换器进行清洗操作。
- 能分析三轮式空气循环冷却系统得到广泛应用的原因。
- 能解释高压除水比低压除水优越的原因。
- 能描述现代客机实现座舱增压的基本途径和组成。
- 能解释乘客氧气系统的供氧原理及高压氧气瓶正常维护的注意事项。

任务1 认识客机座舱小环境的实现

知识目标

（1）了解高空飞行环境的特点。
（2）了解高空飞行环境对人体生理的影响。
（3）掌握实现民航客机座舱小环境的基本技术措施。
（4）掌握气密座舱的形式及环境参数。

能力目标

（1）能描述高空飞行环境对人体的危害。
（2）能给出实现民航客机座舱小环境所采取的技术措施。
（3）能区分座舱高度和飞机飞行高度的差别。

情境创建

通过航空概论的学习，学生已经了解民航客机通常是在对流层中飞行的。对流层的高空环境非常恶劣，温度低、气压低，对人的生存是一种挑战。民航飞机要想在高空实现载客飞行，就必须采取一定的技术措施，以保证乘客的安全和舒适。

任务实施

教师请学生根据自己的认识分组讨论，飞机要想在高空实现正常载客飞行，首先要解决的问题是什么，并请学生自由讨论为什么要首先解决这个问题。

知识点1 高空飞行的环境特点及对人体的生理影响

民航客机是在高空环境飞行的，由于高空环境与人们通常所生存的环境有很大的差异，因此在学习现代民航客机座舱环境控制之前，应该先对高空的环境特点及高空环境对人体的生理影响有一个清楚的认识，从中可以体会对座舱环境进行控制的重要性。

1. 高空飞行的环境特点

地球外表面被大气层所包围，大气层总厚度约为3000km，其物质分布是不均匀的。大气从地球表面向上延伸的高度取决于两个因素，即太阳的热辐射和地球的吸引力。太阳的热辐射使大气中的气体向外层空间扩散，而地球引力则将气体拉向地球表面。因此，随着从地球表面向外层空间的延伸，大气的密度和由此产生的压力都逐渐降低，同时，温度也随着高度的增加而不断降低。

按照气象物理特性的不同，通常将大气分为五层。从地球表面向外太空依次是对流层、平流层、中间层、电离层和散逸层。

民航客机一般的飞行空域在对流层。对流层的特点是，空气温度随高度增加而均匀降低，其平均梯度为 6.5℃/km；空气湿度随高度增加而迅速减小，如高度为 6km 时，水蒸气含量只有地面的 1/10，而高于 9km 以后，大气中就极少含有水分子；大气中的固态杂质也随高度增加而迅速减少。另外，对流层的空气运动非常活跃，沿水平和垂直方向都具有强烈的对流运动，气象变化非常复杂，风、云、雾、雨、雷、电、雪、雹等各种自然现象都出现在这一层中。

大气是由多种气体和水蒸气组成的混合物。从海平面到 90km 之间的大气被称为均匀大气层，其组成成分极为稳定，各种气体所占的百分比基本不变。按体积计算，氮气约占 78%，氧气占 21%，其余还有氩气和二氧化碳等气体。

空气有重量，所以产生压力。空气在单位面积上所形成的压力称为大气压力。越接近地球表面，大气压力越大。由于地球各处引力不同，使空气的分布也不均匀，即使在同一地表高度上，大气压力也会因为所处位置和气候条件等因素的不同而发生改变。因此，国际上规定了统一的标准，即以中纬度地区的平均大气参数为基准，定出标准大气，称为国际标准大气。它是根据实测资料，用简化方式来近似地表示大气温度、压力和密度等参数的平均垂直分布。如果需要，地球上不同地区的实际大气压力可以与此进行换算。表 5.1.1 为在海拔零高度上的国际标准大气参数。

表 5.1.1　海平面标准大气参数

标准大气温度	标准大气压力	标准大气密度
15℃	760mmHg（相当 101.3 kPa）	1.225kg/m^3

2. 高空环境对人体生理的影响

高空环境下，对人体生理影响最大的大气物理参数是大气的压力和温度。

表 5.1.2 为部分常见现代民航飞机的巡航高度，涡轮螺旋桨和涡轮喷气式飞机通常在 6km～13km 的高度范围内进行巡航飞行。

表 5.1.2　现代民航飞机的巡航高度

机　型	波音 737	波音 747	A310	A380	MD-82	BAel46	图-154	运 7
最大巡航高度/m	11277	12801	12496	13135	11277	8534	11000	6000

现代民航飞机飞行过程中，随着飞行高度的增加，大气压力在不断地降低，通常对机上人员在生理上所造成的影响主要有两个方面：一方面，由于大气中的氧气分压降低，使乘员出现高空缺氧现象；另一方面，低气压本身对人体会产生物理影响。在两者中，最主要的影响是高空缺氧。此外，压力变化速率太大也会给人的生理造成严重危害。通常情况下，在不同飞行高度上人体所产生的生理反应如表 5.1.3 所列。

表 5.1.3　不同飞行高度上人体的生理反应

高度/m	血氧饱和度/%	症　状
2440	90 以上	无明显生理反应
3050	90	长期停留会出现头痛、疲劳现象
4570	81	昏昏欲睡、头痛，嘴唇、指甲发紫，视力、判断力减弱，脉搏、呼吸加快
6700	68	出现惊厥现象
7620	50	如果不另外供氧，5min 左右就会失去知觉

1）高空缺氧

众所周知，如果离开了氧气，人体生命将受到严重的威胁。根据生理试验，人体吸入的氧气量与空气中氧气分压的关系很大。随着飞行高度的增加及大气压力的下降，大气中的氧分压和人体肺泡中的氧分压也会相应降低，就会造成血液中的氧气饱和度减少，机体组织细胞就得不到正常的氧气供应，在一定条件下会导致人体缺氧，即产生医学上所称的"缺氧"现象。

高空飞行时的缺氧现象属于"缺氧性缺氧"，即由人体在高空时所吸入氧气的分压降低引起的缺氧现象，又称为"高空缺氧"。从表 5.1.3 可以看出人体内缺氧所造成的影响，严重时将导致人的死亡。

不同人体在不同飞行高度上的缺氧反应症状有一定的差异。根据对未经锻炼的健康青年人在不同飞行高度急性暴露所引起的症状统计分析结果，可将飞行高度大致划分为四个区域，即无症状区域、完全代偿区域、障碍区域及危险区域，如表 5.1.4 所列。

表 5.1.4　缺氧高度的划分

区　域	高度/m	缺氧严重程度
无症状	0~3000	轻度
完全代偿	3000~5000	中度
障碍	5000~7000	严重
危险	7000以上	

其中，在 3km～5km 这一高度上，人体可以通过加强呼吸和促进血液循环来补偿由于氧气分压降低所造成的氧气不足，因而称为完全代偿区。即便如此，从 4km 大气高度开始，大脑皮层的记忆与计算能力已经受到明显影响，分析判断能力降低。当到达 4.5km 左右大气高度时，人体的血氧饱和度仅仅维持在 80% 左右，人体的动作协调能力也开始受到影响。所以，通常将 4.5km 左右的大气高度作为民航客机不补充氧气而能较长时间飞行的极限高度。

2）低压的危害

从对人体作用的性质而言，随着大气压的降低，除了高空缺氧以外，低气压本身对人体也有危害。低气压对人体主要可造成高空胃肠气胀等现象，即所谓的高空减压症。

一方面,由于人体内的一些器官属于含气空腔器官,如胃肠、肺、中耳腔及鼻窦,当环境压力降低时,腔内气体根据器官壁的可扩张程度会发生体积膨胀,或者使器官腔内部的压力相对升高。由于这些气体一时难以排出,必然使胃肠道的管壁受到扩张而引起腹胀、腹痛等现象。一般来说,高度越高,大气压降低也就越多,腔内气体的膨胀程度就会越大。在一般情况下,随着飞机的缓慢上升,大约在 8km 左右就会使人体感到腹胀,当达到 10km 以上就会感到腹痛。

另一方面,在高度上升、大气压力降低时,溶解在人体组织和体液内的气体(主要是氮气)会因过饱和而游离出来,从而在组织和体液中形成气泡。在血管内的气泡,可能成为气体栓子堵塞血管;在其他组织内形成的气泡,则可能压迫局部组织,产生疼痛等症状。最为常见的是气泡存在于关节及其周围组织之中,可压迫神经,导致关节疼痛。

高空减压症发生的高度对个别人可能在 5.5km 的大气高度上发生,多数病例则在 8km 左右的大气高度。

3)压力变化速度和爆炸减压对人体生理的影响

正常情况下,人体内、外压力相等并处于平衡状态。当外界压力快速降低时,人体的内外压力会来不及平衡,而在瞬间产生很大的压力差,此即"迅速减压"或"爆炸减压"。迅速减压对人体会产生严重的影响,可能会造成肺部及毛细血管破裂出血。

在飞机迅速上升或下降时,若对应的压力减小或增大的速率超出一定的范围,常常可引起航空性中耳炎及牙痛等症状,其中中耳炎的发病率最高。当外界压力变化速率过大,尤其是飞机下降使压力增加过快时,会出现剧烈的耳痛、耳鸣、晕眩和恶心,严重时可导致耳鼓膜破裂。

爆炸减压是压力变化过快的极端表现,它是飞机的增压座舱在高空飞行时突然失去座舱气密,舱内压力瞬间降低的现象。由于压差过大,有时会出现气浪冲击,将人掀起甚至抛出机外,并同时爆发巨响。20 世纪 80 年代,在某大型飞机上曾发生过一次这样的严重事故。爆炸减压后,座舱敞开,高空缺氧、低压和低温同时袭来,严重危及乘员和飞机的安全。爆炸减压危害的程度与座舱内外压差和飞机破损面积有关。当座舱内外压差越大、气密舱破口越大时,则减压速度越大,造成的危害也就越严重。

发生爆炸减压的原因,可能是在飞行期间,由于增压座舱结构或连接件强度不够,因而在过大的内外压差作用下使座舱顶盖、门、窗等结构突然遭到破坏;也可能是由于外来的因素,如受到鸟撞击、脱落的冰块或发动机破碎叶片飞出,而使座舱结构突然失去密封。

对于民航飞机,发生爆炸减压事故的应急措施是,应迅速将飞机下降到 4km 左右的安全高度,以及尽快使用氧气设备,因为失压后人能保持清醒知觉并能有效工作的时间非常短,所以一般规定能够保证乘客在 15s 内使用上氧气设备,即氧气面罩。

4)大气温度和湿度变化对人体生理的影响

物体的散热有对流、传导和辐射三种形式,人体的散热也是这样。人体通过呼吸和发汗排出部分热量,对体温进行调节。人的体温取决于发热和散热的平衡。

在通常环境条件下,人体自身具有温度调节的功能。人体可以通过自身的肌肉运动、血管舒缩、汗腺排汗等保持一定的体温。但这种人体自身的温度调节有一定的局限性,如果外界温度过高或过低,超过了人体自身的调节范围,人就会出现一系列的不适反应。

当处于高温时,人的体温上升,汗腺活动增强,心率加快,皮肤血管扩张。由于心脏、呼吸肌和汗腺加强及体温升高引起的细胞代谢增强,耗氧量增加,消化功能及中枢神经系统功能紊乱。如果超过生理极限值,体温调节机制将失去作用,出汗停止,这时仅仅依靠人体自身的能力将不能摆脱死亡的命运,必须采取一定的措施。

当处于低温时,人体也会出现一系列代偿性的功能变化,如外部血管收缩、代谢产热增加。皮肤血管收缩可使体表温度降至接近周围冷空气的水平,以缩小人体表面与周围环境的温度梯度,减少散热。同时,人体会产生局部或全身性生理寒颤,以增加机体产生的热量。医学试验表明,最强的寒颤可使代谢水平提高到静止时的五倍。低温对人体产生不利影响的原因主要是散热量超过产热量,即出现"热债"现象,致使体温不能平衡,当"热债"到达一定值时,就会感到不舒适,工作效率降低,严重时会发生冻伤。

人体对环境的冷热感不仅与温度有关,还与空气的湿度、流速等有关,且个体差异很大。人们通常认为,温度不低于15℃、不高于26℃是适宜的。而人体对湿度的感觉取决于相对湿度。在高温时,高湿度对人体生理的影响主要表现为妨碍汗液的蒸发,从而引起"闷热感";在低温时,身体与周围空气的传热量加大,又会产生"湿冷感"。低湿度对人体生理的影响不十分明显,航空医学的研究试验已经证明,低湿度对人工作效能的影响不是立即就能显示出来的。

5)其他环境参数对人体生理的影响

大气中的臭氧、环境噪声、空气清洁度等对人体也有不同程度的影响。

(1)臭氧对人体的影响。在飞机飞行的高度内可能会遇到臭氧危害区域。臭氧是强氧化剂,具有强烈的臭味,化学性质活泼。对飞机来说,橡胶件会在臭氧的环境中受到腐蚀作用。另外,臭氧毒性很强,但在未进入血液之前多数已分解成氧,故一般认为不会引起全身毒性反应。

臭氧具有在高温作用下可被分解的特点:当加热到300℃时,50%的臭氧被破坏;400℃时,可完全分解。因此,可通过座舱增压系统压气机的加温将其破坏。另外,还可以通过避开臭氧浓度高的地区进行飞行,以及在空调的热交换器中使用涂镍肋片的方法使大部分臭氧解体,这些都是有效的保护措施。

(2)噪声对人体的影响。通常情况下,人耳可听到的声音频率范围为20Hz~20000Hz,低于此范围的称为"次声",高于此范围的称为"超声"。频率在4000Hz以上的声音对人体的听觉神经具有强烈的刺激作用。

飞机的噪声源主要为发动机噪声和空气动力噪声。不同类型的飞机,各噪声源在总噪声中所占比重不相同,螺旋桨飞机的主要噪声源为螺旋桨,喷气式飞机的主要噪声源是喷流,而涡扇飞机的风扇噪声是其主要噪声源之一。飞机客舱内噪声总水平必须受到控制,因为噪声太高容易使人疲劳、烦躁不安。座舱噪声量通常规定在100dB以下。

(3)空气清洁度对人体的影响。空气清洁度主要受低空杂质和燃烧物的尘埃影响,以及人的呼吸及其他污染。不清洁的空气会对人的肺部和呼吸道产生不良影响,因而要求座舱要有清新的空气,不应含杂质和有害气体。座舱内空气是否清洁新鲜主要取决于座舱空气的来源及座舱的通风换气量,这些在现代民用飞机上都能够较好地得到满足。

知识点 2　实现民航客机座舱小环境的基本技术措施

由于高空飞行环境所存在的缺氧、低压、低温等各种因素对人体生理的不良影响，通常情况下，为了保证在高空飞行时乘员能够安全、舒适地工作和生活，对民航客机座舱小环境必须采取一定的技术措施，即把座舱设计制造成气密座舱。

1. 气密座舱

气密座舱又称增压座舱。人们赖以生存的地球环境是客观的存在，外界大气的温度、压力等参数是人类所不能改变或控制的，人们只能在适应客观环境的基础上进行小环境的改造，以满足人类生活的需要。所以，人们只能在高空飞行过程中，人为制造一个满足飞行需要的座舱小环境。这就需将飞机座舱制造成一个相对气密的环境，从而把飞机内部的小环境与外界的大环境分隔开来。由于这个小环境空间较小，人们完全能够利用一定的技术手段对其中的空气基本参数进行控制。这就是座舱环境控制系统的基本任务。

随着航空工业技术的发展和民航客机的现代化、大型化，飞机环境控制系统的地位日趋重要，设备也更加完善。一个良好的座舱环境不仅关系到机上人员的生命安全，而且舒适的气密座舱条件还可以在提高旅客上座率上发挥重要作用。因而保持座舱环境控制系统的正常工作通常也是机务维护的重要内容之一。

2. 对气密座舱的基本要求

气密座舱是飞机座舱环境控制系统的调节对象，是对乘客和空勤人员提供安全、舒适的生活和工作环境的基本技术保证。因此，对气密座舱必须有以下三方面的要求。

（1）座舱内空气参数应符合人体生理卫生标准和一定舒适程度的要求。座舱内空气参数如空气的温度、压力及压力变化率应符合人体生理卫生的要求。同时，对于进入座舱空气的流量、流速、湿度、清洁度等，还应满足座舱空调通风换气的要求。

（2）座舱应具有一定的结构强度，以保证空调系统工作安全可靠。飞机座舱结构应能承受飞机的最大余压值。当飞行状态及环境大气条件突然变化时，空调系统应能安全可靠地工作。如果系统供气压力及温度突然改变，或受到振动等作用时，空调系统不能损坏。

（3）座舱应具有一定的气密性。保持座舱气密性是实现座舱小环境控制的重要条件。但随着座舱气密性的提高，飞机结构的重量会相应增加，生产成本也会上升，所以气密座舱存在某些不降低飞行安全性的泄漏是允许的，通常允许每立方米座舱容积有 2kg/h 的漏气量。

3. 民航客机座舱小环境空调系统的技术特点

考虑到有些乘客对飞行可能不习惯，会产生情绪不稳定及其他生理反应，通常对飞机空调系统的要求要比地面空调更加严格。与地面空调相比，民航客机座舱小环境的空调系统有以下一些技术特点。

（1）为了减小空调系统的代偿损失，空气调节装置的重量应尽可能轻。

（2）飞机内空间小，空气调节装置的尺寸要受到严格的限制。

（3）在客舱内每人所占的空间比较小，活动受到限制，必须保持满足乘客舒适要求的较大供气量，否则可能会有过多的异味和烟雾积存在舱内。

（4）如果飞机在高空飞行，因外界环境的湿度较低，使得进入座舱内空气的相对湿度也较低，这样就对乘客的眼睛、鼻子和咽喉黏膜产生一定的刺激，因此还有必要适当增加座舱内空气的湿度。

（5）气流输入座舱内时，如果流量较大，可能会产生过大的噪声，并使人有"穿堂风"的感觉。

（6）地面空调不存在增压的问题，而飞机在高空飞行时应对座舱进行增压调节。

4. 供氧装置

为了提高氧的浓度，补偿氧分压随高度增加而引起的下降，通常从 4km 左右的高度开始进行供氧补给，以提高乘员吸入空气的含氧浓度，提高氧气分压。供氧装置应能使供氧的百分比随高度增加而增加。

采用这种方式可维持 4km 左右的氧分压，且飞行高度只能到达 12km～13km。如果高度继续升高，还需要专门的加压氧气面罩进行加压供氧。对于民用飞机来说，供氧方式仅适用于低速的螺旋桨类飞机，或者作为喷气客机气密座舱的一种补充方式，如给机组人员或病员补充供氧。当座舱失去气密时，氧气面罩可作为应急供氧方式使用。

知识点 3　气密座舱的形式及环境参数

为了保证乘员能够进行正常的空间旅行，必须采用适用的气密座舱，以达到即实用又经济的目的。同时，还要对飞机飞行空间的环境参数进行必要的控制，以满足乘员的生理需要。

1. 气密座舱的形式

良好的气密座舱是飞行器进行高空飞行的必要条件，这样可以同时解决增压、通风和温度调节等方面的问题，从而能较好地满足机上乘员的需要。

1）大气通风式气密座舱

图 5.1.1 为大气通风式气密座舱的控制原理。该气密座舱的形式适于 25km 以下高度的飞行空间，通常为民航客机所采用。它的基本技术特点是利用外界大气经发动机压气机增压，并进行温度和压力调节后供往座舱。座舱内的空气又可经排气活门排出机外，通过控制排气活门的开度，调节排气量，实现座舱压力调节，以保证座舱内空气新鲜。

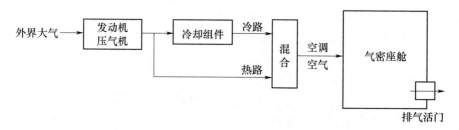

图 5.1.1　大气通风式气密座舱的控制原理

此种气密座舱在高度 20km 以下飞行很有优势。由于增压空气由发动机压气机引出，温度较高，能直接用来给座舱加温，从而使系统设备较为简单。同时，座舱所需要的供气量比压气机本身所能产生的供气量少得多，所以对发动机的工作影响不大。此外，大气通风式气密座舱对气密性要求相对较低，座舱密封结构简单，便于维护。

但是，由于这种系统工作时要依赖发动机，所以当发动机工作状态发生改变时，将会引起座舱供气的不稳定，使座舱压力和温度的调节受到一定的影响。

2）再生式气密座舱

图 5.1.2 为再生式气密座舱的控制原理。再生式气密座舱又称为自主式气密座舱，适用于 25km 以上高度的飞行空间。这种气密座舱与外界大气环境完全隔离，所以使用时不受飞行高度的限制，只取决于飞行器上所能携带的氧气量和空气量。对于载人星际飞行器来说，采用再生式气密座舱是其唯一的选择。

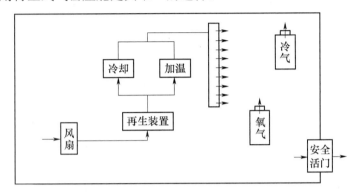

图 5.1.2 再生式气密座舱的控制原理

毫无疑问，这种气密座舱的结构比较复杂，维护起来也不方便，而且由于要携带较多的氧气及飞行过程中各种电气设备要进行工作，使得失火的危险性增大。所以，再生式气密座舱只是在宇宙航行中得到了广泛应用。

2. 气密座舱的环境参数

气密座舱的环境参数主要是指座舱空气的温度和压力及它们的变化速率，另外还包括空气的流量、流速、湿度、清洁度和噪声等。为保证舱内空气环境良好，就要使这些参数维持在规定的范围内，因而必须采取相应的技术措施，需要各种机械和自动控制装置及安全和指示设备。

1）座舱温度

根据航空医学要求，最舒适的座舱温度为 20℃~22℃，但通常情况下保持座舱温度为 15℃~26℃ 就能够满足乘员的舒适要求。

人的热感觉与人体的散热有关。环境空气的温度、相对湿度、空气流动速度（即风速）及周围物体温度等各因素之间紧密联系、相互制约，因此评价人体对热环境的感受常用"有效温度"来作为人在不同温度、湿度和风速等综合作用下的温热感觉指标。

小贴士：有效温度是人体对不同空气温度、相对湿度、气流速度环境的所作出的具有相同热感觉的综合指标，通常以风速为 0.2m/s、相对湿度为 100%、气温为 17℃ 时所产生的温热感觉作为评价标准，并将其它不同气温、气湿和风速下的小气候环境与之进行比较。人从一个环境进入另一个环境时，如果热感觉没有明显变化，则认为这两个环境具有相同的有效温度。

另外，座舱内温度场应保持基本均匀，无论是垂直方向还是水平方向，与规定座舱温度值的偏差一般不得超过±3℃。座舱壁、地板和顶部的内壁温度基本上应保持与舱内温度一致，各内壁的温度应高于露点，使其不致蒙上水汽。

2）座舱高度

座舱压力也可以用座舱高度表示。座舱高度是指座舱内空气的绝对压力值所对应的标准气压高度。一般要求飞机在最大设计巡航高度上必须能保持大约在2.44km（8000ft）的座舱高度上所对应的压力。这样，在飞行时气密舱内可以不必使用氧气设备。

现在的一些大中型飞机，当座舱高度达到3.05km（相当于10000ft）时，通常都设有座舱高度警告措施，可以向机组成员发出警告提示：座舱压力不能再低，此时必须采取措施增大座舱压力。

3）座舱余压

座舱内部空气的绝对压力与外部大气压力之差就是座舱空气的剩余压力，简称余压。正常情况下，余压值为正，但在某些特殊情况下也可能会出现负余压。飞机所能承受的最大余压值取决于座舱的结构强度。飞行中，飞机所承受的余压值与飞行高度有关。随着客机使用升限的提高和对舒适性要求的提高，客机的余压值有增大的趋势，如波音747-400飞机和MD-11飞机的最大余压值都达到了62.7kPa。

4）座舱高度变化率

单位时间内座舱高度的变化速率称为座舱高度变化率，它反映的是座舱内压力的变化速度。飞机在爬升或下降过程中，由于其飞行高度的变化及座舱供气流量的突然变化，都可能导致座舱压力产生突变。座舱压力对时间的变化率称为座舱压力变化率。飞机升降速度较大即外界压力变化速率较大时，舱内压力变化的幅度应当较小并具有比较缓和的变化率。

当座舱压力发生变化时，座舱压力调节器应自动地进行调节，即在调节压力的过程中保证座舱压力变化速率不大于允许值。另外，在飞行中应鼓励旅客用打哈欠、吞咽或左右运动下颌等方法使中耳内外压力平衡，以减小不适感。

任务测评

在环境恶劣的高空进行载客飞行是对人类科学技术水平的挑战。人类在征服大自然的过程中实现了飞天之梦，不能不说是人类智慧的结晶。民航客机座舱小环境的创设为实现人类交通工具的飞跃提供了基础。

请论述实现高空载客飞行所应采取的技术措施。

任务 2　空气循环冷却系统热交换器的清洗

知识目标

（1）了解气源系统与冲压系统的基本工作情况。
（2）掌握空气式热交换器的分类和工作原理。
（3）掌握三轮式空气循环冷却系统的构成及特点。
（4）掌握高压除水的机理及优点。
（5）了解蒸发循环冷却系统的工作原理。

能力目标

（1）能分析三轮式空气循环冷却系统得到广泛应用的原因。
（2）能描述低压除水和高压除水的优缺点。
（3）能描述空气循环冷却系统中的热交换器的清洗操作程序。

情境创建

通过前面的学习，学生明白在高空飞行过程中只有采取必要的技术措施才能保证乘员在座舱小环境里的安全舒适飞行。对座舱进行温度和压力调节是通过不断向座舱进行增压供气来实现的，为此，必须给座舱制备足够的冷却空气。现代大多数民航客机制备冷却空气利用的就是空气热交换器原理。热交换器是民航客机座舱空气冷却系统非常重要的部件。

为了保证系统能够提供适用的冷却空气，必须经常对飞机上的热交换器进行维护。维护时，除了检查热交换器在飞机上的牢固性及空气导管是否损坏以外，对热交换器进行清洗也是非常重要的工作。清洗热交换器可以除去管道内的积尘和污物，提高热交换器的工作效率。

任务实施

教师带领学生观摩民航飞机机务人员对热交换器进行清洗的过程。

在清洗热交换器之前，机务人员要用一定压力的干燥清洁压缩空气吹除表面浮尘。实施吹除的过程中，一定要注意使压缩空气的气流方向与系统工作时冲压空气的流动方向相反，这样才能达到比较好的吹除效果。

清洗方法有若干种，这里使用清洗液清洗法。选择 TURCO5975A 清洗液，配置 17%体积浓度的水溶液。室温下，将空气热交换器完全浸没在水溶液内，保持 24h。其间，要经常搅拌水溶液，以保证清洗效果。然后用干净的清水进行多次冲洗，直到交换器中所流出的水中无明显的清洁剂或污物。最后再尽可能地沥去热交换器里的水分并进行干燥处理，这样就完成了清洗工作。

知识点 1　气源系统与冲压系统

简单地讲，民航客机座舱空气循环冷却系统的任务就是将用于座舱温度和压力控制的气源，以热交换器的原理通过冲压空气的冷却作用得到一定压力的冷却空气。为此，要先了解与民航客机座舱空气循环冷却系统有关的气源系统和冲压系统。

1. 现代大中型民航客机气源系统

现代民航飞机的气源主要来自燃气涡轮发动机压气机、APU 或地面气源，可用于空调和增压系统供气、机翼前缘及发动机前缘整流罩热防冰、发动机的启动、水箱及液压油箱增压气源、驱动液压泵等。

飞机正常飞行时的气源是由发动机压气机引气提供的，一旦一台或两台发动机引气系统失效时，在一定飞行高度下可由 APU 供气。有的飞机在起飞阶段也使用 APU 引气进行空气调节，以减轻发动机在起飞过程中的负荷。

双发飞机一般有两个独立的引气系统，中间由隔离活门隔断，需要时两个系统可以连通。APU 引气通过引气关断活门和单向活门引气到气源总管。在隔离的一侧（或两侧）设有地面气源接头。

图 5.2.1 为典型的飞机气源系统，它主要由三个部分组成，即高（中）压引气、预冷器控制和调压关断活门（PRSOV）部分。它有两级引气口，即中压引气口和高压引气口，分别来自发动机高压压气机的两级。发动机在较高功率工作时，空气从中压引气口引出，此时高压级活门关闭，防止空气从高压级向中压级倒流。当发动机在低功率下工作时，中压引气压力不足，则高压级活门自动打开，由高压引气口供气。

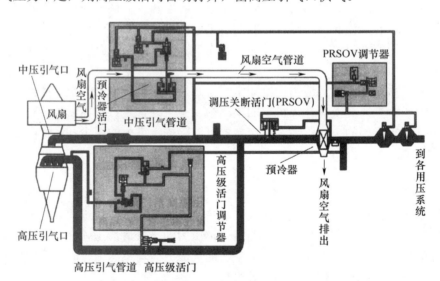

图 5.2.1　典型的飞机气源系统

来自发动机压气机的引气需要经过 PRSOV 活门。

（1）PRSOV 具有限制活门下游压力的作用。PRSOV 通过调节活门的开度控制下游的压力，下游最大压力一般控制在 275.6kPa～344.5kPa。

（2）PRSOV 可以限制下游温度。PRSOV 活门及控制器本身并不具有专门的限温装置，而是通过减小 PRSOV 活门的开度来限制下游温度。当预冷器下游（热路）温度过高时，PRSOV 活门会逐渐关小。随着 PRSOV 活门的逐渐关小，通过此活门的流量也逐渐减小，使流经预冷器的热空气流量减小，而相对来讲，预冷器的冷却空气流量增大，使热空气在预冷器内得到更充分的冷却，因此可以阻止热空气温度的进一步升高，以达到限温的目的。

（3）PRSOV 可以提供引气关断功能。当引气过热（或超压）时，系统中的过热电门（或超压电门）就可将过热信号传给 PRSOV 控制器，以实现在引气过热（或超压）时自动关断。PRSOV 也可以人工关断，在如图 5.2.2 所示的引气控制面板中，将一个发动机引气电门扳到"OFF"位置即可关闭 PRSOV，从而切断来自这台发动机的引气。PRSOV 控制着从某一台发动机的引气，PRSOV 关闭后，从这台发动机的引气也被切断。

图 5.2.1 中，预冷器系统的作用是限制引气温度，防止高温损伤引气管道附近的相邻部件。预冷器是空气/空气热交换器。它的冷却空气来自发动机风扇空气，而热路空气则来自发动机压气机的中压级或高压级引气。预冷器控制活门传感器可将预冷器下游的温度信号传给预冷器控制活门，预冷器控制活门将根据此传感器的信号来调节活门的开度，通过调节冷却空气（发动机风扇空气）的流量限制来自预冷器下游发动机引气的温度。

图 5.2.2　引气控制面板

2．其他形式的压力气源

以上所述为现代民航客机的压力气源系统，但早期飞机上进行座舱环境控制所用的气源制备方法并非如此，主要是通过以下几种途径来实现的。

1）机械驱动增压器

活塞式发动机内的增压器为座舱增压提供了最简单的方法，通过增压器向汽缸输送的压缩空气的总管引出空气。这种装置只能在发动机汽化器装在增压器下游时使用。图 5.2.3 为一种离心式增压器，发动机曲轴通过齿轮带动增压器叶轮转动，通过改变传动比来调整增压叶轮的转速，从而提供满足流量要求的具有一定压力和温度的引气。

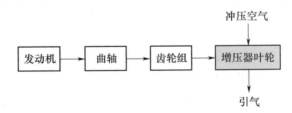

图 5.2.3　传动离心式增压器

2）废气驱动涡轮增压器

如图 5.2.4 所示，废气驱动涡轮增压器主要是借助活塞式发动机汽缸的排气，热空气流过一个涡轮，冲击涡轮使其转动。与涡轮同轴有一个增压叶轮，此增压叶轮可由涡轮带动转动。增压叶轮转动可给来自外界的冲压空气增压，从而制备具有一定压力和温度的气源，来作为进行座舱环境调控的气源。通过控制节气门的开度可控制增压器叶轮的转速。

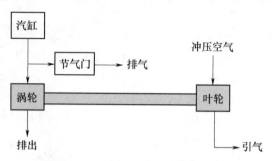

图 5.2.4　废气驱动涡轮增压器

3）单独的座舱压缩机

如图 5.2.5 所示，单独的座舱压缩机主要用于燃气涡轮发动机。

座舱压缩机是将燃气涡轮发动机转子的转动通过附件传动齿轮箱传送到一个压缩机，此压缩机可抽吸外界空气给其增压，获得满足座舱环境调节的空气。

另一种类型的座舱压缩机如图 5.2.6 所示，它是从发动机压气机引出空气，使发动机引气流过一个涡轮，热空气冲击涡轮使其转动。与涡轮同轴连有一个座舱压缩机，压缩机在涡轮的带动下转动，给外界空气增压，作为座舱的环境调节气源。该座舱压缩机主要应用于早期的燃气涡轮发动机的飞机。此类飞机之所以采用这种单独的座舱压缩机而不是将发动机压气机的空气直接用于增压气源，主要是早期飞机发动机的封严性能不够完善，如果直接从发动机压气机引气来作为气源，则有可能由于润滑油或燃油的泄漏，而使得用于座舱调节的引气受到污染。

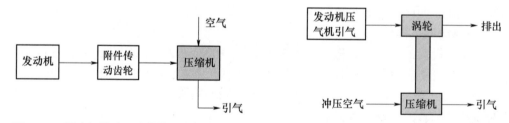

图 5.2.5　发动机转子驱动的单独座舱压缩机　　图 5.2.6　发动机压气机引气驱动的单独座舱压缩机

3. 冲压系统

与现代大中型民航客机气源系统相对应的冲压空气系统的作用是，利用飞机飞行时的气流将飞机外部空气引入到飞机内部，来作为热交换器的冷却介质，这一点和传统飞机上冲压空气的作用不太一样。如图 5.2.7 所示，冲压空气系统由进口门，出口门，进、出口门电作动器，风扇及冲压空气管道组成。通过对进、出口门开度的调节，可调节冲压空气管道空气的流量。温度控制系统可通过对冲压空气进、出口风门的调节来调节组件出口的温度，即冷路空气的温度。

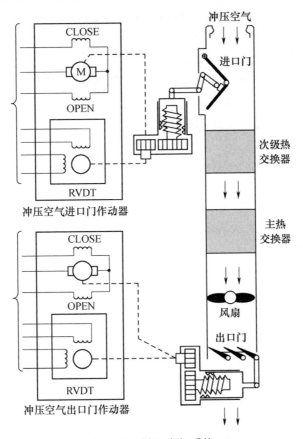

图 5.2.7 冲压空气系统

需要说明的是，涡轮压气机式的冷却系统（见知识点 2）常采用单独的冲压空气风扇。当飞机在地面或飞行速度较低时，风扇工作，抽吸外界空气，保持冲压空气管道内有足够的空气流量，从而保证热交换器冷却空气的流量。当飞机飞行速度较高时，风扇处于停车状态。三轮式空调系统（见知识点 2）的冷却风扇与涡轮和压气机同轴，所以只要空调组件工作，风扇就转动，保证飞机在地面及低速飞行时冲压空气管道内空气的流量，从而保证热交换器的冷却效果。

在冷却系统中，水分离器分离出来的水分一般都通到冲压空气的进口管道内（见知识点 2），低温水分的蒸发可增大热交换器的冷却效果。

知识点 2　空气循环冷却系统

空气循环冷却系统的作用是使用热交换器和涡轮冷却器使高温引气冷却，形成冷路空气，并除去空气中的水分。

1. 热交换器的形式

热交换器在空气循环冷却系统中起着非常重要的作用。它是把热量从一种载热介质传递给另一种载热介质的设备。若以加热流体为主要目的，则称为加热器；若以冷却热流体为主要目的，则称为散热器或冷却器。

按载热介质性质的不同，热交换器可分为空气/空气热交换器和空气/液体热交换器。

在空气/空气热交换器中，冷却和被冷却的流体都是空气，而空气/液体热交换器则采用水、燃油、氟利昂等液体来作为热交换器的冷却介质。图 5.2.8 为一种空气/空气热交换器，其结构特点是两种载热介质被金属间壁隔开。传热过程中，冷、热介质分别流动，互不接触，热量由热流体通过金属间壁传给冷流体。

空气/空气热交换器借助外界冷空气与发动机引来的增压空气之间的能量交换，将热空气的热量传给冷气流而实现降温。空气式热换器有顺流式、逆流式和叉流式三种形式。

1）顺流式热交换器

顺流式热交换器的冷流与热流流动方向相同，这样冷、热气流之间的温差越来越小，热交换能力也越来越小，所以效率不高。

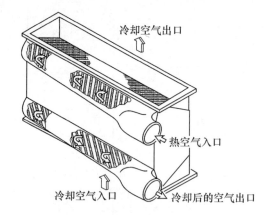

图 5.2.8　飞机空调系统空气/空气热交换器

2）逆流式热交换器

逆流式热交换器的冷流与热流方向相反，冷、热气流之间的温差可以一直保持比较大，因此流体间的热交换比较充分，其热交换效率比顺流式高，但结构上较复杂。

3）叉流式热交换器

叉流式热交换器的冷、热气流为正交，其热交换效率在顺流式与逆流式之间。如采用多程叉流式热交换器，其效率可以与逆流式接近。

空调系统中使用的热交换器有些是单流程的，有些则是多流程的。流程是指热交换器芯体的数目，图 5.2.9 为逆流三流程叉流式热交换器。它是由三个芯体组成的热交换器，每个芯体中两流体为交叉流动，而从整个热交换器来看，两流体为逆向流动。

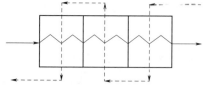

图 5.2.9　逆流三流程叉流式热交换器

2. 空气循环冷却系统的冷却原理

现代飞机上采用的空气循环冷却系统有三类：涡轮风扇式、涡轮压气机式和涡轮压气机风扇式。

1）涡轮风扇式冷却系统

涡轮风扇式冷却系统又称涡轮通风式冷却系统，如图 5.2.10 所示。它由热交换器、冷却涡轮和风扇组成。

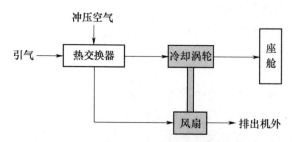

图 5.2.10　涡轮风扇式冷却系统原理图

高温高压引气经过调节装置后，流过热交换器进行初步冷却，再在冷却涡轮里进一步膨胀冷却供向座舱。涡轮通常驱动一个风扇或驱动一个给引射器供气的压气机，用以抽吸或引射流过热交换器的冷却空气。这种系统甚至当飞机在地面停机状态下也有冷却作用。因为风扇或引射器可以抽吸或引射冷却空气，以使供向座舱的高温高压的热空气获得冷却。这种利用发动机压气机引出的空气作为气源的涡轮通风式冷却系统，是目前最简单也是最轻便的一种冷却系统，它在许多机种上，尤其在军用飞机上获得了广泛的应用。这种系统的主要缺点是，随着飞行高度的增加，风扇端空气密度下降，从而引起风扇负荷减小，使冷却涡轮转速增加，影响涡轮寿命，因此其飞行高度受到限制。这种系统若要保证高空涡轮不超速，则在低空工作时涡轮转速会较低，从而使涡轮效率降低而影响系统的制冷能力。

2）涡轮压气机式冷却系统

涡轮压气机式冷却系统又称为升压式冷却系统，如图 5.2.11 所示。它由两级热交换器、压气机和涡轮组成的涡轮冷却器组成。热交换器和涡轮冷却器都是冷却装置。

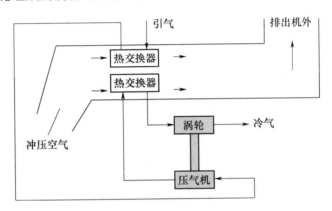

图 5.2.11 涡轮压气机式冷却系统原理图

高温高压引气经过流量调节后通向一级热交换器冷却，流出一级热交换器的空气又进入到压气机，经过压气机，空气的压力和温度都会提高，以便提高二级热交换器的冷却效率。空气流经二级热交换器，温度得到进一步地冷却。流出二级热交换器的空气又通向冷却涡轮，在涡轮内膨胀后，空气的温度和压力进一步降低，以满足对座舱环境的调节。

在现代喷气式飞机上用发动机压气机作为增压供气源的情况下，亦可采用压气机式冷却系统。原因如下：

（1）在高空，发动机压气机出口压力较低，为保证座舱增压，压气机式冷却系统可部分解决这个问题；

（2）在高速飞行条件下，由于其涡轮膨胀比比涡轮通风式冷却系统大，故其制冷能力也较大；

（3）在相同制冷能力下，压气机式冷却系统的供气压力或引气量可以较小，故对飞机性能代偿损失小，使发动机耗油小，经济性好；

（4）压气机式冷却系统的涡轮运转平稳，不像涡轮通风式冷却系统的涡轮转速变化大，因而涡轮寿命长。

但压气机式系统也有自身的缺点，即飞机在地面停机状态下或起飞滑跑时，由于两个热交换器缺乏冲压空气作为冷却介质，而使系统制冷能力不足；相反，在涡轮风扇式冷却系统的热交换器中，冷却空气被冷却涡轮所驱动的风扇推动，所以仍有良好的制冷能力。

3）涡轮压气机风扇式冷却系统

现代飞机大多采用空气循环冷却系统，如上所述，涡轮压气机式冷却系统的缺点是地面冷却能力差。为了使地面有冷却能力，需要在热交换器的冷路上装设风扇。这一方面增加了重量，另一方面需要驱动风扇的动力。而采用涡轮风扇式冷却系统，在地面虽有冷却能力，但其循环效率低，而且热交换器的冷却空气风扇大约只消耗涡轮发出功率的 15% 左右，其余 85% 被风扇浪费了（升高了不必要的冷却空气压力和温度）。这种系统对军用飞机还是实用的，而对民航喷气式客机的地面冷却则不够合理、经济。考虑到这种情况，为了提高空气循环效率，就出现了把涡轮压气机式和涡轮风扇式组合起来的涡轮压气机风扇式组合冷却系统。这种系统冷却装置的特点是用涡轮驱动同一根轴上的冷却空气风扇和升压式压气机，所以该系统又称为三轮式冷却系统。

三轮式冷却系统既吸收了涡轮压气机式系统供气小、节省功率的优点，又吸收了涡轮风扇式系统在地面也有冷却能力的优点，并且，由于压气机吸收了涡轮功率的主要部分（85% 左右），故也可防止冷却装置的超速。这是涡轮压气机式系统和涡轮风扇式系统的自然发展，它在现代民航客机上获得了广泛的应用。

从发动机压气机（或辅助动力装置 APU）供来的空气经过供气调节装置供向冷却系统。热空气先经过组合式热交换器的初级热交换器获得初步冷却，而后经过三轮冷却装置的升压式压气机，温度和压力均提高了，再经过组合式热交换器的次级热交换器冷却，最后通过涡轮膨胀降温而供向座舱。其中，三轮冷却装置的风扇给组合式热交换器抽吸冷却空气，从而使整个系统获得优良的性能，其原理如图 5.2.12 所示。

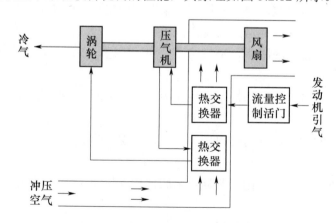

图 5.2.12　三轮式空气循环冷却系统制冷原理

图 5.2.13 为三轮式涡轮冷却器的结构示意图,它包括一个单轴的转动组合件,上面安装了压气机、涡轮和风扇,由空气轴承支撑这个旋转组件。涡轮在转动轴的一端,风扇在轴的另一端,压气机位于涡轮和风扇之间。气流流过主热交换器进入离心式压气机,压气机压缩气体提高了气体的压力和温度,随后气体通过高压水分离器进入涡轮,在涡轮内气体膨胀,产生动力驱动压气机和风扇转动,由于气体消耗内能对涡轮做功,故气体温度进一步降低。在空中,风扇协助冲压空气流动;在地面没有冲压空气情况下,由风扇提供所有的冷却气流。

有些涡轮冷却器采用机械轴承,要维持其高速转动就需要润滑和冷却装置。对于涡轮冷却器而言,一个很重要的维护工作就是加注润滑油,以保证其润滑部分的正常工作。现代飞机广泛采用了空气轴承取代机械轴承,这样不但减少了加注润滑油的维护工作量,而且大大提高了涡轮冷却器的寿命和转速。

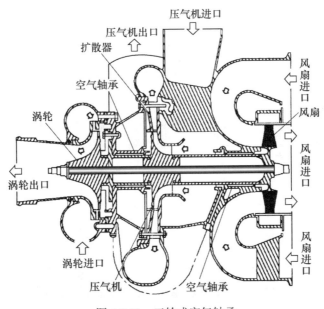

图 5.2.13 三轮式空气轴承

空气轴承就是涡轮冷却器转子在高速转动时,借助于空气动力使转子悬浮于空气中高速转动,转子直接与气膜接触,因而摩擦力大大减小,效率明显提高。图5.2.14为一种箔片式空气动压轴承。它是用薄的箔片材料制成,在工作时无需外部供压,仅依靠气体的黏性,在轴旋转时可将气体带入由轴和箔片之间形成的一个收敛楔,形成有托起作用的气膜,支持轴的旋转。这种轴承寿命长、工作可靠,即使发生故障,对转子也不会产生破坏性的影响,不需要润滑,且其负载能力可以随转速的增大而提高。

3. 座舱湿度控制

飞机空气循环冷却系统制备出来的空气不仅仅只对其温度有严格的要求,对其湿度也同样有一定的要

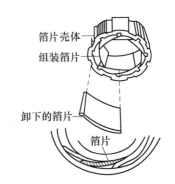

图 5.2.14 箔片式空气动压轴颈轴承

求。这是因为飞机在高空飞行时外界大气湿度较低，但在地面或低空飞行时外界大气湿度过高，使座舱内空气湿度很大，座舱风挡上容易产生水雾，一定条件下还会导致系统结冰，降低空气循环冷却系统的制冷能力。

因此，现代民航客机一般都在空气循环冷却系统中装有水分离器，以降低座舱和设备舱小环境中空气的游离水分。水分离器的作用是分离、收集并除去空气中过多的水分。水分离器装在涡轮冷却器冷却涡轮上游的高压段，即为高压除水，装在涡轮下游的低压段，即为低压除水。

1）低压除水

在空调系统中，涡轮进口之前的压力较高，称为高压，而涡轮出口的压力较低。这是因为在涡轮进口之前的气体是经过压缩机增压后的气体，而气体流过涡轮后膨胀做功，其压力和温度都降低。低压除水是在涡轮出口之后的管路上安装水分离器进行除水，如图 5.2.15 所示。低压除水主要用于中小型飞机。

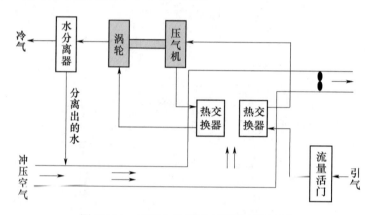

图 5.2.15　低压水分离器在系统中的位置

图 5.2.16 为一种典型的低压水分离器。这种水分离器的特点是没有运动部件，因此构造简单、重量轻，正常工作情况下的流阻小，涡轮出口的反压不大。这种水分离器的分水效率也较高，其旁通活门一般与水分离器组成一体。它主要由壳体、锥形凝结网（凝结袋）、导向片、收集室、旁通活门等组成，安装在冷却涡轮的出口管路上。由于涡轮出口的空气温度低于露点温度，空气中悬浮有许多十分细小的水雾。流动中的潮湿空气通

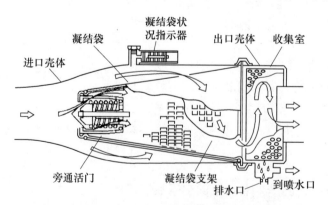

图 5.2.16　低压水分离器

过锥形凝结网或凝结袋,可使悬浮于空气中的小水滴凝结成较大的水滴流向导向片,导向片使原来轴向运动的气体旋转运动起来,由于离心作用,先前凝结成的水滴在收集室被甩离中心通道而与空气分离。经过中心通道而流出的空气将成为干燥空气。

水分离器所分离出的水分温度较低,可以输送到冲压空气管道的喷水口,用来进一步降低冷却介质的温度,以增加热交换器的冷却效果。

由于低压除水的水分离器位于冷却涡轮的出口,故温度较低,而且水分离器上凝结网的流通面积也较小,所以比较容易导致水分离器结冰。当凝结网（凝结袋）由于结冰或被油雾杂质堵死,或供气量过大而流阻增大时,旁通活门打开,湿空气可以通过水分离器直接流向座舱。水分离器上设置有凝结网（凝结袋）工作情况指示器,当凝结网被堵塞时,水分离器前后压力差增大,压差会作动一个指示销,以提示地勤人员更换凝结网（凝结袋）。

低压水分离器一般要采取一定的防冰措施,常用的防冰措施主要有两种形式（图5.2.17）：一种是在水分离器上装有温度传感器,将感受到的温度信号传送到控制器,控制旁通活门,当水分离器结冰或将要结冰时,旁通涡轮冷却器,引来热空气防冰；另一种是通过感受水分离器的前后压差来感受水分离器结冰情况。当结冰或即将结冰时,打开旁通活门,使涡轮冷却器旁通,引来热空气,以防止水分离器结冰。

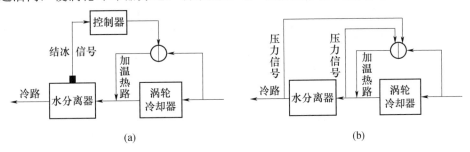

图 5.2.17 低压水分离器的防冰措施
（a）温度传感器式；（b）压差式。

2）高压除水

高压除水的效率较高,因而多用于大型客机空调系统。由于高压除水使空气进入冷却涡轮之前已经进行了除水处理,流经涡轮的是干燥的空气,因此可防止涡轮冷却器结冰。

图 5.2.18 为高压除水的原理图,高压水分离器通常位于冷凝器的热路出口。从发动机压气机供出的空气首先经过引气调节装置,经过流量控制活门进行流量调节,进入初级热交换器、压气机和次级热交换器,进入高压除水部分的再加温器（属于热交换器）,使空气温度降低,同时在再加温器内可以有少量的水分凝结出来,而后空气进入冷凝器（属于热交换器）,由于冷凝器的冷却介质是从冷却涡轮出口出来的较冷空气,使空气温度进一步降低,又由于冷凝器壁表面的温度低于空气的露点温度,在湿空气通过冷凝器的过程中,湿空气中的水蒸气会被进一步凝结出来。当从冷凝器出来的空气通过高压水分离器后,空气中绝大部分的水就会被分离出来,得到更干燥的冷空气。

如图 5.2.18 所示,从水分离器出来的空气还要流经再加温器,在第二级热交换器出来的温度较高的空气作用下其温度提高,这样可使空气中最后未能分离的水分再次蒸发。

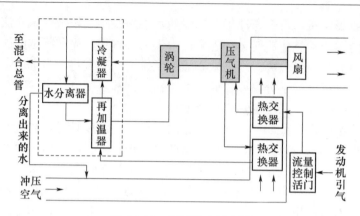

图 5.2.18　高压除水原理图

这样得到的较干燥的空气从再加温器流出，进入涡轮内，经涡轮膨胀做功，使空气的温度和压力进一步降低。

流出涡轮的冷路空气最后还要流经冷凝器。一方面，从涡轮出来的低温低压冷空气可作为冷凝器的冷却介质；另一方面，使涡轮出口凝结出来的少量水分或冰加温熔化并蒸发，在冷凝器出口得到干燥的低温空气。

由上可知，低压和高压除水形成水滴的机理是不一样的。低压除水是潮湿空气通过冷却涡轮，由于涡轮出口温度低于空气的露点温度，所以在涡轮出口形成了极细小的水珠，细小水珠通过凝结网（凝结袋）变为较大水珠而除去；高压除水是潮湿空气通过冷凝器，由于其壁面温度低于空气露点温度而凝结形成水膜或大水滴。另外，在同样制冷能力下，高压除水所需要的引气量可以大大减少。由于高压水分离器结构简单，没有运动件，也没有低压水分离器里那样的凝结网（凝结袋），所以高压除水不但制冷能力很高，效率一般可达 95%～98%，而且维修工作大大减少，同时环路上空气的流阻也大大减小。

图 5.2.19 为高压水分离器的基本工作原理。高压水分离器主要由旋流器、带有许多小孔的内壳体和外壳体所组成。旋流器是一个固定的导向叶片，其径向由有一定安装角的许多倾斜叶片组成，主要作用就是分水。含有水珠的气流通过高压水分离器的旋流器

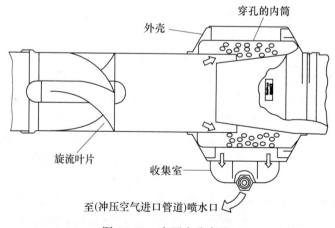

图 5.2.19　高压水分离器

后，气流将在内壳体内旋转，由于水珠的重量大，在离心力的作用下，水珠被甩向带有小孔的内壳体壁面，水在内壳体与外壳体之间的槽内被收集起来，而后将这些冷凝水引到冲压空气进口管道，以冷却冲压空气。

知识点 3　了解蒸发循环冷却系统与设备冷却系统

除了上面介绍的大多数民航客机所使用的座舱环境空气循环冷却系统外，有些飞机上也有使用蒸发循环冷却系统进行空气制冷的。另外，对飞机上的机载设备也要采取一定的冷却措施。

1. 蒸发循环冷却系统

蒸发循环冷却系统用于某些大型运输机上。这个系统通常比空气循环冷却系统有较大的冷却能力，而且在地面当发动机不工作时也能进行冷却。但由于其重量较重、体积较大，在现代民航客机上较少采用。

蒸发循环冷却系统是利用改变作用在液体上的压力而使液体在不同的温度下蒸发。水在海平面上气压（绝对压力）为 101.3 kPa 时，沸点为 100℃。如果用一个真空泵使压力下降到（绝对压力）6.5 kPa 时，沸点就只有 38℃。如果压力下降得更多，水的沸点就更低。如果能够保持压力与所要求的沸点温度相适应，则水就可以在不同的温度下沸腾。基于这个原理，人们设计出了蒸发循环冷却系统。

图 5.2.20 为一个典型的蒸发循环冷却系统原理图。其工作原理为，经压缩机压缩之后的高温高压气态制冷剂进入冷凝器后，散热降温成为液态，即为高压液体；循环流经膨胀活门后，低压液态的制冷剂进入蒸发器，在蒸发器内吸收空调空气的热量，变为低压高温蒸汽；压缩机再将进来的低压气态制冷剂加压，进入新的循环过程。利用制冷剂状态变化使蒸发器热边的空气得到冷却，以保持被冷却空间在选定的温度范围之内。

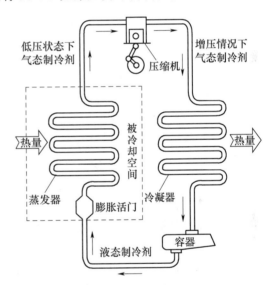

图 5.2.20　蒸发循环冷却系统

作为制冷剂的液体，应该具有在低温下容易沸腾、汽化的特点。当液体变为蒸汽时，要吸收比较多的热量。液态氟利昂是很好的制冷剂，因此无论在飞机上还是在家用空调和冰箱的蒸发循环制冷装置里都被大量使用。但由于氟利昂蒸发温度低，溅到皮肤或眼睛上会造成伤害，因此维护时应注意防护措施。

2. 设备冷却系统

飞机上的机载设备，尤其是电子设备，在工作时会产生大量的热，为此也要采取冷却措施。设备冷却系统主要用于对电子设备进行冷却，以保证电子设备的正常工作。

设备冷却系统的工作原理比较简单，如图 5.2.21 所示。供气风扇可向电子设备提供空调空气，排气风扇可将电子设备工作时产生的热量排走，既可用于货舱加温，也可直接排出机外。

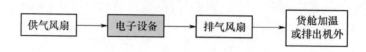

图 5.2.21 设备冷却系统原理图

能力点 热交换器的维护与清洗

为了保证系统能够提供适用的冷却空气,必须对飞机空调系统的热交换器进行经常的维护。维护时,除了检查热交换器在飞机上的牢固性及空气导管是否畅通或损坏以外,对热交换器进行清洗也是非常重要的工作。清洗热交换器可以除去管道内的积尘和污物,提高热交换器的工作效率。

通常,采用的清洗方法有清洗液清洗法、蒸汽清洗法、超声波清洗法等,也可以同时采用几种方法进行清洗。在清洗热交换器之前,通常先用一定压力的干燥清洁压缩空气将其表面及管道内部的浮尘、污物及昆虫等吹除,然后再采用一定的方法进一步清洗。

清洗液清洗法可采用 TURCO5975A 清洗剂,蒸汽清洗法可采用 TURCO5279A 或 5279ANC 清洗剂,也可以采用其他性能相近的清洗剂替代。但在使用其他清洗剂时,必须了解其成分。通常,碱性清洗剂含有少量的硅酸盐,效果较好。清洗时,应避免清洗剂与铝制品的接触。

运七飞机采用了如下的空气热交换器清洗程序。

(1) 矫直弯曲的冲压空气肋片。

(2) 用干燥、清洁的压缩空气从冲压空气流通管道弯头处吹拂所有热交换器芯片孔,气流方向从冲压空气出口至冲压空气进口(即与冲压空气流向相反)。

(3) 使用 1% 浓度(体积含量)的 TURCO5279A 或 5279ANC 水溶液与蒸汽的混合射流从热交换器出口方向至冲压空气进口方向吹拂热交换器,直到溶液均匀透过热交换器芯片为止。

(4) 停止向蒸汽射流中加清洗剂溶液,继续用湿蒸汽射流吹袭散热器芯片,以便冲洗掉清洗剂溶液。

(5) 在室温下将空气热交换器完全浸没在 17% 浓度(体积含量)的清洗剂水溶液内,在室温下保持 24h,为达到最好效果应不断搅拌水溶液。

(6) 用室温、干净的水冲洗热交换器冲压空气通道及所有空气进出口,直到空气热交换器出口的水流中无明显清洗剂或其他污物时为止。

(7) 擦干热交换器外表面,反复旋转、晃动热交换器,以便尽可能多地使热交换器内的水分流出。

(8) 清洗后,应进行热交换器的泄漏量和压降试验。

清洗过程中要注意,当使用低压空气流、蒸汽或液体流进行吹洗时,应特别注意喷嘴和射出的流体不得损坏冲压空气肋片。

模块 5　现代民航客机座舱环境控制

任务测评

在空气循环冷却系统中大量使用了热交换器设备。在如图 5.2.18 所示的高压除水原理图中，除了一级热交换器和次级热交换器以外，冷凝器和再加温器也是热交换器。正是由于这些热交换器的使用才实现了座舱空调所需冷空气的制备。

请学生通过图 5.2.18 深入理解热交换器的作用；通过"能力点"的学习，掌握空气热交换器的清洗程序并完成表 5.2.1。

表 5.2.1　高低压水分离器比较

项目 系统类别	适用飞机	优　点	缺　点
高压分离器			
低压分离器			

任务 3　座舱温度的均匀性检查

知识目标

(1) 掌握座舱空气流量控制的原理。
(2) 掌握涡轮/压气机式座舱温度控制的原理。
(3) 掌握座舱空气的分配与再循环工作情况。
(4) 了解空调系统的非正常工作及常见故障。
(5) 了解货舱加温的几种方式。

能力目标

(1) 能描述座舱空气流量控制的原理。
(2) 能描述涡轮/压气机式座舱温度控制的原理。
(3) 能描述座舱空气的分配与再循环工作情况。

情境创建

通过前面的学习，学生已经知道飞机座舱里最舒适的温度为 20℃～22℃，但通常情况下座舱温度保持在 15℃～26℃，而且座舱内温度场应保持基本均匀，无论是在垂直方向还是水平方向，其偏差一般不超过±3℃。所有这些的实现，都离不开流量控制、座舱温度控制、座舱空气分配及空气的再循环系统。

任务实施

在有条件的情况下，教师请学生在飞机客舱选择三个横截面位置，分别在每个截面位置的上、下、左、右各设置一个温度测量点进行实际温度测量，最后对温度测量值进行分析，检查其偏差是否满足不超过±3℃的要求，完成表 5.3.1。

表 5.3.1　飞机客舱温度场测量

截面位置	上测量点	下测量点	左测量点	右测量点
I	上$_I$	下$_I$	左$_I$	右$_I$
II	上$_{II}$	下$_{II}$	左$_{II}$	右$_{II}$
III	上$_{III}$	下$_{III}$	左$_{III}$	右$_{III}$

知识点 1　流量控制

在学习温度控制之前，要先了解流量控制的工作情况，因为它是对座舱温度进行控制的一个重要环节。流量控制活门用于控制通往空调组件的空气流量，还可以起到组件关断的作用。

图 5.3.1 为典型的流量控制活门。当电磁活门打开时，活门上游的压力可以经过基准

压力调节器、电磁活门到达作动器的控制腔，气动力克服弹簧力可使流量活门打开。在活门的下游有一个文氏管，在其喉部有静压传感口，得到该处的静压信号 P_0，后面还有总压传感口，得到该处的总压信号 P^*，两个传感口的压力信号输送到锥形阀，进入作动薄膜的上、下两腔，两腔的压力差 $(P^* - P_0)$ 会影响锥形阀的开度，从而锥形阀控制了作动器控制腔与外界的沟通。

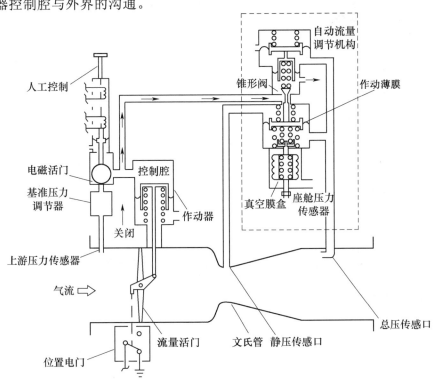

图 5.3.1　流量控制活门

由伯努利方程可以得出

$$P^* - P_0 = \rho \times V^2 / 2$$

由于流量与流速成正比，所以由上式可见，压差 $(P^* - P_0)$ 可以间接反映流体的流量，即流体流量大则压差 $(P^* - P_0)$ 大，反之亦然。从图 5.3.1 可知，压差 $(P^* - P_0)$ 会影响锥形阀的位置，因而流量的大小，直接影响着锥形阀的开度。

当流量活门关闭时，活门下游空气没有流动，因而总压和静压传感器感受的压力相同，即压力差为零 $(P^* - P_0 = 0)$，锥形阀在弹簧力作用下处于关闭状态。

当流量活门打开时，流体流动，文氏管喉部的压力迅速降低，因而两个传感口之间产生压力差，而且此压差随着流体流量的增加而增大，压差作用于锥形阀薄膜的上、下两腔。当流体流量超过预调值时，压差作用于薄膜上的作用力足以克服弹簧力推动锥形阀打开，导致作动器控制腔的压力降低，流量活门关小，从而流量减小，直到流量达到预定值。通过流量活门的调节，使活门出口流量保持在预调值。

当电磁活门关闭时，流量活门作动器控制腔通外界大气，使其关闭。流量活门关闭后，将切断通往空调组件的空气，起到组件关断的作用。

知识点 2 温度控制系统

温度控制系统是实现座舱温度场控制的重要系统，其主要作用就是控制驾驶舱和客舱的温度。通过改变供往座舱的冷热路空气混合比例，就可以控制座舱温度。通常情况下有两种实现方法：一种是在总供气量不变的情况下，通过调节流量控制活门，只改变冷热路空气的流量比例进行控制，即纯混合比控制；另一种是只对热空气流量进行控制来实现，即进行旁路控制。

现代民航客机多采用第一种方法，分为两种实现形式：一种是采用冷热路共同控制的形式控制供气温度，常用于涡轮压气机式空调系统；另一种是通过控制热路流量来控制冷热路空气的混合比例，多用于涡轮压气机风扇式（即三轮式）空调系统。

如图 5.3.2 所示，座舱温度控制系统的基本组成如下。

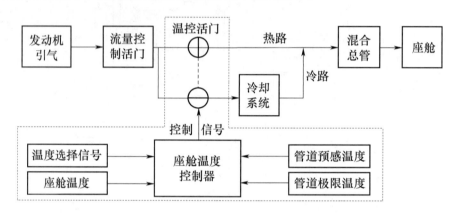

图 5.3.2 典型涡轮压气机式座舱温度控制系统

1. 温度传感器

温度控制系统的温度传感器主要有座舱温度传感器、座舱供气管道极限温度传感器和供气管道预感温度传感器。

（1）座舱温度传感器

座舱温度传感器主要用于感受座舱（包括驾驶舱和客舱）的温度，并将温度信号传送给座舱温度控制器。

（2）座舱供气管道预感温度传感器

座舱供气管道预感温度传感器用于感受座舱供气管道温度变化速率，它可以预感到不久即将发生的供气温度和环境温度的变化所引起的干扰。该信号传送到座舱温度控制器，用于座舱温度控制。

（3）供气管路极限温度传感器

供气管路极限温度传感器用于感受座舱供气管路的极限温度，防止由于温差过大而引起的供气管路温度过高或过低的现象。该传感信号传送到座舱温度控制器。

2. 电子式座舱温度控制器

座舱温度控制器是座舱温度控制的指挥中心，它接受来自座舱温度传感器、座舱供气管道温度传感器、座舱供气管道极限温度传感器及温度选择信号，经过合成放大后向温度控制活门发出指令，控制活门的开度。电子式座舱温度控制器的基本工作原理是电桥原理，一般在控制器内有三个电桥。

1）温度电桥

如图 5.3.3 所示，温度电桥利用座舱温度传感器电阻作为电桥的一个桥臂，温度选择器电阻作为另一个桥臂。座舱温度选择器用于选择座舱的温度。电桥的另外两个电阻为固定电阻。电源电压为 V_0，输出电压为 V_E。当座舱实际温度与选定温度相等时，电桥平衡，电桥输出信号 $V_E=0$。当座舱温度变化时，座舱温度传感器电阻值变化，电桥失去平衡，有输出信号，所输出的信号与温度的偏差成正比，将此温差信号经过放大和处理后，用于控制温度控制活门的开度，改变冷、热路空气的混合比例，使座舱温度保持在选定值。

2）预感电桥

如图 5.3.4 所示，预感电桥的作用是进行超前校正，改善过渡过程的快速性能和减少波动。预感电桥两个桥臂分别是供气管道温度传感器的快、慢件。快件只是电阻丝本身，而慢件则是把与快件完全相同的电阻丝绕在铜质的金属芯上（或将电阻丝放于热阻套内）。由于金属芯的热惯性，使其电阻值的变化落后于快件。电桥的另外两个桥臂为固定电阻。当座舱温度稳定，供气管道的温度也稳定时，管道温度传感器快、慢件电阻相等，电桥平衡，没有信号输出。当座舱温度变化及管道温度变化时，快、慢件电阻值不相等，电桥便有信号输出。将这些信号用于温度控制，可感受座舱供气管道空气温度变化率并将信号传送到温度控制器，对座舱温度的变化提前做出反应，减小超调量。

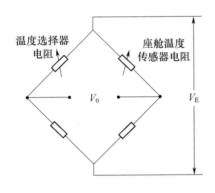

图 5.3.3 温度电桥电路

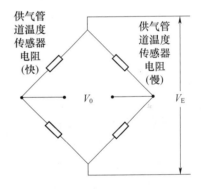

图 5.3.4 预感电桥电路

3）极限温度控制电桥

感受座舱供气管道空气温度并将其与预定最高极限温度比较。当达到预定极限温度时，输出信号使温控活门向全冷方向转动，以确保安全。

3. 温度控制活门

温度控制活门（简称温控活门，又称混气活门）用于控制冷、热路空气的混合比例。它经常采用一个电机，通过联动机构控制冷、热路活门。当热路开大时，冷路同时关小；当热路关小时，冷路同时开大，如图 5.3.2 所示的系统中就包含了温控活门。

知识点 3 座舱空气的分配与再循环系统

对座舱空气进行合理的分配及对座舱空气进行再循环利用是保持座舱空气温度场均匀性的重要环节。它分别由座舱空气分配系统和再循环系统来完成。

1. 座舱空气的分配系统

座舱空气分配系统的作用是将调节好的空调空气输送到各个舱区。它包括从分配总管到各个舱区的出气口之间的所有管路和附件，如图 5.3.5 所示。

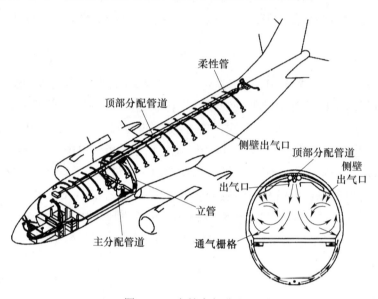

图 5.3.5 座舱空气分配

对于双发飞机的空调系统，驾驶舱空调空气来自左空调组件。如果左组件不工作，驾驶舱也可以从右组件获得空调空气。驾驶舱空气分配系统可以使机组成员根据需要选择与其他舱区不同的空气温度。不同飞机驾驶舱空气出口分布不同，图 5.3.6 为波音 777 飞机驾驶舱空气出口的分布示意图。

客舱空气分配系统将空调空气输送到驾驶舱的各个舱区。空调空气通过立管流到客舱顶部分配管道，从舱顶和侧壁空气出口喷出。

2. 座舱空气的再循环系统

再循环系统的主要作用是通过对座舱空气的再循环利用，从而在得到适宜的座舱温度分布的同时，尽量减少座舱制冷或加热的热载荷，减少从发动机的引气量，从而减小空调系统的代偿损失。

再循环系统主要由气滤、再循环风扇、单向活门等组成。座舱空气可通过气滤、再循环风扇、单向活门和管路输送到分配总管，通过分配总管重新输送到座舱内。当把座舱空气进行再循环利用时，每人每分钟所需新鲜空气的供给量可减少一半。

如图 5.3.7 所示，座舱空气通过通气格栅流到收集管内，经过空气滤、再循环风扇、单向活门到达主分配总管，然后再通过分配系统供往客舱。

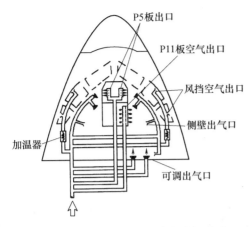
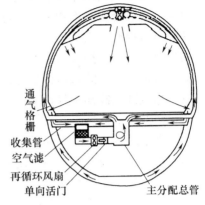

图 5.3.6 波音 777 飞机驾驶舱空气出口分布　　图 5.3.7 座舱空气再循环

但是,通常从盥洗室、厨房、设备舱和货舱等处排出的空气是不能进行再循环使用的,同时还要保持这些空间的空气压力必须小于客舱和驾驶舱,这样可以有效避免有异味的气体和厨房的熏烟进入客舱和驾驶舱,以满足乘员对座舱空气的质量要求。

知识点 4　座舱空调系统的非正常工作及常见故障

座舱空气调节系统的非正常工作是直接影响座舱环境温度场的主要因素。为保持飞机座舱空气调节系统的安全正常工作,在某些情况下,系统会自动进行关断保护,即流量控制活门自动关断,使通往空调组件的空气被切断,以保持座舱的环境温度。

1. 座舱空气调节系统的自动关断

在以下几种非正常工作情况下,座舱空气调节系统会自动关断。

1)超温关断

在现代民航飞机的空调系统中,在压缩机出口、冷却涡轮进口及座舱供气管道都有温度传感器,以对其温度进行监控。这些传感器可将过热信号输送到空调系统的流量控制和关断活门将其关闭,对空调系统进行超温保护。

2)热交换器冷却空气流量过小关断

在空调系统的热交换器里,由冲压空气作为冷却介质。如果冲压空气流量过小,就会导致热交换器的冷却效率降低,从而使空调系统发生超温现象。因此,有些飞机在冲压空气管路上装有流量传感器,当传感器感受到的冲压空气流量不足时,就会发出控制信号,将流量控制活门关闭,防止空调系统发生超温现象。

3)起飞爬升过程中单发停车关断

对于双发飞机来说,当起飞爬升过程中有一台发动机停车时,飞机就只能依靠单发进行爬升飞行。如果此时保持单发飞行的发动机还要继续给座舱空气调节系统提供引气,就必然会影响该发动机的工作。因此,有些飞机在这种情况下,系统就会自动关闭空调系统,以首先满足单发飞行的需要。

2. 空调系统压气机出口空气超温故障

空调系统涡轮冷却器压气机出口超温是一个常见的故障,也是导致空调系统关断的一个主要原因。压气机出口超温的主要原因如下:

（1）一级热交换器冷却空气量不足；
（2）一级热交换器冷却空气通道堵塞；
（3）引气控制失效；
（4）温控活门或控制器失效。

压气机出口超温的常用排除方法如下：
（1）检查冲压冷却空气通道；
（2）清洗一级散热器；
（3）在地面检查地面散热风扇；
（4）检查引气及温控活门等附件。

以上为实际工作中常见的一些故障，而在实际维护工作中还会出现各种各样的其他情况。如地勤人员在排除涡轮冷却器压气机出口超温故障时，经过反复检查，发现其根本原因是由于一级热交换器的管道发生破裂，导致热空气逸出到冲压空气管道，使原本作为冷却介质的冲压空气温度大大升高，从而造成压气机出口超温。

知识点5　了解货舱加温系统

为了保证货舱的鲜活物品能够存活，必须对货舱进行加温。对货舱加温的要求通常低于客舱环境温度控制，只需保持其环境温度高于冰点温度，约为10℃左右即可。货舱加温可以采用不同的加温方式。

1. 采用气源系统的热路空气对货舱加温

图5.3.8为A320前货舱通风加温系统图。它是通过将气源系统中未与冷路空气混合的热路空气输送到前货舱进行加温的，有以下两种工作方式。

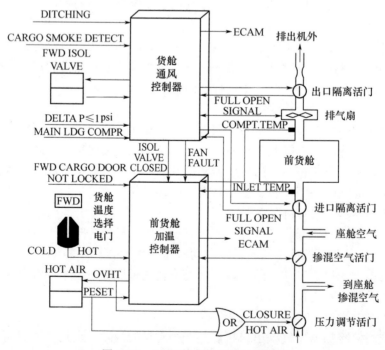

图5.3.8　A320前货舱通风加温系统

（1）飞机在地面和飞机在空中，且座舱余压不超过 6.89 kPa。
（2）飞机在空中，且座舱余压超过 6.89 kPa。

通常情况下，当货舱加温系统在第一种工作方式下工作，且进、出口隔离活门打开时，排气扇工作；当货舱加温系统在第二种工作方式下工作时，排气扇停止工作。

压力调节活门可调节供往掺混空气活门的热路空气压力（高于座舱压力 27.6 kPa），掺混空气活门调节热空气的流量，其出口空气与座舱环境空气混合，以获得需要的温度。进口隔离活门控制通往前货舱的空气。

按下前隔离活门控制电门，如果两个隔离活门都打开而且座舱余压小于或等于 6.89kPa，则排气扇工作。如果控制电门在"OFF"位置或探测到有烟雾，则两个隔离活门关闭，排气扇停止工作。货舱温度选择电门用于设定货舱温度，选择范围为 5℃～26℃。前货舱加温控制器通过控制掺混空气活门来对货舱温度进行控制。

波音 777 飞机的后货舱及散装货舱也是由气源系统热空气加温的，其货舱温度选择电门有三个位置，即"OFF"、"LOW"和"HIGH"位。当选择"HIGH"位时，可调节货舱温度为 21℃；当选择"LOW"位时，可调节货舱温度为 7℃。

2. 采用设备冷却系统排出的热空气对货舱加温

图 5.3.9 为波音 777 前货舱加温系统，它利用设备冷却系统的排气进行加温。

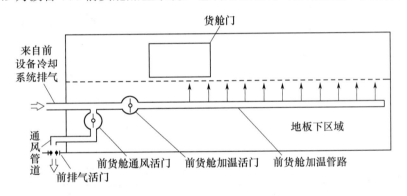

图 5.3.9　波音 777 飞机前货舱加温系统

来自前设备冷却系统的排气经加温活门可以供到前货舱，前货舱加温管路位于前货舱地板下。通风管道可将空气引到前排气活门的附近区域。

当飞机在地面时，如果在大气总温探头处的温度达到 13℃，则加温活门关闭；如果温度低于 10℃，则加温活门打开。当飞机在空中时，前货舱加温活门打开。前货舱加温没有温度选择电门。

波音 747-400 飞机前货舱加温也采用设备冷却系统的排气，但在其加温管路上还有加温器。加温器由加温电门自动控制，当温度降低到 4℃时，加温器通电，升高到 10℃时断电。

3. 采用货舱内部的空气进行循环加温

图 5.3.10 为波音 757 飞机前货舱加温系统，它通过抽取前货舱的空气，让空气流过加温风扇。加温风扇对空气加温，再将加温后的空气输送回前货舱。

如果货舱温度低于 10℃，前货舱热电门闭合，加温风扇工作。风扇抽取前货舱的空气，空气流过加温风扇，空气被加温。加温风扇又将加温后的空气输送回货舱。

当前货舱温度达到21℃时，前货舱温度热电门断开，从而切断了供往加温风扇的电力，加温风扇停止工作。

前货舱加温完全是自动进行的，没有加温控制电门控制。

波音757飞机后货舱加温除风扇之外，还增设了电加温器，仍采用货舱内部空气循环加温方式。

4. 采用客舱空气对货舱加温

有的飞机（如波音737）仅依靠客舱空气进行加温。如图5.3.11所示，客舱空调空气通过客舱侧壁地板附近的通气格栅进入货舱侧壁的夹层内，对货舱进行加温。

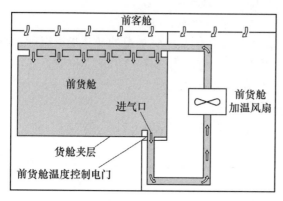

图5.3.10　波音757飞机前货舱加温系统

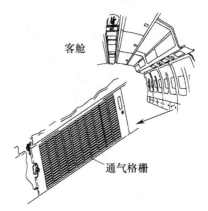

图5.3.11　客舱空调空气通过通气格栅进入货舱夹层对货舱加温

现代民航客机通常并不是仅采用一种加温方式对货舱进行加温。表5.3.2为几种客机的货舱加温方式。

表 5.3.2　现代民航客机货舱加温方式

机　型	前　货　舱	后　货　舱
A320	气源系统热空气	气源系统热空气
波音737	电子设备冷却	客舱空气
波音747-400	设备冷却排气+电阻加温器	气源系统热空气
波音757	加温风扇+客舱空气	加温风扇+电阻式电加温器
波音767	气源系统热空气	气源系统热空气
波音777	设备冷却排气	气源系统热空气

任务测评

流量控制保证了进入座舱空气的多少，环境温度控制保证了座舱温度场的温度高低，座舱空气的分配保证了座舱温度场的均匀性。

请学生总结本任务的基本内容，并研读"座舱空调系统的非正常工作及常见故障"，了解货舱加温的原理。

任务 4　座舱增压系统的维护检查

知识目标

（1）掌握现代客机实现座舱增压的基本途径。
（2）掌握座舱增压控制系统的组成。
（3）掌握座舱自动增压控制系统的工作原理。
（4）了解应急增压控制的概念。
（5）了解气动气控式增压控制系统。
（6）掌握增压座舱气密性检查的工作内容。

能力目标

（1）能描述现代客机实现座舱增压的基本途径和组成。
（2）能解释座舱自动增压控制系统的工作原理。
（3）能详述座舱增压系统维护检查工作的内容。

情境创建

现代民航客机基本上都是增压气密座舱，但考虑到经济性和实用性，在满足乘员对环境舒适性要求的前提下，一般将增压座舱做成相对密封结构，即都有一定的空气泄漏量。为了保证座舱内空气压力能够满足乘员的生理需要，对增压座舱进行气密性检查是机务人员非常重要的维护工作之一。

任务实施

教师请学生了解并掌握飞机座舱增压系统的维护检查工作内容，具体内容如下：

（1）检查系统中有无橡胶元件的腐蚀、金属元件的锈蚀、管道接头、电气接口、传动装置的安全性；

（2）对压力调节器进行工作检查；

（3）对活门的表面及活门座进行检查，用维护手册规定的方法除去积灰和烟碱焦油，清洗工作完成之后，应擦去所有液体痕迹，用干的软棉布拭擦所有表面，不能用高压气流吹干膜片控制类型的排气活门的支座表面，因为有可能损坏膜片；

（4）座舱应进行气密性检查（动压试验），按照维护手册规定选择本任务"能力点 2"所述的气密试验方法对座舱进行气密性试验；

（5）检查座舱的完整性，即检查座舱结构强度，利用静压试验进行检查，给座舱增压到规定值，并保持压力稳定；观察飞机蒙皮外部有无裂纹、变形、凸起，铆钉是否有变形、松动等情况。若发现增压舱外表面蒙皮上铆钉周围有明显的沾污，则表明此处有少量漏气。

知识点 1　现代客机实现座舱增压的基本途径

1. 有关概念

要想清楚了解现代客机实现座舱增压的基本途径，要先了解几个有关概念。

（1）座舱的供气量是指由空调系统供入座舱的空气流量。

（2）座舱的控制排气量是指可以通过排气活门控制的向机外排出的空气流量。

（3）座舱漏气量是指由于实际座舱的相对密封性而导致的非排气活门排出的舱内空气泄漏量。

2. 座舱增压的基本途径

为了保证飞机在给定的飞行高度范围内座舱的压力及其变化速率能够满足乘员较舒适生存的需求，同时也为了保证飞机结构的安全，现代民航客机座舱内的空气始终处于流动状态。一方面，座舱温度控制系统不断地把经过调节的具有一定温度和压力的空气供入座舱；另一方面，座舱内的空气也会受控或不受控地被排出机外。在温度满足乘员需要的前提下，座舱空气的压力也应该保持在一定座舱高度。

通常情况下，如果要想保持座舱的压力不变，就需要维持座舱的供气量等于座舱的控制排气量与座舱漏气量之和；而如果要想提高座舱压力，就需要控制座舱的供气量，使之大于座舱的控制排气量与座舱漏气量之和。可见，通过控制座舱的供气量和排气量都可以控制座舱压力及其变化规律。

但是，通过前面的学习已经知道，座舱温度控制通常是通过改变供入座舱空气的温度以及供入座舱空气的多少来进行控制的。因此，为了保持对座舱压力的控制与对座舱温度的控制能够相互独立，对座舱压力的控制通常采用调整座舱排气活门大小，来控制向机外排出的空气量。也就是说，现代飞机的座舱压力调节一般是在保持供气量不变的情况下，通过改变排气量的方法来控制的，这就是现代民航客机实现座舱增压的基本途径。

知识点 2　座舱正常增压控制

座舱正常增压控制系统是通过控制排气活门的开度来控制座舱压力。现代飞机一般有三种增压控制方式，即自动方式、备用方式和人工方式。自动控制方式就是在飞机起飞前将飞机的巡航高度和着陆机场高度等信号输入增压控制器，然后由飞机的增压控制系统完全自动地工作。现代民航客机的排气活门大多由电机作动，采用直流电机和交流电机。

为了保证增压控制系统能够可靠工作，现代民航客机一般要采用两套自动增压系统，其中一套是备用系统。如果一套增压系统出现故障，系统就可自动转换，由备用增压系统进行增压控制。

在工作中，如果两套自动增压系统都出现故障，则需要采用人工方式进行增压控制，通过人工控制电门，直接控制排气活门运动，此时可通过排气活门的位置指示器来监控活门的运动情况。

排气活门用于正常增压控制，调节座舱空气的排气量。现代大中型民航客机的排气活门一般是由电机驱动的，通常由交流和直流电机驱动。排气活门接受增压控制器的指令信号工作。

座舱增压控制系统的主要控制参数有座舱高度、座舱高度变化率及座舱余压。

1. 座舱高度

座舱高度是座舱内的绝对压力所对应的距离海平面的高度。座舱高度反映的不是飞机的飞行高度，而是座舱内的压力。座舱高度与飞机的飞行高度不同。座舱高度从可能性上来说，可能大于飞行高度（如在飞机急速下降时）、等于飞行高度（如在地面自由通风时），也可以小于飞行高度（如在正常飞行时）。但从飞机结构的安全性上来讲，一般不允许飞机座舱高度高于飞行高度，为此而设立了负压活门。

在正常情况下，飞机的座舱高度一般不超过2440m（相当于8000ft），但不同飞机的座舱高度有其具体的规定，各型飞机座舱高度如表5.4.1所列。

表5.4.1 各型飞机座舱高度

机型	波音707	波音737	波音747	波音767	A310	MD-82	图-154	运7
座舱高度/m	2134	2438	2438	2286	2438	2438	1800	2400

2. 座舱高度变化率

座舱高度变化率反映的是单位时间内座舱高度的变化情况，即座舱内压力的变化速率。飞机急剧上升或下降时，由于大气压力在短时间内变化大，飞机座舱压力也相应迅速变化，引起人体肺腔、腹腔和耳腔等器官的疼痛。这是因为人体各器官腔室内压力来不及与外部压力平衡而引起组织器官膨胀或压缩。为了尽量减小对飞机上乘员的生理影响，必须对座舱高度的变化速率加以限制。现代民航飞机对座舱高度的变化速率作了相应的规定，座舱高度爬升率不超过2.54m/s（500ft/min），座舱高度下降率不超过1.78m/s（350ft/min）。在飞机爬升和下降时所允许的座舱高度变化速率之所以不同，是因为一般情况下，人体对座舱内压力增加（即座舱高度降低）的速率感觉更灵敏。

3. 座舱余压

座舱余压是指座舱内、外的压力差，即座舱内的压力减去座舱外的大气压力。影响座舱余压的因素是飞机座舱结构强度、座舱绝对压力的最小值和爆炸减压对人体的影响。

机身的结构应该能够承受座舱内、外的压差。如果座舱内、外的压力差过大，会使飞机结构损坏。如果座舱内、外产生负压力，也会使结构产生损坏，因为飞机座舱属于薄壁结构，不能承受负压引起的压应力作用。

座舱余压必须限定在一定范围内。设计巡航高度不同的飞机，其最大余压有所不同。现代民航客机最大座舱余压一般不超过59.3 kPa～63.7 kPa。

知识点3　座舱自动增压控制

座舱自动增压控制系统如图5.4.1所示。它由座舱增压控制器控制。座舱增压控制器可接受控制方式选择、空地感应、空地电门（或油门杆）、大气数据计算机、座舱压力及变化率等信号，一般需要输入巡航高度及着陆机场高度的信号。控制器根据这些信号自动输出控制信号到排气活门，通过控制排气活门的开度及运动速度来控制座舱高度、座舱高度变化率及座舱余压。

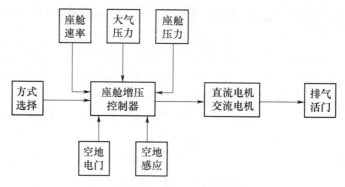

图 5.4.1 座舱自动增压控制系统

1. 电子式增压控制器

自动增压系统的工作由增压控制器控制。在电子式增压控制器内有三个主要的控制电路，即座舱高度控制电路、速率控制电路和压差控制电路。

1）座舱高度控制电路

座舱高度控制电路用于控制座舱内的压力即座舱高度，使其等于预定值。当座舱高度与预定的座舱高度不同时，控制器会输出控制信号到排气活门。如果当前的座舱高度低于预定的座舱高度，则高度电路会输出一个使排气活门开大的信号；如果当前的座舱高度高于预定的座舱高度，则高度电路会输出一个使排气活门关小的信号。

2）速率控制电路

速率控制电路用于控制座舱高度的变化速率，使其不超过预定的最大值。如果座舱高度变化速率超过预定值，速率控制电路输出控制信号到排气活门，开大（或关小）排气活门，调节座舱高度变化率在预定范围内。

3）压差控制电路

压差控制电路用于限制座舱内、外的压力差，使其不超过规定的最大值。如果座舱内、外压差超过规定的最大值，压差电路输出一个控制信号到排气活门，使其开大，防止座舱压差超过最大值。

2. 典型飞机座舱自动增压控制

图5.4.2为一个典型飞机的座舱压力调节规律曲线。

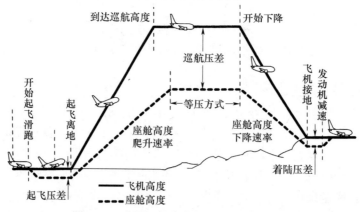

图 5.4.2 典型飞机座舱压力调节规律曲线

1) 地面不增压阶段

飞机在地面时,自动座舱控制器发出使座舱高度高于跑道高度的指令,因此使排气活门完全打开,飞机座舱处于自由通风阶段,座舱高度等于飞机高度。

2) 地面预增压阶段

当驾驶员将空地电门放到"飞行"位置时(或推油门到一定位置时),座舱增压控制器发出使座舱高度低于跑道高度的指令,排气活门关小,飞机座舱开始增压,一般增压到座舱内、外压力差为 0.689 kPa,此时座舱高度低于飞机高度。

3) 爬升阶段

当飞机离地后,空地感应机构向控制器输送飞机离地的信号,增压控制器进入爬升程序。在爬升过程中,飞机的座舱高度随着飞行高度的增加而增加。在爬升过程中,由于速率控制电路起主要作用,使排气活门开度逐渐减小。

4) 巡航阶段

当飞机接近选定的巡航高度时,增压控制器进入巡航程序。在巡航阶段,高度控制电路起主要作用。如果座舱余压不超过其规定的最大值,飞机座舱将实行等压控制,即保持飞机的座舱高度不变。如果飞机飞行高度升高,使得座舱余压有超过最大值的趋势,则压差控制电路起主要作用,此时控制器输出信号,限制座舱余压,即实行等压差控制。

5) 下降阶段

当飞机下降一定高度后,增压控制器进入下降程序。此时增压控制器发出使座舱高度低于着陆机场跑道高度的指令。在下降过程中,如果座舱高度变化速率不超过其极限时,排气活门总的趋势是逐渐关小的。但如果座舱高度变化速率过大,速率控制电路会控制排气活门开大。

6) 着陆预增压阶段

当飞机接地时,座舱高度低于着陆机场高度,即座舱保持微增压接地。

7) 停机不增压阶段

当驾驶员将空地电门放在"地面"位置(或收油门到一定位置)时,增压控制器发出使座舱高度高于着陆机场高度的指令,使排气活门完全打开。

由以上分析可知,在飞机起飞离地前,其座舱高度大约低于跑道高度 0.689 kPa。这种在起飞前(包括着陆后)使座舱压力高于机场场压的增压方式叫做座舱预增压。飞机预增压的目的是为了防止飞机在起飞、着陆过程中飞机姿态的突然改变使座舱压力产生波动。由于飞机在起飞、着陆过程中姿态变化较大,飞机姿态变化时,如飞机从高速滑跑状态突然拉起时,冲压空气有可能从打开的排气活门冲入座舱,引起座舱压力波动。由于预增压,在飞机起飞和着陆过程中,排气活门开度很小,因而外界的冲压气流不会对座舱压力产生明显的影响。

知识点 4　应急增压控制

座舱内外的压力差过大,会对飞机结构的安全构成威胁,因为飞机座舱结构属于薄壁结构,它只能承受拉应力而几乎不能承受压应力。在正常增压控制失效的情况下,有可能导致座舱内外的压差过大或座舱高度过高,使飞机上的乘员出现高空反应,甚至危及生命。另外,在飞机急速下降时,可能会使座舱内的压力跟不上外界空气压力的变化而导致座舱外的压力高于座舱内的压力，即产生负压。如果飞机产生负压，则可能使飞机结构受到损伤。为了保证飞机座舱结构的安全，这时必须进行应急增压控制。

应急增压控制包括正压释压活门、负压活门和座舱高度警告系统。

1. 正压释压活门

正压释压活门是在飞机座舱内、外压力差（即余压）超过一定值时而自动打开的，以释放多余的座舱压力，防止座舱内、外压力差过大而影响飞机结构安全。

波音 777 飞机当座舱内、外压差达到 61.7 kPa 时，释压活门打开释压。如果环境压力传感器发生故障，当压差达到 64.9 kPa 时，通过另一环境压力传感器，释压活门仍可打开。波音 777 飞机应急增压控制活门如图 5.4.3 所示。

当波音 737 飞机座舱余压达到 59.6 kPa 时释压活门打开。波音 737 飞机应急增压控制活门如图 5.4.4 所示。

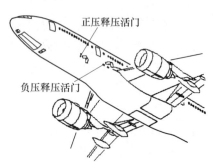
图 5.4.3　波音 777 飞机应急增压控制活门

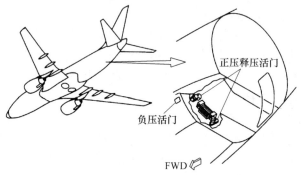
图 5.4.4　波音 737 飞机应急增压控制活门

2. 负压活门

负压活门的主要作用是防止座舱外的压力高于座舱内的压力，即防止座舱高度高于飞机高度。当座舱出现负压时，负压活门打开。

当波音 777 飞机负压差达到 1.38 kPa 时，负压活门开始打开，当负压差达到 3.4 kPa 时完全打开。

当波音 737 飞机负压差达到 6.89 kPa 时，负压活门打开。

有的飞机上正压释压活门和负压活门合为一体，即一个安全释压活门可用于正压释压和负压释压。释压活门通常是独立于正常增压控制系统的，释压活门一般是气控气动式的。

3. 座舱高度警告系统

座舱高度警告系统是飞机达到一定高度时对驾驶员的一种安全提示。通常，当座舱高度达到 3050m（相当于 10000ft）以上时即对驾驶员发出警告。

知识点 5　气动气控式增压控制系统

小型飞机大多采用气动气控式增压控制系统，下面以运七飞机为例分析气动式增压控制系统。

1. 运七飞机座舱压力规律

图 5.4.5 为运七飞机的座舱压力规律。图中 *a-f* 线为标准大气压力曲线，曲线 *acde* 则是飞机座舱压力随飞行高度的变化情况。

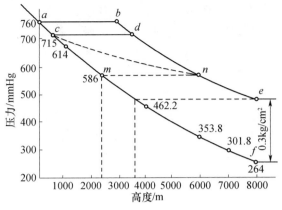

图 5.4.5 运七飞机座舱压力调节规律

曲线 acde 可分为几段：a-c 段的座舱压力沿标准大气压力曲线变化，称为自由通风阶段，c 点为座舱增压起始点，其值比起飞或着陆机场的实际大气压力低 20mmHg 左右，最大不超过 45mmHg，这相当于从地面至 500m 的飞行高度；c-d 段为水平线，保持座舱内压力不变，称为等压阶段，其数值约为 715mmHg，这时的飞行高度是 500m～3500m；d-e 段为等余压阶段，即座舱压力与外界大气压力之差基本保持不变，余压值约为 $0.3 kg/cm^2$，相应的飞行高度是从 3500m 至巡航高度 6000m 左右。因而气动式座舱压力规律一般分为以下三个阶段。

（1）自由通风阶段：低空 500m 以下。
（2）等压阶段：中空 500m～3500m。
（3）等余压阶段：高空 3500m～6000m。

2. 气动式座舱压力调节装置的基本结构组成

图 5.4.6 为气动式座舱压力调节装置的基本结构，它包括压力调节盒（控制机构）和排气活门（执行机构）两个基本部分。

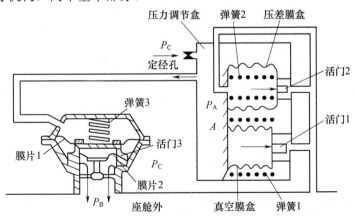

图 5.4.6 气动式座舱压力调节装置原理图

压力调节盒是一个密封盒，盒内有绝对压力调节机构和余压调节机构。绝对压力调节机构由活门 1、弹簧 1 和真空膜盒组成；余压调节机构由活门 2、弹簧 2 和压差膜盒组成。压力调节盒上有与座舱空气 P_C 连通的小孔，称为定径孔，还有连通大气的管路。

排气活门是由压力调节盒控制的，它由膜片1、膜片2、弹簧3和活门3组成。膜片1上腔与调节盒 A 腔相通，下腔则与座舱空气连通，排气活门可将座舱空气排放到座舱之外。

3. 气动式座舱压力调节装置工作原理

系统工作时，通过定径孔进入压力调节盒 A 腔内为座舱空气压力，同时 A 腔内的空气可经活门1或活门2排入大气，这两个活门的开度控制排气量的大小，即控制 A 腔压力的大小。当飞机起飞及飞行高度变化时，绝对压力调节机构和余压调节机构相继工作，使调节盒 A 腔内的压力按一定规律变化，从而实现前述 acde 曲线的变化。

1）自由通风阶段（a-c 段）

在到达调定的起始增压高度之前，余压机构的活门2处于关闭位置，余压控制机构不工作，而绝对压力调节机构的活门1在真空膜盒收缩的带动下处于全开位，这样座舱空气通过定径孔进入调节盒后可以无阻碍地通过活门1进入大气，所以调节盒内不增压，即处于自由通风状态。在这种情况下，由于存在有空气流动的阻力，实际的座舱压力（等于 A 腔压力）比外界大气压力高 4mmHg～5mmHg。

2）等压阶段（c-d 段）

随着飞行高度的增加，当到达起始增压高度后，绝对压力调节机构的真空膜盒由于压力调节盒内压力的逐渐降低而慢慢膨胀，使活门1接近关闭，这时 A 腔压力与起始增压高度上的压力相同。因为空调组件仍在不断地向座舱供气，所以活门1在一定时间内会保留一个小的开度以起到节流作用。此开度也随飞行高度的增加而逐渐减小，节流作用逐渐加大，使调节膜盒内余压增大，此时活门2仍未投入工作。

3）等余压阶段（d-e 段）

当飞行高度继续升高，在座舱余压达到预定值之后，活门1完全关闭，余压调节机构开始工作。因为压差膜盒内腔连通大气，外腔为压力调节盒的压力 P_A，在压差的作用下（高度增加，压差增大），压差膜盒使活门2左移而打开，保持调节盒内的压力 P_A 与外界大气压力 P_B 之差值不变，即是等余压调节。与此同时，由于调节盒 A 腔的绝对压力随飞机爬升而下降，绝对压力调节机构便使活门1关闭而退出工作。

在上述几种情况下，排气活门的工作都受调节盒控制，膜片1的上腔（B 腔）通调节盒 A 腔，下腔通座舱压力。由于活门3的重量和弹簧3的张力都很小，而膜片1面积大，所以只要座舱压力稍微超过调节盒的压力就可将排气活门3打开，使座舱压力排出。由此可见，排气活门机构可以使座舱压力近似地等于调节盒 A 腔的压力。这样当飞行高度变化时，座舱压力就能跟随调节盒内的压力按相同的规律变化。所以，气动式座舱增压系统飞机座舱压力的调节规律就是压力调节盒内压力的调节规律。

4）座舱压力变化率的控制

座舱压力是受调节器 A 腔压力控制的，排气活门只是它的一个随动执行机构，与上述压力大小的调节原理类似，只要限制 A 腔的压力变化率就可以限制座舱的压力变化率。而限制调节器 A 腔的压力变化率就是限制进入或流出调节器 A 腔的空气流量。

（1）利用控制腔入口定径孔限制压力增长速率。当飞机在等余压调节区从某一高度急剧下降时，大气压力迅速增大，而调节器 A 腔空气压力在该瞬间还来不及变化。因此，

A 腔余压值（P_A-P_B）减小，于是余压调节活门 2 的平衡状态受到破坏而立即关闭。这样，A 腔压力变化率主要取决于通过定径孔的流量，定径孔的大小就起到了限制控制腔压力增长速度的作用。

（2）利用控制腔出口定径孔限制压力降低速率。当飞机急剧爬升时，外界大气压力降低，此时余压调节活门 2 立即打开，若在活门 2 的出口设置定径孔，则这种控制腔出口定径孔能控制最大排气量，即限制了排气速率，从而使 A 腔压力不会很快降低，达到限制压力、降低速率的目的。

（3）利用速率控制机构限制压力增长和降低速率。上述利用定径孔限制座舱空气压力变化速率的方法比较简单，但存在一些缺点，尤其是在要限制较小的座舱压力增长和降低速率时，定径孔势必要做得更小，这样便难以达到要求的压力制度，而且过小的定径孔容易造成堵塞，会影响系统工作。所以，在这种气动式座舱增压系统和其他类型的增压系统中，通常都另设专门的速率控制机构。

能力点 1　增压故障排查及气密性检查前的准备工作

在进行增压座舱气密性检查之前，要保证增压座舱的气密性是符合正常要求的。为此，要先进行座舱增压故障排查。

1. 座舱增压故障排查

为了保持密封座舱和密封元件的正常状态，在每次飞行后都必须仔细检查气密舱的各有关部分，查看飞机蒙皮有否严重变形、损伤裂纹及铆钉松动脱落等现象；查看窗玻璃有否变形破坏及裂纹损伤；查看有关气密的口盖、密封处的密封物是否完好正常。如有问题，应该排除。

在飞机维护手册中一般都会给出该飞机空调系统的故障逻辑分析图表。首先，根据图表中所给出的飞机常见可能故障原因，找出与本次座舱增压故障最接近、最类似的故障；其次，按图表中所列的查找程序逐项完成，直到发现故障为止；最后，按照图表中所列的排除方法进行排故。

当排除故障以后，在下列几种情况下，还要对座舱进行气密性试验检查：

（1）对座舱进行过与气密铆接有关的补加工工作；

（2）对飞机座舱玻璃更换三块以上；

（3）在座舱排故过程中，曾拆装过有可能影响座舱气密性的零组件。

2. 增压座舱气密性检查前的准备工作

为了防止损坏飞机上仪器的敏感元件，在座舱气密性检查之前，还须进行以下准备工作：

（1）拆除高度表、高度差传感器、高空信号器、短波电台的电源、氧气瓶等敏感设备，防止损害成品；

（2）将从仪表上拆下的导管端头及飞机上一些设备的通风导管口或密封接管嘴用堵塞堵住；

（3）取下动静压传感器上的堵帽。

待检查结束后，将所有拆下来的仪表和附件按照有关技术状态恢复好，并从仪表和导管上取下所有的堵塞。

3. 增压座舱气密性检查的注意事项

增压座舱气密性检查的结果是飞机的重要技术数据，而且检查本身对飞机的寿命也有一定的影响，因此必须将检查结果和剩余压力下降的时间客观地载入飞机履历本。

在对增压座舱进行气密性检查过程中，要注意以下几点：

（1）检查座舱气密性时要严格注意安全，舱内不得有人，无关人员不得靠近飞机；

（2）机身蒙皮、玻璃窗和前起落架舱壁板产生凸起、变形及有响声、破裂声时，应立即停止试验，放出压力；

（3）如果座舱内有剩余压力时，禁止打开舱门、拆下堵塞和进行排故工作；

（4）充压设备管路上应有应急卸压活门；

（5）进入座舱的空气要过滤干净，防止油类和水分进入座舱；

（6）为了保护机身蒙皮接缝处的密封胶，热天宜选在清早或阴天时进行试验检查；环境气温低时，应将座舱空气加热至15℃～20℃以后再进行试验。

能力点 2　增压座舱气密性试验检查

目前，地面检查座舱气密性的常用方法有以下三种。

1. 漏气补偿法

图 5.4.7 为用漏气补偿法检查座舱气密性的示意图。

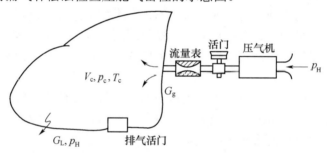

图 5.4.7　用漏气补偿法检查座舱气密性示意图

检查时，关闭舱门、各种口盖及排气活门，向座舱供气增压，直至座舱的压力为一定值，然后调节供气量，保持座舱余压或绝对压力值不变，直接读出供入座舱的空气流量，此值即为漏气量。

2. 座舱压力降法

压力降法又称压差检查法。检查前的准备工作与漏气补偿法一样，要先关闭舱门、各种口盖及排气活门，然后向座舱供气增压。当座舱压力达到一定值后，停止供气。由于座舱存在一定的泄漏，座舱内的空气压力会不断下降，在规定的时间测定压力降低值，或者在座舱压力降至规定的压力值时，测定相应的时间。将测定的压力降或时间值与该飞机所规定的标准值进行比较，从而确定座舱空气的泄漏量是否符合要求。

上述两种方法中，漏气补偿法比较适用于容积小而漏气量较大的座舱，因为在这种情况下，压力降低的速度较快，如果想通过压力降法得出准确的数据不是很容易；而座舱压力降法适合于容积较大而漏气量较小的情况，由于此时供入座舱的空气流量不大，所以如果使用漏气补偿法来进行检查，会使测得的空气流量误差比较大。

目前，对于大中型客机，普遍采用的是压力降法。例如，BAe146 飞机规定，在进行座舱地面气密性检查时，要保证当座舱空气余压由 29.62kPa 下降到 22.22kPa 所需的时间应不少于 1min；又如运七飞机规定在地面作气密性检查时，座舱余压由 29.4kPa 下降到 9.8kPa 所需时间应不少于 10min。

3. 座舱动压试验

通常，使用 APU 作为增压气源进行座舱动压试验，也可以选择发动机引气或地面气源。下面以波音 737-300 为例，介绍基本试验步骤：

（1）选择人工增压方式。
（2）记录座舱温度、外部环境温度和压力。
（3）关闭排气活门。
（4）调节排气活门的位置，以得到适宜的座舱压力变化速率。
（5）当座舱余压达到 27.6 kPa（4psi）时，完全关闭排气活门。
（6）关闭空调组件和 APU。
（7）记录座舱压力从 27.6kPa（4psi）降低到 17.2kPa（2.5psi）过程中各对应时间及座舱余压（表 5.4.2），至少记录四组数据。

表 5.4.2 增压座舱泄漏试验记录数据

时 间	座舱余压/ kPa
$t_0=0$	$\Delta P_0=27.6$
记录时间 t_1	记录余压 ΔP_1
记录时间 t_2	记录余压 ΔP_2
记录时间 t_3	记录余压 ΔP_3
记录时间 t_4	$\Delta P_4=17.2$

（8）根据所测得的时间、余压数据，在"增压座舱泄漏速率检查曲线"（图 5.4.8）上拟合出一条试验曲线。如果所拟合出的试验曲线位于"增压座舱泄漏速率检查曲线"的上部，则说明座舱空气的泄漏速率是满足密封性要求的，否则不满足要求。

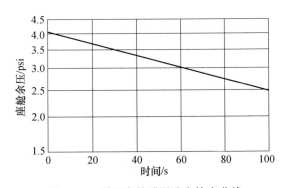

图 5.4.8 增压座舱泄漏速率检查曲线

在增压座舱的压降过程中，要仔细检查门窗边缘、玻璃、卫生间隔板、地面加温套管的接管嘴、机身气密蒙皮对接处、前起落架舱等部位，同时，还要仔细检查电缆、导管、密封插头和天线的气密接头部位。用涂刷中性肥皂水的方法，或采用探测漏气的电器指示仪来检查有无明显漏气的部位。即使座舱压力降低的时间符合规定要求，也不允许有用手能感觉到的明显漏气现象。对有明显漏气的地方，应修理排除。

应该指出的是，在座舱余压相等的情况下，飞机停放于地面时空气的泄漏量与飞机在空中飞行时是不相同的。因为在地面时，飞机处于静止状态，在座舱表面各处所作用的大气压是相等的。而在空中飞行时，由于空气动力的原因，飞机外部的压力分布是不均匀的，使得飞机各处缝隙的漏气量受到一定的影响，外界压力大的地方，漏气量可能会较小。另外，飞行中飞机所承受的载荷、振动及结构变形对座舱的泄漏面积也有一定的影响，也会造成地面试验测得的泄漏量与空中飞行时的实际泄漏量有所不同。

任务测评

客机座舱的气密性与飞机的安全载客有着非常密切的关系，必须引起地勤机务人员的高度重视。因此，在民航客机上，不但从技术上设计了正常增压控制系统，而且设计了应急增压控制系统，以增加飞机载客的安全性。

教师请学生认真总结座舱增压系统的组成和工作原理，掌握座舱增压系统的维护检查工作内容，尤其是要清楚地知道对飞机座舱进行气密性检查的方法。

模块 5　现代民航客机座舱环境控制

任务 5　高压氧气瓶的正常维护

知识目标

（1）了解飞机氧气系统的组成。
（2）掌握机组氧气系统的组成和工作原理。
（3）掌握乘客氧气系统的组成和工作原理。
（4）掌握手提氧气设备的组成和功用。
（5）掌握高压氧气瓶的正常维护事项。

能力目标

（1）能解释乘客氧气系统的供氧原理。
（2）能描述手提氧气设备的构造。
（3）能描述高压氧气瓶正常维护的注意事项。

情境创建

飞机氧气系统主要是为了保证在飞机座舱的增压失效时为乘员供给氧气。根据飞机的乘员人数、航程、升限和任务性质的不同，飞机氧气系统中的氧源有多种形式。飞机上广泛使用的是气态氧源，其次是液态氧源。固体氧源（亦称化学氧源）是继气态氧源和液态氧源之后发展起来的新氧源。它是将含氧量高的固态化合物储存于化学产氧器内，使用时通过化学反应产生氧气，已用于一些大型旅客机上。高压氧气瓶在飞机氧气系统中扮演着非常重要的角色。

任务实施

高压氧气瓶是飞机氧气系统中的一个重要设备。作为压力容器，飞机上的高压氧气瓶在使用的过程中必须注意进行正确的维护。

（1）飞机上的高压氧气瓶所充填的氧气必须是纯氧，不能含有水分，其纯度至少为 99.5%。其他种类的氧气，如医院或焊接使用的氧气名义上可能也是纯氧，但由于含有水分而不能使用。因为飞机在高空中发生结冰现象是很正常的，一旦结冰，就可能冻结和阻塞氧气系统的管路。所以，在给高压氧气瓶灌充氧气前，一定要确认氧气为航空用氧方可使用。

（2）在灌充高压氧气时，要按规定压力和程序进行灌充。不正确的灌充容易引起易燃物品猛烈燃烧，甚至发生爆炸。当周围有火焰、电弧或任何其他火源时，不应打开氧气活门。另外还要注意，机库不是氧气的灌充场所。

（3）在系统灌充之后，还要按规定时间进行压力和温度记录，并对照相应的压力/温度曲线判断其压力是否正常。如果实际读数比曲线值偏低，说明高压氧气瓶存在泄漏问题,需进行泄漏检查。在每次更换附件、管路等工作以后,进行压力/温度检查及泄漏检查应是常规工作。

知识点 1　飞机氧气系统的组成

现代民航客机都是采用增压座舱。正常飞行时,不管飞机的巡航高度是多少,飞机座舱增压都必须维持座舱高度在 2440m(8000ft)左右。由前面的学习可知,此时乘员不需要额外供氧就可以满足人体生理对氧气的需求。

但是,在飞机座舱因某种原因而失密以后,飞机就应快速下降到安全高度。在这个过程中,人体必须有额外的供氧设备来补充环境氧气的不足,以保证乘员的生命安全,这就是飞机氧气系统的主要作用。飞机氧气系统由机组氧气系统、乘客氧气系统和手提氧气设备三部分组成,如图 5.5.1 所示。

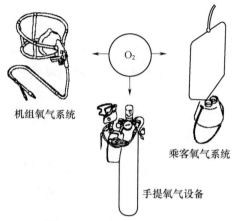

图 5.5.1　飞机氧气系统组成

知识点 2　机组氧气系统

1. 机组氧气系统的组成

机组氧气系统大多采用高压氧气瓶供氧,并向机组提供低压氧气。机组氧气系统通常是独立于乘客氧气系统的。如图 5.5.2 所示,机组氧气系统主要组成部件包括氧气瓶、压力传感器、减压调节器(减压活门)、关断活门、氧气面罩和调节器、(驾驶舱)氧气瓶压力表等。

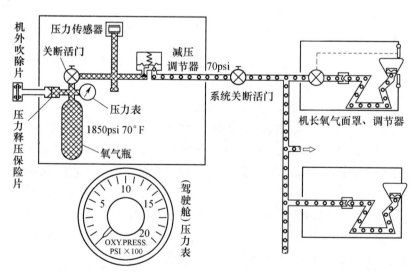

图 5.5.2　典型机组氧气系统

氧气瓶压力表用于指示氧气瓶内压力。不管氧气瓶关断活门的位置如何，它都可指示氧气瓶内氧气的量。氧气瓶关断活门在正常情况下是打开的，用于打开或关闭氧气瓶供氧，当要拆开氧气系统进行维护时，要先将关断活门关闭。

压力传感器将感受的压力信号输送到驾驶舱氧气压力表。氧气瓶上有释压保险片，当氧气瓶内超压时，该保险片就会破裂，以将氧气瓶内的压力释放到机外。在机外排放口有绿色排放指示片（或称吹除片），如果此绿色指示片被吹除，则说明氧气瓶已超压释压。图 5.5.3 为氧气瓶超压排放口在飞机上的不同位置。氧气瓶的超压排放功能与氧气瓶关断活门的打开或关闭无关。

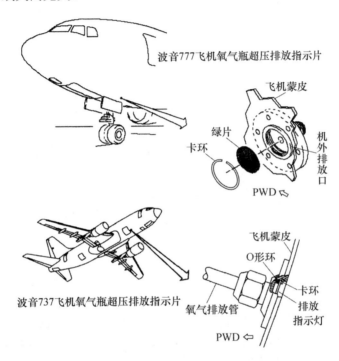

图 5.5.3　氧气瓶超压排放口的不同位置

减压调节器或称减压活门，用于将高压氧气减压到约 482.3 kPa，然后输送到氧气面罩。氧气面罩上有专门的调节器。

2. 氧气瓶

氧气瓶分为高压氧气瓶和低压氧气瓶，现代民航客机大多采用高压氧气瓶。

高压氧气瓶是由热处理合金或在外表面包金属丝制成的，具有很高的抗破损能力。高压氧气瓶的外表被涂以绿色，并印有"航空人员呼吸用氧"（AVIATORS' BREATHING OXYGEN）字样，以便于识别和使用。

氧气瓶头部有压力表、关断活门、减压活门和压力传感器。图 5.5.4 为高压氧气瓶的组成。当氧气瓶内超压时，内部的保险片就会破裂，以释放氧气瓶内的高压。另外，在减压活门内也有释压活门，可以对减压活门下游进行超压释压保护。

高压氧气瓶的充氧压力最大可以达到 13.8MPa，但通常在 21℃时安全充压可达到 12.4MPa～12.7MPa。

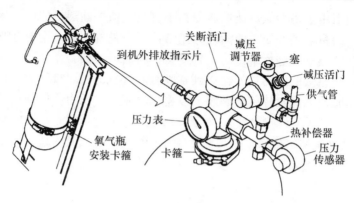

图 5.5.4 高压氧气瓶

低压氧气瓶有两种基本形式，一种是不锈钢的，另一种是热处理低合金钢的。这两种低压氧气瓶的尺寸不同，但瓶体外表都涂以淡黄色的漆，很容易识别。

低压氧气瓶最大充氧压力可以达到 3.1MPa，但通常情况下只安全充压到 2.7MPa～2.9MPa。

无论高压或低压氧气瓶，在使用时都不允许将氧气瓶内的氧气全部用完。因为，当氧气瓶内没有压力时，空气就能进入氧气瓶，而通常情况下空气中都含有水蒸气。如果水蒸气进入氧气瓶，一方面在高空飞行时，瓶内氧气的水有可能结冰，堵塞氧气管道，使得在紧急情况下氧气系统不能正常使用；另一方面，进入氧气瓶的水分也会使其内部产生锈蚀现象。因此，可以借助氧气上的压力表监控氧气瓶内的氧气量。一般地，当瓶内压力下降到 344.5 kPa 时，就应该停止使用。

3. 氧气面罩

现代飞机的氧气面罩和调节器通常是一体的，如图 5.5.5 所示，主要组成部件包括供氧控制手柄、应急控制旋钮、试验手柄、固定软管充气控制手柄、氧气流动指示器、口鼻面罩、调节器、护目镜和通气活门等。在不使用时，它们被储存在储存盒内。氧气面罩本身带有麦克风，以便在吸氧时通话。

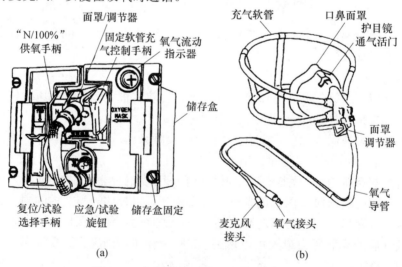

图 5.5.5 机组氧气系统氧气面罩和调节器

氧气面罩的主要功能如下：

(1) 采用需求供氧方式进行稀释供氧；

(2) 采用需求供氧方式进行100%供氧；

(3) 采用连续供氧方式进行应急供氧；

(4) 借助面罩固定软管通气；

(5) 进行供氧试验。

氧气系统流动指示器用于指示是否有氧气流到氧气面罩。

使用时，将氧气面罩从储存盒内取出，按下固定软管充气手柄，面罩固定充气软管就开始充气，将固定软管套在头上，戴好氧气面罩。松开充气手柄后，充气软管放气，软管拉紧，将氧气面罩紧固在头上，此时氧气面罩就可以向使用者供氧。

机组氧气面罩有稀释供氧、100%供氧及应急情况下的连续供氧三种供氧方式。

稀释供氧就是将供氧手柄扳到"N"（正常）位，此时，座舱空气与氧气混合后供到氧气面罩。氧气与空气的混合比例与飞机座舱高度成正比，即座舱高度越高，氧气所占的比例就越大，反之则越小。

如果将供氧手柄扳到"100%"供氧位置，则氧气不与座舱空气混合，系统会直接把纯氧输送到氧气面罩。

以上无论是稀释供氧还是100%供氧都属于"需求供氧"方式，即只有在使用者吸气的时候供氧，而呼气时就停止供氧。

如果转动应急旋钮到"应急"位置，氧气将会被连续输送至氧气面罩供使用者使用，而不管此时使用者是吸气还是呼气。

4. 供氧调节器的工作原理

氧气面罩的工作是由调节器控制的。如图5.5.6所示，稀释—需求供氧调节器的基本组成包括减压活门、供氧活门、稀释控制关闭机构、膜盒、薄膜、应急控制旋钮和计量活门等。

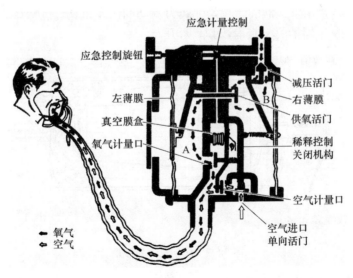

图5.5.6 稀释—需求供氧调节器

首先了解供氧调节器进行需求供氧的原理。

根据减压活门出口 B 腔的压力，右薄膜可以调节减压活门的开度。当 B 腔压力升高超过预定值时，右薄膜向右鼓胀，驱动减压活门关小，从而防止 B 腔压力的进一步升高；当 B 腔压力减小时，右薄膜复位，开大减压活门，使 B 腔压力保持在预定值。

供氧活门由左薄膜作动，A 腔通往氧气面罩。当使用者吸气时，A 腔压力减小，左薄膜作动供氧活门向右移动，供氧活门打开供氧；当使用者呼气时，A 腔压力增大，供氧活门左移关闭，停止供氧。

当供氧手柄扳到"N"（正常）位置时，稀释控制关闭机构打开，座舱空气通过空气进口单向活门和空气计量口，与氧气混合后供往氧气面罩。真空膜盒用于根据座舱高度调节空气和氧气计量口的开度，来调节氧气/空气混合比例。当座舱高度较低时，真空膜盒作动将氧气计量口关小，同时空气计量口开大，氧气空气混合比例较小，即氧气所占供气比例较小；随着座舱高度的升高，氧气计量口的开度逐渐增大，同时空气计量口的开度逐渐减小，氧气所占供气比例增大。

当供氧手柄扳到"100%"供氧位置时，稀释控制关闭机构作动，使空气计量口完全关闭，同时氧气计量口完全打开，实现纯氧供给。

当转动应急控制旋钮到"应急"位置时，氧气通过应急计量控制活门，从中央通道流到氧气面罩。此时氧气绕过供氧活门，连续向氧气面罩供氧。

知识点 3　乘客氧气系统

1. 乘客氧气系统的组成

乘客氧气系统用于座舱失密后向乘客及乘务人员应急供氧。乘客氧气系统大多采用化学氧气发生器供气，如波音 737、波音 757、波音 767 和波音 777 等。但也有个别飞机的乘客氧气系统采用高压氧气瓶来供氧，如波音 747-400。

如图 5.5.7 所示的化学氧气发生器由金属外壳、机械击发机构、发生器芯子、气滤和释压活门等组成。在发生器的一端是弹簧力驱动的击发机构，包括释放绳索、释放销、撞针和发火帽；发生器的另一端有出口、释压活门和气滤。

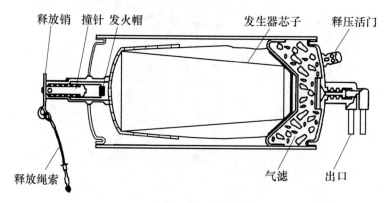

图 5.5.7　化学氧气发生器

2. 乘客氧气系统的工作原理

化学氧气发生器芯子的主要化学成分是氯酸钠和铁粉，并添加少量的催化剂和除氯剂，经机械混合加压成型，制成混合药柱。发生器在低温情况下（200℃以下）是惰性的，即使是在严重撞击下也不会发生化学反应。但在高温情况下将会发生化学反应，氯酸钠和铁粉会生成氯化钠、氧化铁，并放出氧气。由于其化学反应过程能沿药柱轴向等面积逐层进行，与蜡烛的燃烧很相似，故该混合药柱又名为"氧烛"。

在需要应急供氧时，氧气面罩被统一放下，如图5.5.8所示，使用者向下拉氧气面罩将其套在头上时，通过释放绳索作动释放销，在弹簧力作用下，撞针撞到发火帽，产生高温。发生器内的化学成分发生化学反应，释放出氧气。氧气流出发生器出口，经过供气管道到达储氧袋，储氧袋用于在使用者没有吸气时储存氧气。

当使用者吸气时，吸气活门自动打开，氧气供入面罩。当储氧袋中没有氧气时，氧气面罩通气活门会打开，允许环境空气流入。使用者呼气时，吸气活门和通气活门都关闭，呼气活门打开，使用过的空气会通过呼气活门排出。

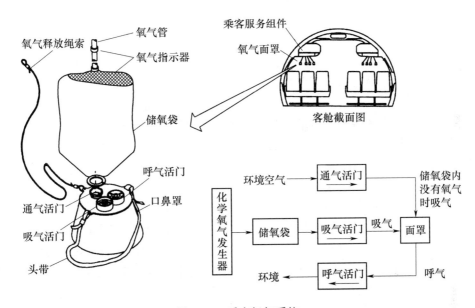

图5.5.8 乘客氧气系统

需要注意的是，化学氧气发生器一旦被触发开始工作，就会连续供氧，不能停止，直到发生器中的所有化学成分耗尽。化学氧气发生器一般至少可供氧12min。

知识点4 手提氧气设备

手提式氧气设备是飞机氧气系统的重要组成部分，可用于飞行中的紧急医疗救助、灭火和其他紧急情况。

1. 手提式氧气瓶

手提式氧气瓶用于飞行时在飞机座舱内移动医疗救助。每一个氧气瓶都是一个独立的氧气系统。手提式氧气瓶多为高压氧气瓶，在21℃时其充气压力达到12.4MPa。氧气瓶上有压力表，显示氧气瓶内的压力，同时也显示了氧气瓶内的氧气量，如图5.5.9、图5.5.10所示。

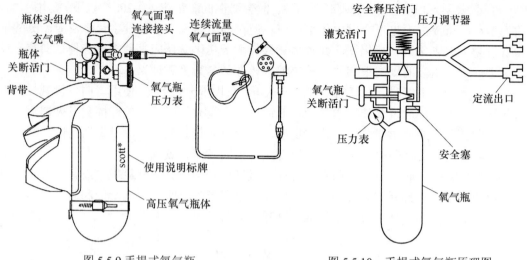

图 5.5.9 手提式氧气瓶　　　　图 5.5.10 手提式氧气瓶原理图

手提式氧气瓶上的关断活门用于控制瓶内高压氧气被输送到瓶体头部的连接组件。氧气瓶头部连接组件内有压力调节器,可以调节供往氧气面罩氧气的压力和流量。

手提式氧气瓶上的安全塞用于当氧气瓶内超压时,迅速释放氧气瓶内的压力。安全释压活门位于压力调节器的低压端,防止调节器下游出现超压现象。

当氧气瓶关断活门打开时,氧气被供往两个定流口,但只有插入氧气面罩接头时,才会有氧气流到氧气面罩。关断活门顺时针方向转动是关断,逆时针方向转动是打开。

2. 保护呼吸设备

保护呼吸设备提供一个防烟头套和一个气源,主要用于机上应急灭火时对使用者的保护,防止烟雾或毒气对其产生伤害。保护呼吸设备由防火材料制成,即使在使用者戴有眼镜的时候,也能很方便地让使用者套在头上。其上有一块透明板,可为使用者提供良好的视野。口鼻罩用于提供氧气。氧气来源于一个化学氧气发生器或气态压缩氧气。

任务测评

氧气对人来说无疑是非常重要的生存基础,乘客在高空飞行过程中对氧气的依赖性则更强。在飞机上设置氧气系统是满足人类高空飞行的重要技术手段,可以保证在飞机座舱失密后的乘员氧气供给及特殊情况下的需氧供给。教师请学生对飞机氧气系统进行总结。

模块 6　飞机安全与防护

📖 模块学习基本目标 📖

知识目标

> ➢ 掌握结冰对飞机飞行性能的影响。
> ➢ 掌握飞机几个主要部位的防冰、除冰措施及不同风挡排雨系统的工作特点。
> ➢ 掌握燃烧三要素及对不同种类火的除灭方法。
> ➢ 掌握对火警探测系统的要求及不同火警探测器的特点。
> ➢ 掌握飞机上主要灭火的区域及相应措施。
> ➢ 了解弹射救生的工作原理及弹射过程中驾驶员要承受的载荷。

能力目标

> ➢ 能描述常用结冰探测方法的主要特点。
> ➢ 能说明飞机不同部位结冰后对飞行性能的影响。
> ➢ 能区分不同防冰除冰系统的优缺点。
> ➢ 能对风挡玻璃进行正常的保洁维护。
> ➢ 能针对不同种类火采取相应的灭火方法。
> ➢ 能正确使用手提式灭火瓶进行应急灭火。
> ➢ 能描述弹射救生装置的地面维护内容。

飞机构造

任务1　分组讨论飞机结冰对飞行性能的影响

知识目标

（1）掌握飞机飞行过程可能出现的几种结冰形式。
（2）了解结冰强度和冰形的概念。
（3）掌握飞机结冰探测的基本方法。
（4）掌握结冰现象对飞机飞行性能的影响。

能力目标

（1）能给出各种常用结冰探测方法的特点。
（2）能给出飞机不同部位结冰后飞行性能受到的影响。

情境创建

结冰现象是人们生活中经常可以看到的，尤其是在北方地区，冬天结冰很正常。当然也可以根据饮食的需要，借助冷冻设备人为制造冰块。结冰给人们生活带来好处的同时，也带来了不少的麻烦。

飞机上结冰就是需要避免的，飞机结冰不但影响飞机的飞行性能，而且对飞机的飞行安全影响非常大。但是，只要满足一定的条件，飞机上就会出现结冰现象。飞机通常是在对流层中飞行，这里有大量的以不同相态存在着的水分子，而且随着高度的增加，大气的温度不断降低。因此，即使在夏天，飞行中的飞机也可能出现结冰现象。

任务实施

教师请学生对于飞机结冰进行分组讨论：一旦条件成熟，通常情况下飞机上结冰的部位有哪些？飞机上出现结冰现象后，飞机的飞行性能会受到什么影响？

知识点1　飞机的结冰现象及结冰探测

1. 结冰现象

飞机的飞行环境主要是对流层。在对流层，空气上下对流剧烈并有云、雨、雾、雪等天气现象。在飞行过程中，特别是在穿过云层和降雨区时，往往会遇到水雾甚至是过冷水滴。水雾或者过冷水滴很容易附着在机翼、尾翼、螺旋桨桨叶的前缘及座舱玻璃等处，只要温度足够低，它们就会凝结成冰，这就是飞机的结冰现象。这不仅增加了飞机重量，而且破坏了飞机的气动外形，增加了阻力，结冰严重时会给飞机正常飞行带来困难。

飞机在飞行过程中之所以会结冰，是因为大气中含有不同相态的水分子，这是飞机结冰的前提条件。根据结冰时的具体情况，飞机结冰可以分为以下三种形式。

1）干结冰

飞机在热带区域飞行，当遇上了冰晶云（由冰晶体组成的云）时，冰晶体就会沉积在飞机表面而结冰，这种结冰现象称为干结冰。

2) 凝华结冰

凝华结冰是指大气中的气态水（即水蒸气）不经过液态相，直接冻结在飞机表面上的一种结冰现象。因此，只要温度条件具备，在无云的大气中也可以发生。

3) 滴状结冰

滴状结冰又称水滴结冰，是大气中的过冷水滴撞击在飞机表面上而冻结的一种结冰现象。值得一提的是，撞击在机体表面上的过冷水滴，其冻结的速度是十分迅速的，几乎是立即冻结。

小贴士：过冷水滴是指在负温以下仍未结冰的液态水滴。在云层中，水滴常常在-20℃，甚至在－35℃的低温下仍能以液态水的形式存在。

飞行实践证明，在上述三种结冰现象中，干结冰和凝华结冰是比较少见的结冰现象，较多遇到的飞机结冰现象是滴状结冰。而且，干结冰和凝华结冰现象对飞机性能的影响相对较小，对飞机的安全飞行一般不会带来太大的危害；而滴状结冰对飞机性能影响较大，甚至会引起严重的飞行事故。因此，在研究飞机结冰时，一般都是针对滴状结冰。

2. 结冰探测

既然结冰现象对飞机来说是有危害的，则及时发现和预测结冰现象就变得非常重要。这个工作由结冰探测系统来完成。

当飞机进入结冰区域或产生结冰现象时，结冰信号器就开始工作。它一方面可以向机组发出结冰警告信号，另一方面能自动接通防冰系统进行防冰或除冰工作。当然，驾驶员必要时也可以采用人工控制的方法进行防冰或除冰。

结冰信号器一般分为驾驶员直观式和自动结冰信号器两类。相对来说，自动结冰信号器的工作可靠性不是很好，而直观式结冰信号器既简单又好用，所以采用较为普遍，但驾驶员的工作负担较重。

1) 探冰棒

探冰棒是最简单的直观式结冰信号器。探冰棒的结构通常做成翼形截面。由于它的尺寸小，在轻微结冰条件下便会结冰。因此，在探冰棒的旁边通常装有聚光灯，以保证夜间飞行时能监控探冰棒的结冰状况。

探冰棒装设在机外驾驶员容易观察到的地方，当发现结冰后，驾驶员人工接通防冰加温装置。探冰棒内装有电加热器，可除去探棒上的冰，以保证再次进入结冰状态时探冰棒能继续发挥其功用。

2) 探冰灯

探冰灯是探测结冰的辅助设备。探冰灯是一种专用的聚光灯，外形和普通灯差不多，一般装设在机身中部机翼前方的左、右两侧。当探冰灯电门接通后，灯光会照射到整个机翼前缘，以便观察结冰情况。

3) 自动结冰探测器

自动结冰探测器既可向驾驶员发出进入结冰状态的信号，也可以自动地接通防冰系统，使其工作。根据其作用原理不同，分为机械式、压差式、导电式、射线式及红外线式等。

运七飞机上就采用了一种导电式自动结冰探测器，它利用凝结冰层的导电性进行工作。通常情况下，感受器内、外套筒之间是绝缘的，电路不通。当外界空气中有大量过冷水滴时，过冷水滴便凝结在感受器内、外套筒之间，由于冰为电的良导体，感受器内、外套筒之间处于导通状态，触发继电器开始工作，信号灯亮，提示飞机已处于结冰状态，同时加热电阻也开始工作。随着感受器上冰的融化，电路会断开，继电器也会断电，感受器将停止加热。而信号灯则由于延时电路的作用，信号灯电路将在 1min 后断开，信号灯熄灭，感受器开始冷却，当其表面温度降到 0℃时，如果在感受器两套筒之间的表面上重新产生冰层，上述过程就会重复进行。信号灯在持续结冰过程中也会间断地发出结冰信号。民航客机结冰探测器多采用此种形式。

知识点 2 结冰对飞机飞行性能的影响

在结冰气象条件下飞行时，飞机所有部件的迎风面上都可能出现结冰现象。但通常情况下，结冰对飞行影响的程度最终取决于结冰强度和结冰的形状。

1. 结冰强度和冰形的概念

1）结冰强度

结冰强度就是冰在飞机部件上的形成速度。结冰强度与飞行条件、气象条件及结冰部位的外表形状有很大关系。由于飞机各部件表面的外形不同，所以即使它们处于相同的飞行和气象条件，其结冰强度也是不同的。

结冰强度可分为弱、中度、强、极强四个等级，如表 6.1.1 所列。

表 6.1.1 结冰强度等级

等级	弱结冰	中度结冰	强结冰	极强结冰
结冰强度/（mm/min）	<0.6	0.6~1.0	1.1~2.0	>2.0

在实际飞行中，驾驶员为了判断飞离结冰危险区域之前飞机结冰的危险程度，往往更需要知道飞机上总的结冰厚度，为此，又引入了结冰程度的概念。生活常识告诉我们，如果飞机处于极强结冰区域的飞行时间很短，则飞机表面上所结冰量是不会很多的；相反，如果飞机长时间飞行于弱结冰区域，飞机上也可能形成很厚的冰层，从而造成严重后果。

所谓结冰程度，是指在结冰条件下飞行的整个时间内飞机表面上所结冰层的最大厚度。显然，结冰程度是由冰的生成速度和飞机在结冰区域的飞行时间所决定的。

根据飞行试验数据，结冰程度的分级情况如表 6.1.2 所列。

表 6.1.2 结冰程度等级

等级	弱结冰	中度结冰	强结冰	极强结冰
最大厚度/mm	0.1~5.0	5.1~15	15.1~30	>30

2）冰形及其特点

由于飞机结冰时的具体条件不同，导致所结冰层的形状也不同。不同的冰形对飞行所造成的影响也不一样。因此，在讨论结冰对飞行的影响之前，除需了解结冰强度以外，还需知道所结冰的形状。根据长期的观测，经常见到的结冰种类就其外形而言可分为槽状冰（包括双角冰）、楔形冰及介于两者之间的混合冰三类，如图 6.1.1 所示。

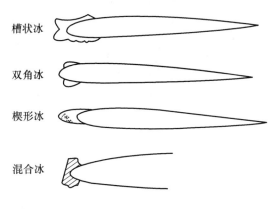

图 6.1.1　飞机常见结冰形状

槽状冰由于其表面光滑、冰体透明，又称明冰、玻璃冰。它沿翼型表面的弦向分布较广，一般为 200mm～300mm；冰的密度大，一般为 600kg/m^3～900kg/m^3；冰中没有气泡，组织致密，与飞机表面的连接力很大，法向结合力高达 185N/cm^2。飞机部件表面，特别是机翼表面，如果结了这类冰形，将会严重地破坏飞机的气动外形，对飞行的危害最大。

楔形冰的透明度较差，多呈乳白色，无光泽，因此又称不透明冰、无光泽冰、乳白色冰、结晶体冰等。它在结冰表面上的分布范围小，仅在机翼前缘很狭窄的区域上形成；冰的密度小，约为 200kg/m^3～600kg/m^3，较疏松，比较容易脱落。但如果冰层结得很厚，再加上表面比较粗糙，也会给飞行带来较大的危害。

混合形冰由于表面粗糙，又称毛冰；又因其色泽类似于白瓷，故称瓷冰。由于这类冰的表面粗糙不平，对飞机外形的破坏比较大。与槽状冰类似，因其与飞机表面的连接力很大，冻结得十分牢固，因而它对飞行的危害并不亚于槽状冰。

除上述三种冰形外，有时还可能出现针状（或称刺状）冰、霜状冰。有关资料报道，所有的飞机结冰中，混合冰型出现的机会较多，其次为楔形冰，槽状冰出现的机会相对较小。

但必须指出，在地面停机时，如果飞机上有像霜一样的薄冰形成，起飞前又没有清除的话，则在飞行中就会导致比较严重的结冰现象，从而造成比较严重的飞行事故。例如，1978 年 10 月一架 AH-2 运输机在机场停放时，其表面上结了一层薄冰，起飞时未予清除，起飞后冰层迅速增厚，导致飞机失事。

2. 结冰对飞行性能的影响

由于飞机各部件在飞机上的作用不同，所以结冰后对飞机性能的影响也不完全一样。

1）升力表面结冰

升力表面主要是指飞机的机翼和尾翼两个部件。机翼、尾翼上所结的冰层主要积聚在它们的前缘部分。当它们结冰时，将会导致翼型阻力增加、升力下降、临界迎角减小，以及操纵性和稳定性的品质恶化。

图 6.1.2 为机翼表面上凸出物的高度及其所处位置对飞机最大升力系数 ΔC_{ymax} 的影响。

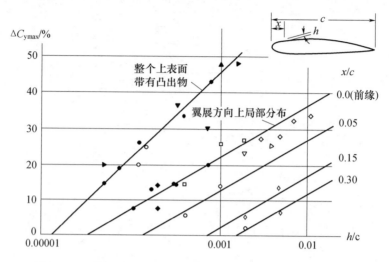

图 6.1.2　机翼表面凸出物高度及其所处位置对 ΔC_{ymax} 的影响

根据飞行试验，机翼、尾翼结冰时，所增加的阻力占飞机因结冰所引起总阻力增加的 70%～80%。

对于具有高效能的飞机机翼结构，特别是具有附面层控制的后掠机翼，当发生结冰时，其所造成的后果更为严重。如果操纵结构的缝隙结冰，还可能出现卡死现象，从而使飞机的操纵性能完全丧失。

2）发动机进气道结冰

发动机进气道及部件结冰是指进气道前缘、发动机压气机前的整流罩、支撑及第一级压气机前的导流叶片等部件结冰。空气经第一级压气机后，其温度一般升为较大的正温。因此，第一级压气机后的转子及导流叶片通常不会结冰。

但是，由于发动机进气道及进气部件结构的特殊性，在环境温度为正温时，也可以发生结冰现象，而且在进气道内表面上的结冰范围及结冰强度均比其外表面要大得多，如图 6.1.3 所示。这就导致了内表面气动特性恶化，甚至还会引起压气机叶片的振动。

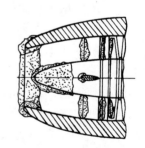

图 6.1.3　进气道及涡轮喷气

叶片结冰时，叶片间的进气口面积明显减小，使进入压气机的空气流量降低，从而使发动机的推力下降，油耗增大。超声速飞机进气道在起飞及作低亚声速飞行时，都要求有尽可能大的空气流量，此时如果发生结冰，将会导致发动机的损坏、停车等一系列的严重后果。

另外，脱落的冰块进入发动机还可能打伤具有很高转速的压气机叶片，造成压气机机械损伤，甚至导致整台发动机损坏。

3）螺旋桨结冰

在结冰条件下飞行的螺旋桨飞机，其桨叶、桨壳和整流罩均可发生结冰现象。

飞机的螺旋桨实际上是扭转了的机翼，因此其结冰情况与机翼类似。但由于螺旋桨桨叶的弦向尺寸小，并且螺旋桨除有向前的运动外，自身还以高速进行旋转，所以其结冰程度要比机翼严重。当桨叶表面上冰层的厚度达 5mm～7mm 时，螺旋桨的离心力即可破坏冰层与表面的连结力，使冰层脱落。

冰层的脱落通常是不均匀和非对称的，其结果可使螺旋桨的平衡遭到破坏，从而导致动力装置和飞机的振动，发展下去就可造成轴承损坏和发动机停车等严重事故。

另外，具有较大动能和质量的冰层从螺旋桨表面脱落后，还有损坏发动机部件和击伤蒙皮或气密座舱的危险。

4）风挡玻璃、测温和测压传感头结冰

飞机在结冰条件下飞行时，座舱盖及风挡玻璃可能会结冰。这对飞机的气动特性影响比较小，但大大降低了其透明度，因为座舱玻璃的透明度对驾驶员的目测飞行来说是很重要的，因此尤其在起飞和着陆时是非常危险的。

在结冰条件下飞行时，装在飞机表面上的测温、测压传感头也会发生结冰现象。测压口结冰时，进气面积减小，使入口的动压下降。测温传感头结冰时，由于冰的蒸发会使仪表指示值下降，从而使空速表失真。由于仪表的不正常指示，驾驶工作会变得复杂化并隐含着许多由于指示不准而造成的不安全因素。

任务测评

通过以上知识点的学习，请学生针对各个不同的主要结冰部位，阐述飞机上结冰现象对飞行性能造成的影响。

任务2　机翼前缘气热除冰及风挡雨刷地面功能检查

知识目标

（1）掌握飞机防冰除冰的几种基本方法。
（2）掌握飞机几个主要部位的防冰除冰措施。
（3）掌握不同风挡排雨系统的工作特点。

能力目标

（1）能区分不同防冰除冰系统的优缺点。
（2）能给出飞机上几个主要部位的防冰除冰措施。
（3）能对风挡玻璃进行正常的保洁维护。

情境创建

学生已经了解飞机在飞行过程中可能出现结冰现象，而且飞机结冰对飞机的飞行性能影响非常大。通常情况下，对机翼前缘都是采用气热除冰系统进行防冰除冰。教师带学生到停放有飞机（如运七飞机）的现场，地面检查机翼前缘气热除冰系统工作情况是否正常；检查风挡雨刷工作情况是否正常。风挡排雨系统的正常工作可以有效保证风挡玻璃的清晰度，确保飞机飞行安全。

任务实施

对运七飞机来说，把右仪表板上"机翼尾翼"开关接通。如果机翼加温开关工作良好，则在4s～5s的时间内，右仪表板上"左翼尾翼"和"右翼尾翼"两个绿色信号灯闪亮。信号灯闪亮后的短时间内（加温时间不超过1.5min，否则会烧坏前缘蒙皮），检查机翼翼尖的鱼鳞片处是否有一股热气流流出，若有热气流流出，说明系统工作正常。否则说明有故障，必须加以排除。检查完毕，将"机翼尾翼"开关扳到断开位置，此时两个绿色信号灯应熄灭。

运七飞机的风挡雨刷是电动风挡雨刷系统中的执行机构，负责清扫玻璃表面的雨水和雪水，分左电动风挡雨刷和右电动风挡雨刷。它由驾驶舱顶部中央配电盘上的控制开关来控制，分慢速和快速两种工作方式进行。在风挡雨刷工作的全过程中，不断向玻璃表面洒水（冬天时洒酒精和水的混合物），要始终保持风挡玻璃表面湿润，分别检查风挡雨刷在两种速度时，雨刷的回扫角度（刷臂运动角度）是否为44°～50°；在工作时，是否碰到玻璃上边框；在停止复位时，是否停在玻璃下边框架的刷臂定位架上；在开始工作和停止时，刷臂上的滚轮在定位架上滚动是否灵活，有无卡滞现象，否则就应该加以排除。

知识点 1　飞机防冰除冰的几种基本方法

通过前面的学习，已经知道飞机的结冰现象及其对安全飞行的影响，而针对具体部位采用一定的方法进行防冰除冰就变得非常重要。根据防冰除冰所采用的能量方式不同，飞机防冰除冰可分为机械除冰、液体防（除）冰、热空气防冰、电热防（除）冰、电脉冲除冰等方法。

1. 机械除冰

机械除冰系统就是用机械的方法把冰破碎，然后利用高速气流将冰吹除，或者利用离心力、振动把冰除去。

用机械的方法使冰破碎的途径有很多，膨胀管除冰系统就是其中的一种。它是在需要防冰的表面位置布置许多可膨胀的胶管，当表面结冰时，胶管充气膨胀，使冰破碎，然后利用气流把冰吹除，如图 6.2.1 所示。但该方法对飞机的气动外形有不良影响。此外，还可用振动的方法使冰破碎并除去，如用超声波使蒙皮产生高频振动以除冰，或周期性地给蒙皮施加一个脉冲力，使蒙皮产生小振幅高频振动，从而把冰除掉。机械除冰虽然是传统的方法，但目前仍然在不断发展中，并继续使用。

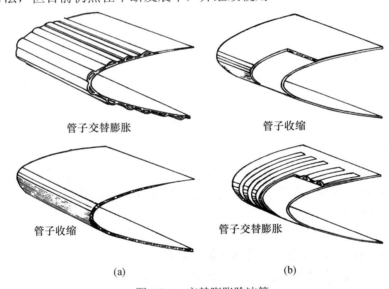

图 6.2.1　交替膨胀除冰管

(a) 展向膨胀除冰管；　(b) 弦向膨胀除冰管。

2. 液体防（除）冰

液体防冰是一种物理防冰方法，它的基本原理是借助某种液体来减小冰与飞机表面附着力，或者降低水在飞机表面的冻结温度。

工作时，液体防冰系统可以连续地或周期性地给防冰表面喷射工作液体。工作液体要求具有凝结温度低、与水混合性能好、与防冰表面附着力强、对防冰表面没有化学腐蚀作用、无毒、防火性能好等特点。目前使用的防冰液有甲醇、乙醇（酒精）、乙烯乙二醇等。从性能上看，甲醇的冰点最低，乙醇次之，乙烯乙二醇最高，但从着火危险来说，乙烯乙二醇的化学稳定性较好、最安全，价格也便宜，所以美国制造的飞机上多用乙烯乙二醇作为防冰液，而苏制飞机则多用乙醇或乙醇与其他液体的混合液作为防冰液。

3. 热空气防冰

现在大量采用的是从发动机引气的热空气防冰系统。该方法热源很充足，能量大，通常用于机翼和尾翼的大面积防冰。

不同飞机所采用的热空气引气来源主要有以下三种类型。

1) 发动机压气机引气

现代民航客机多采用涡扇发动机，其压气机的引气可以直接用于机翼、水平安定面前缘、发动机整流罩的热气防冰除冰，如图 6.2.2 所示。

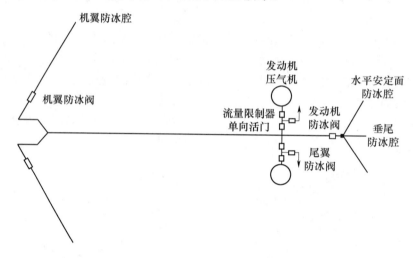

图 6.2.2　热空气防冰系统原理

2) 发动机排气热交换器引气

活塞发动机飞机通常采用发动机排气热交换器产生热空气。热交换器的热气流是发动机的废燃气，冷气流来自外界大气。大气流经热交换器被加热后，可以引入防冰系统作为用于加温的热空气。

3) 燃烧加温器

在有些早期飞机上，采用专门的燃烧加温器提供防冰热空气。燃烧加温器通过燃油的燃烧，在外界空气流过燃烧加温器后被加热，然后被引气到防冰系统。

4. 电热防（除）冰

电热防冰是通过向加温元件通电而产生热量进行加温的。电热防冰主要用于小部件、小面积的防冰。现代飞机上的空速管、迎角探测器、总温探头、水管、驾驶舱风挡多采用电热防冰。探头加温有的不能在地面进行，有的可通过空地感应电门进行功率转换，即在地面时可进行小功率加温，在空中可进行正常加温。

运七飞机风挡玻璃采用的是薄膜加温元件，其电源为 115V、400Hz 的交流电。为了防止风挡玻璃出现过烧现象，用温度自动控制盒来保证风挡玻璃表面温度不超过 40℃。

5. 电脉冲除冰

电脉冲除冰是一种高效节能的除冰方法，它由供电装置（变压整流器及电容式储能器组成的脉冲发生器）、程序器和感应器等几部分组成，如图 6.2.3 所示。电热冰刀先将冰分割成小块冰块，脉冲发生器产生电脉冲，它作用在感应器上，使蒙皮产生作用时间很短的脉冲，在小振幅高频率振动的作用下，使冰脱落，这样很快可将冰除去。程序器用来控制各感应器的接通次序及接通时间。

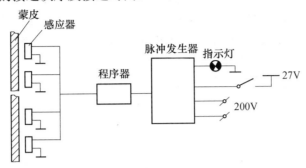

图 6.2.3　电脉冲除冰系统

电脉冲除冰系统的工作温度适应范围大，所需能量小，能耗不到电热除冰系统的 1/60，是一种节能方法，可能会成为下一代飞机的主要除冰系统。

知识点 2　飞机几个主要部位的防冰除冰

飞机上主要的防冰部位有机翼、尾翼、风挡玻璃、发动机进气口、螺旋桨及一些重要的测量传感头等。另外，对于飞机上的某些辅助进气口也应有防冰措施，如空调系统散热器的冷空气进气口。

1. 机翼防冰

对于像机翼这样需要大面积防冰除冰的部位，采用热空气防冰系统是较好的方法，如图 6.2.4 所示，此方法现在已经广泛应用在飞机上。涡扇飞机上的热空气来自于发动机压气机引气，这样可以对能源进行有效使用。但多数飞机的机翼热防冰系统在地面上是不能工作的，空地感应电门会切断机翼防冰系统的工作。这是因为飞机在地面停机时冲压空气不足，如果进行热防冰，有可能使系统发生超温现象而出现问题。但有些飞机的机翼防冰系统能在地面工作，此种形式的防冰系统可由空地感应电门控制其加温的功率，即当飞机在空中时，采用正常的加温功率；飞机在地面时，即转换到低加温功率，以防止过热。

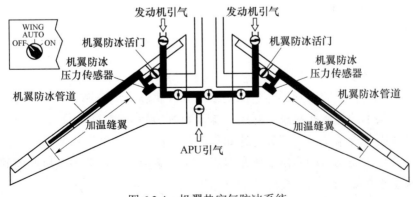

图 6.2.4　机翼热空气防冰系统

飞机在起飞爬升过程应关闭机翼防冰系统，以减少防冰系统的引气，保证飞机的起飞推力，所以在起飞爬升过程中，机翼防冰系统应停止工作。即使在地面已打开机翼防冰系统，飞机上的自动控制系统也会在起飞爬升过程中将其自动切断。

机翼热防冰由机翼防冰电门控制。对于有结冰探测器的飞机，机翼防冰电门一般有三个位置，即关断（OFF）、自动（AUTO）和打开（ON）位。当将控制电门放在"AUTO"位时，如果没有机翼防冰抑制信号，结冰探测器会自动控制机翼防冰系统的工作；当将控制电门放在"ON"位，若没有机翼防冰抑制信号，机翼防冰系统也会开始工作。

2. 发动机整流罩热防冰

发动机整流罩由发动机压气机引气加温防冰，由发动机防冰控制电门控制。对于有结冰探测器的飞机，控制电门一般有三个位置，即关断（OFF）、自动（AUTO）和打开（ON）位。此种类型的系统可以由结冰探测器自动控制防冰系统；对于没有自动结冰探测器的飞机，控制电门一般只有关断（OFF）和打开（ON）两个位置。

当控制电门在"OFF"位时，热防冰活门关闭。当控制电门在"ON"位，相应发动机没有处于启动状态，在不存在风扇机匣过热的情况下，热防冰活门打开，防冰系统开始工作。当控制电门在"AUTO"位，结冰探测器探测到处于结冰状态，相关发动机未处于启动状态，且没有风扇机匣过热时，则热防冰活门打开，防冰系统开始工作。

如图6.2.5所示，当热防冰活门打开时，热空气进到发动机前缘整流罩内的喷气环，喷气环上有喷气孔，热空气可从喷气孔内喷射出来，对发动机前缘整流罩进行加温，然后通过下部的排气口排出。

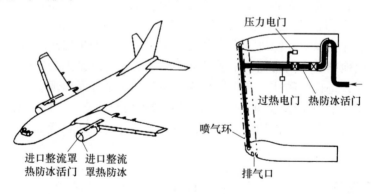

图6.2.5　发动机前缘整流罩热防冰

3. 大气数据探头防冰

大气数据探头包括空速管、迎角探测器和大气总温探头等。

空速管探头上的静压孔和总压孔用于探测大气的静压和总压，静压和总压信号输送到飞机大气数据基准系统，以计算空速和气压等飞机参数。迎角探测器用于探测飞机的迎角，其叶片可以随飞机的迎角变化在气流的作用下偏转，以获得飞机迎角的信号。大气总温探头用于探测飞机所在高度的大气总温。

在大气数据各个探头内都有电阻式电加温器，防止探头结冰而影响大气数据的探测精度。这些探头防冰在一些飞机上（如波音 737 飞机）由专门的控制电门控制，而大多数民航客机（如波音 757、波音 767、波音 777）上的探头防冰都是自动控制的。自动防冰系统由空地感应继电器控制，探头在地面不能工作，只有在飞机离地后，会自动通电加温。

图 6.2.6 为典型的大气总温探头，它由感温元件测量大气总温。为了保证有足够的大气流过感温元件，以获得更精确的温度，在其内部有一个引射管。一小股引气流过引射管，在感温元件附近形成低压区，使外界大气流过感温元件并从基座附近的排气口排出。

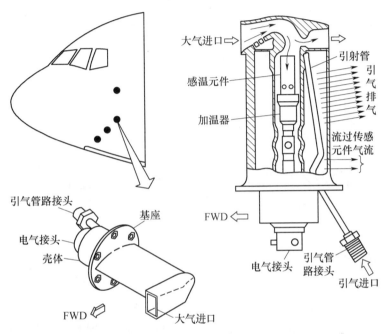

图 6.2.6　大气总温探头

4. 驾驶舱风挡防冰及除雾

在结冰条件下或正常飞行条件下飞机突然从高空下降时，若风挡内侧表面温度等于或低于座舱露点，风挡玻璃的内表面就可能结雾或结霜。风挡内、外表面上的冰、霜、雾都会影响驾驶员的视线，因此风挡玻璃一般都有防冰和防雾系统。

风挡的防冰和除雾是通过对风挡加温来实现的。驾驶舱风挡的加温是依靠嵌在风挡内的加温电阻实现的。防冰加温层（导电层）靠近风挡玻璃外表面铺设，风挡防雾加温层（导电层）靠近风挡玻璃的内表面铺设。风挡加温由风挡加温控制电门控制，风挡加温控制器调节风挡的温度，在有些飞机上采用热电门控制风挡加温。很多飞机的控制电门本身就是指示灯，因而也称为电门灯。

驾驶舱的风挡一般都进行了编号，以利于识别。通常，正前方为 1 号风挡，依次向后排列为 2 号、3 号风挡。有些飞机在 1 号、2 号风挡上还有 4 号、5 号风挡。每一个风挡编号都包括左、右侧两块风挡，如图 6.2.7 所示。

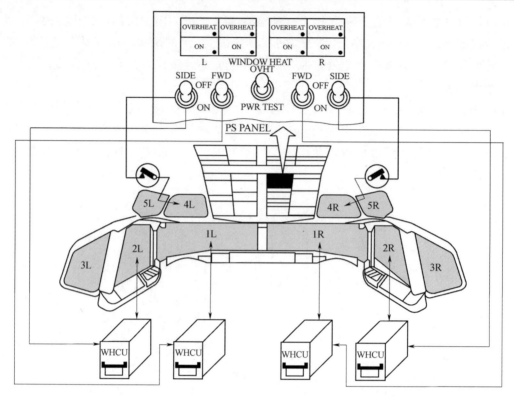

图 6.2.7 驾驶舱风挡编号

知识点 3　风挡排雨系统

飞机有时需要在雨天飞行，雨水落在风挡玻璃上会妨碍驾驶员的视线，所以飞机上一般都有排雨系统，以保证在雨天飞行时雨水不会影响驾驶员的视线。

几乎所有小型通用飞机均用透明的聚丙烯塑料制作风挡玻璃，这种材料很容易被擦伤，因此很少安装风挡刮水刷。在这种飞机上常采用给风挡打蜡的方法来达到排雨的目的。因为风挡打蜡后，雨水落在上面会形成大的水滴，不会覆盖整个风挡，而且迎面气流会将水滴吹走，保持风挡的干燥。

大型高速飞机常用较复杂的排雨系统，包括机械风挡刮水刷、化学排雨剂、永久防水涂层等三种。它们既可以单独使用也可以共同使用。也有的飞机采用气动排雨系统，即利用来自发动机压气机的引气进行排雨，从发动机引来高温、高压空气吹过风挡，使其形成一层空气屏障，阻止雨滴落在风挡表面。

1. 风挡刮水刷系统

1）电动风挡刷系统

飞机上的风挡刮水刷与汽车上的相似，不同的是，它还必须经受高速气动载荷。现代飞机上一般有两个风挡刷，用于在起飞、进近和着陆过程中，排除机长和副驾驶风挡（1号风挡）上的雨水或雪水，防止雨雪妨碍驾驶员的视线。每个风挡刷由单独的电机驱动。

电动风挡刷系统通常用直流电机驱动，转换器将电机的转动转换成风挡刷臂的往复运动。风挡刮水刷由控制电门控制,控制电门一般有三个位置,即 OFF(关断)、LOW(低速)和 HIGH(高速)。波音 747、波音 757、波音 767 和 A320 都采用三位置电门,但 A320 风挡刷控制电门三个位置的命名有所不同,分别为 OFF、SLOW 和 FAST。

波音 737-300、波音 737-800 和波音 777 风挡刷都采用四位置电门,但各有所不同。波音 737-300 飞机风挡刷控制电门四个位置为 PARK、OFF、LOW 和 HIGH,其中 PARK 位用于将风挡刷靠在外侧下边缘位置,以防止风挡刷停靠在妨碍视线的位置。而波音 777 控制电门四个位置为 OFF、INT、LOW 和 HIGH。其中 INT 位用于控制风挡刷断续工作。作动控制电门到 INT 位,风挡刷会每隔 7s 摆动一个循环。波音 737-800 控制电门的四个位置为 PARK、INT、LOW 和 HIGH。

需要注意的是,风挡刮水刷不能在干的风挡上使用,而且刮水刷必须保持清洁,不沾任何污物,以免划伤风挡玻璃。如果需要刮水刷工作,在运动之前须在风挡上洒上洁净水,以保持风挡刷的湿润。

2)液压作动风挡刷系统

如图 6.2.8 所示,液压风挡刮水刷系统是由飞机主液压系统的压力驱动。速度控制活门用于启动、停止和控制风挡刷摆动的速度。速度控制活门是一个可调节流阀。如果逆时针方向旋转活门的手柄,将使通油孔的尺寸增大,流到控制装置的油液增多,使风挡刷的摆动速度增大。

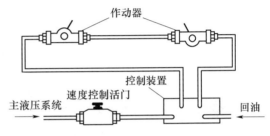

图 6.2.8 液压风挡刮水刷系统

控制装置把液压油引到风挡刷作动器,并使从作动器排出的油液流回到主液压系统。控制装置还交替改变流到两个风挡刷作动器上液压油的方向。在这个过程中,风挡刷作动器将液压能转变为驱动风挡刷臂往复运动的机械能。

2. 化学排雨剂系统

许多民航客机上均有化学排雨剂系统。风挡排雨剂系统一般在大雨和高速飞行时使用。在雨天飞行时,将化学排雨剂喷洒在风挡上,排雨剂在雨水的冲刷下在风挡玻璃上形成一层薄膜,雨水落在其上会变成水滴(近似于水银落在玻璃上),仅覆盖部分风挡。迎面高速气流连续吹去水滴,使大片风挡保持干燥。

风挡排雨剂系统一般由排雨剂罐、管路、延时继电器、电磁活门、喷嘴和控制电门组成。排雨剂罐是增压罐。

当需要使用排雨剂系统时,可按动排雨剂控制电门,使电磁活门打开,排雨剂即从喷嘴中喷出。延时继电器保持打开电路接通一段时间(一般为 1s~10s),以控制每次喷出排雨剂的时间长短。在大雨中飞行时,由于大雨的冲刷,排雨剂会被冲走,所以排雨剂常常需要反复使用。在如图 6.2.9 所示的系统中,空气管道可将气源系统的引气引到喷嘴,以防止喷嘴被排雨剂堵塞。

排雨剂系统仅作用于机长风挡和副驾驶风挡(1 号风挡)。

在使用和维护排雨剂系统时,要注意以下几点。

(1)不要在干燥的风挡上喷洒排雨剂,因为浓排雨剂会妨碍视线。如果因故使排雨剂意外喷出,不要使用风挡刷,因为这样可能使风挡更脏。

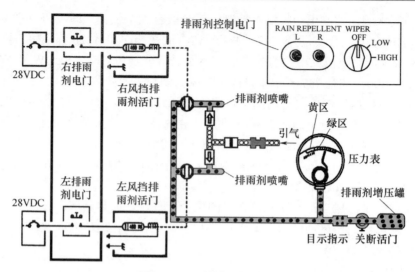

图 6.2.9　风挡排雨剂系统

（2）小雨、大风时不能使用排雨剂。如果雨不大时，喷洒排雨剂同样会使风挡变脏，妨碍驾驶员的视线。

（3）排雨剂管路中不能进潮气或水分。因为排雨剂是外观类似于糖浆的液体，排雨剂遇到水分会凝结成果冻样的物质，使其堵塞喷嘴，不能正常流动。

（4）浓排雨剂对飞机蒙皮有腐蚀作用，如果排雨剂落在飞机蒙皮上，要及时用专用的清洗剂冲洗干净。

3. 永久性防水涂层

永久性防水涂层如图 6.2.10 所示，由于风挡排雨剂系统维护性能不佳，因而很多飞机选择采用一种永久性防水涂层与风挡刷配合使用，以达到有效排雨的目的。它是在风挡最外层涂上防水涂层，当雨水落在涂层上时形成水滴，而不是覆盖整个风挡，再加上迎面而来的高速气流，可以吹去水滴，使大片风挡保持干燥，不影响驾驶员的视线。

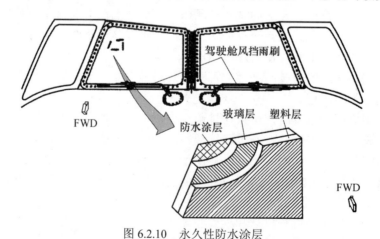

图 6.2.10　永久性防水涂层

几种常见类型民航客机所使用的排雨措施如表 6.2.1 所列。

表 6.2.1 几种类型民航客机所使用的排雨措施

机 型	排 雨 措 施		
A320	电动风挡刷	防水涂层	排雨剂
波音 737-300	√		√
波音 737-800	√	√	
波音 747-400	√	√	
波音 757	√		√
波音 767	√		√
波音 777	√	√	

任务测评

通过对本任务各知识点的学习，请学生列出飞机上常用的防冰除冰方法及不同风挡排雨系统，并针对飞机上的主要部位指出相应的防冰除冰措施。

飞机构造

任务3　应急使用手提式灭火瓶

知识目标

（1）掌握燃烧三要素及对不同种类火的除灭方法。
（2）掌握对火警探测系统的要求。
（3）掌握不同火警探测器的特点。
（4）掌握飞机上主要灭火的区域及相应措施。

能力目标

（1）能针对不同种类火采取相应的灭火方法。
（2）能描述发动机灭火的方法。
（3）能描述卫生间灭火的方法。
（4）能正确使用手提式灭火瓶进行应急灭火。

情境创建

在飞机上，发动机装置及很多电气设备都可能出现火情，由于乘客乱丢烟头等人为因素也可以出现火情。一般情况下，飞机上的灭火系统可以自动检测这些火情并实施自动灭火，但有时候也需要人工利用手提灭火瓶进行应急灭火。现代飞机的驾驶舱、客舱及厨房一般都配备有手提灭火瓶，有的飞机在货舱也配备有手提灭火瓶，以扑灭舱内的火患。不同飞机设置手提灭火瓶的位置可能不同，如新舟60飞机的三个手提式1211灭火瓶分别安装在驾驶舱左驾驶员后电子设备架上、前货舱7框右侧壁板上及机身31框应急设备箱侧壁上。

任务实施

教师带领学生前往参观新舟60飞机的驾驶舱，观察手提式灭火瓶的安放位置，然后到模拟的新舟60飞机驾驶舱空间内，观摩操作人员用手提式灭火瓶实施灭火。

手提灭火瓶的使用操作非常简单。模拟新舟60飞机的驾驶舱内已经发生火情，操作人员必须镇定地进行操作，从驾驶舱电子设备架的专用托架上迅速打开手提式灭火瓶瓶体外部的箍带，轻托灭火瓶底部，向上向外用力，灭火瓶即可被取下，除去保险，将灭火剂喷射管口对准模拟出现火情的部位，扣下扳机，实施灭火。

知识点1　燃烧三要素及不同火的除灭方法

在生活中，燃烧现象非常多见。其中有些燃烧是我们生活所需要的，但有些燃烧对我们会造成危害。

1. 燃烧三要素

燃料、热源、氧气是燃烧的三个基本要素。

燃料在加热的情况下可以与氧化合，发生燃烧现象，生成其他化合物，并释放出大量的热能。热源在燃烧中可认为是催化剂，它加速了氧和燃料的化合，从而释放更多的热。氧气是助燃剂，通过氧化过程与另一些物质进行化合。

燃烧就是燃料剧烈氧化的过程，其间伴随出现发光、发热等现象。缺少或去掉三要素中的任何一个，燃烧都会停止。

2. 不同种类火的除灭方法

事实上，通常所见到的火，其产生燃烧的机理是不同的。国际防火协会将火分成三种基本类型。

第一类：A 类火，是生活中较多见的燃烧形式。它由一般燃烧物如木材、布、纸、装饰物等燃烧引起。

第二类：B 类火，通常是由易燃石油产品或其他易燃液体、润滑油、溶剂、油漆等燃烧所引起。

第三类：C 类火，由通电的电气设备燃烧所引起。因此，在可能的情况下，要首先切断电气设备的电源。

此外，还有 D 类火，它是由易燃金属燃烧引起的。不把 D 类火看作是基本的类型，是因为它通常是由 A、B 或 C 类火所引起的。飞机机轮和刹车装置中的金属燃烧就可以引起 D 类火。

任何一种基本类型的火都可能在维护和使用过程中发生。起火的原因不同，所应该采用的灭火方法也不同，要灭掉某一类型的火，应选用相应的灭火剂。

A 类火最好用水或水类灭火剂灭火，这样可以把燃烧物冷却到燃点以下，达到灭火的目的。适用于 B 类、C 类火的灭火剂对 A 类火也是有效的，但润湿与冷却作用不如水或水类灭火剂。

B 类火通常采用二氧化碳（CO_2）、卤代烃（工业上叫氟氯烷）和干化学物品灭火器扑灭。所有这类灭火剂均能隔绝空气中的氧气，因而停止燃烧。泡沫灭火剂对于 B 类火的熄灭是有效的，尤其是大量使用的时候。但水对 B 类火无效，反而会使火焰扩散。

对于电线、电气设备或电流引起的 C 类火，最好使用二氧化碳灭火器扑灭。它能隔绝空气中的氧气，使燃烧停止。但在对 C 类火进行作业的时候，二氧化碳灭火器必须配有一个非金属的喇叭管，通过它扑灭着火的电器是安全的。其原因如下：

（1）灭火瓶内放出的二氧化碳在通过金属喇叭管时，会产生静电而重新点燃起火；

（2）金属喇叭管如果与电流接触，会使操作人员触电。

卤代烃灭火器对 C 类火的熄灭非常有效。由于其蒸汽能与火焰发生化学反应，从而达到灭火的目的。干化学物品灭火剂对 C 类火的熄灭也是有效的，但其缺点是粉末会污染局部区域。此外，如果使用在潮湿的和带电的电气设备上，可能会加剧漏电。

需要强调的是，水和水类灭火剂不适用于电气设备的灭火。

D 类火适于采用干粉灭火剂灭火，它能避免氧化和由此所导致的火焰。在扑救燃烧着的金属时，需要专门的技术，任何情况下都不能用水来扑灭燃烧的金属，因为这可能使燃烧更加剧烈，并可能引起爆炸。

飞机在空中或地面发生火警时，可能是以上之一或者全部的火警类型，因此对飞机来说，从设计上就必须考虑采用能适用于每一种情况的火警探测系统、灭火系统和灭火剂。但面对的问题是，用于 A 类火警的灭火剂并不适用于 B 类或 C 类火警；同时，对于 B 类或 C 类火警有效的灭火剂，虽然对 A 类火警会有某些效果，但却不是最有效的，也是不经济的。

知识点 2　火警探测系统

火警探测系统是飞机灭火系统的重要组成部分。飞机的火警探测区域主要有发动机及 APU 区域、发动机及 APU 引气管道、起落架舱的火警及过热探测区域、货舱及电子设备舱的烟雾探测区域、卫生间的烟雾探测区域。

1. 对火警探测系统的要求

（1）在任何飞行或地面状态下，系统不应发出错误的警报。
（2）迅速显示着火信号和准确的着火位置。
（3）准确指示火的熄灭和火的重燃。
（4）飞机驾驶舱中有火警探测系统的试验设备。
（5）探测器在油、水、振动、极限温度的环境或运输中不易损坏。
（6）探测器重量轻并易于安装。
（7）探测器的电路直接由飞机电源系统控制，没有变换器。
（8）无火警指示时，所需的电流最小。
（9）每个探测系统都能接通驾驶舱的警告灯，指示出着火的部位，并发出声音警告。
（10）每台发动机都有单独的探测系统。

2. 火警探测系统的组成

火警探测系统通常由火警传感器、火警控制组件、火警信号装置和连接导线等组成，用以探测火警或准火警条件，并以灯光或音响等形式发出火警信号，以便机组人员可以及时采取灭火措施。有的还能在发出火警信号的同时自动接通灭火电路。

1）火警传感器

目前，飞机上常用的火警传感器类型有点式火警传感器、连续火警传感器和烟雾探测器。

2）火警控制组件

火警控制组件是监控火警传感器的参数变化、输出火警信号的装置。

3）火警信号装置

火警信号装置是指示发生火警的警告装置，通常为红色指示灯。一般还伴有音响信号装置，包括电磁式振铃、耳机或扬声器。在装有电子显示系统的飞机上，还可以显示一些文字信息，告知发生火警的具体部位。

在某些飞机上，已经采用不同探测原理的多重火警探测装置与电子计算机一起工作，以提高报警的准确性和可靠性。

知识点 3　火警探测器的类型

如前所述，飞机上的火警传感器有点式火警探测器、连续火警探测器和烟雾探测器三种基本类型。

1. 点式火警探测器

点式火警探测器是指每个探测器只能用于探测一个点（小区域内）的火警或过热情况，要想探测一个较大的区域，只能通过增加探测器数量来实现。因而使用点式探测器时，常常需要进行多点布置。

1) 双金属片热敏电门

它是由双金属片作动的电门，当温度升高到设定值时，双金属片产生变形，从而作动电门闭合，接通警告电路。图 6.3.1、图 6.3.2 分别为波音 747-400 飞机的 APU 引气管道和该管道泄漏探测系统的电路。

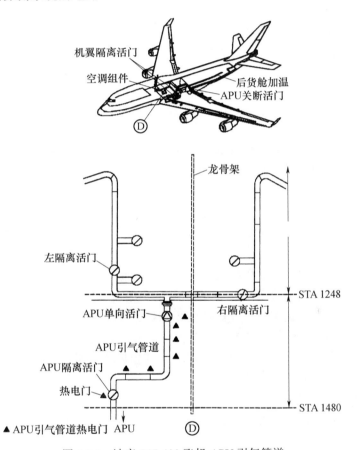

图 6.3.1 波音 747-400 飞机 APU 引气管道

该电路包括热电门、指示灯和复位电门，用来监控 APU 引气管道周围的温度。有 20 个热电门分布在 APU 引气管道外的附近区域。热电门监控着由于 APU 引气管道泄漏或破裂导致的过热情况。在正常情况下，热电门处于断开位置。当引气管道发生泄漏或破裂导致温度达到 121℃时，热电门闭合，使 APU 引气管道过热灯亮，发出管道泄漏警告。

2) 热电偶式火警探测系统

热电偶式火警探测系统的功用是，当出现火情时发出火警信号，使火警喇叭鸣响，火警信号灯亮。

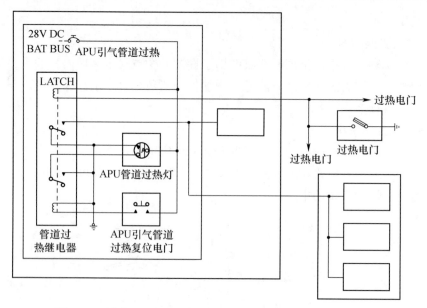

图 6.3.2 波音 747-400 飞机 APU 引气管道泄漏探测系统电路

热电偶式火警探测系统利用传感器（热电偶）感知周围介质温度的变化，然后转变为相应大小的热电势，最后输出控制信号而使系统工作。

热电偶由两种不同金属构成，连接起来的两种金属的一端（即热端）暴露在可能失火的地方，感受火的热量；另一个端为冷端，或称基准端，封闭在两个绝热装置之间的静止空气里。热电偶由一个金属外壳包围着，使其得到机械保护而不妨碍空气流通到热端去。

热电偶只能感受由于火焰引起的温升速率，并输出相应的热电势。在缓慢的温升速率下，传感器输出的热电势很小，甚至无输出，从而能区分火焰或呈超温现象的准火警状态。假如热电偶冷、热端接点受热速度相同，如在发动机短舱里，发动机的工作使温度正常、逐渐升高，热电偶两端接点的加热速度相同，就不会产生热电势，因而不会产生警告信号。如果温度很快上升，由于在基准端和热端之间存在温度差，热电偶便产生一个热电势，从而有火警信号输出。

2. 连续火警探测器

连续火警探测器也称火警线，它具有一定的长度范围，可以探测沿其长度附近区域的火警。

1）芬沃尔火警探测系统

在铬镍耐蚀合金管中装有一连串的共晶盐浸过的陶瓷内芯，中间串一条金属丝，管为地线，线为热导线（其电位比地线高）。当陶瓷内芯材料的电阻随着温度而改变时，热导线提供一个信号。

2）基德火警探测系统

铬镍耐蚀合金管中装有特种陶瓷材料的电阻内芯，在内芯中嵌入两条金属丝，一条为地线，一条为热导线。当敏感元件达到它的警告温度时，会突然降低它的电阻。

在基德和芬沃尔两种系统里，陶瓷或共晶盐内芯材料的电阻，在正常温度条件下都能防止电流的流动。在失火或过热的情况下,芯子的电阻下降,并且在信号金属丝和地线之间有电流流动,警告系统也就开始工作。

基德敏感元件接在一个控制装置上,这个装置经常测量整个敏感闭环的总电阻。该系统既可感受平均温度,又可感受局部温度。而芬沃尔敏感元件的任何部位达到警告温度时,都将发出警告信号。

3)气体式火警探测器

气体式火警探测器主要由感应管和反应器等零件组成。感应管是一个不锈钢的壳体,内部包有感温装置。每个探测器包括一个感应装置,装在一个不锈钢壳体内并连接到不锈钢敏感元件(反应器)上。两部分密封焊接为一个整体,敏感元件由一个电气接头和两个压力感应电门组成。每个压力感应电门由一个金属膜片作动,是敏感元件内唯一的活动零件,同时也是报警电路系统中的电接触部分。细小的感应管内充满了氢气。中间的内芯物质是充有氢气的材料,具有固有的吸收和释放氢气的特性。当外界温度上升,感应管内气体受热,压力增大,当压力增大到预定值后,气体压力便推动膜片,报警电门闭合,接通报警电路。如图 6.3.3 所示的发动机火警(过热)探测器采用的就是气体式火警探测器。

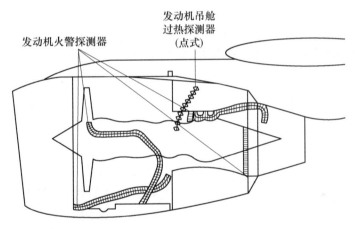

图 6.3.3 发动机火警(过热)探测器

表 6.3.1 为几种民航客机上使用的连续火警探测器。

表 6.3.1 民航客机上使用的连续火警探测器

机 型	发动机火警	APU 火警	轮舱火警	引气管道泄漏
波音 737	FENWAL	KIDDE	FENWAL	FENWAL
波音 747	KIDDE	FENWAL	FENWAL	双金属热电门
波音 757	气体式	气体式	FENWAL	FENWAL
波音 767	FENWAL	FENWAL	FENWAL	FENWAL
波音 777	KIDDE	KIDDE	FENWAL	FENWAL

注:FENWAL:芬沃尔火警探测器;
　　KIDDE:基德火警探测器

3. 烟雾探测器

在飞机的卫生间或货舱内通常装有烟雾探测系统，用于监控这些区域的火警情况。

光电式烟雾探测器（图 6.3.4）由一个光电池、信标灯及其电路，以及一个具有进气口和一个排气口的烟雾集散室组成。信标灯垂直于光电池的视线投射光束。当室内出现烟雾时，来自信标灯的光线被烟雾微粒反射到光电池，光电管输出电压便增大，此信号输送到驾驶舱，启动驾驶舱警告信号。

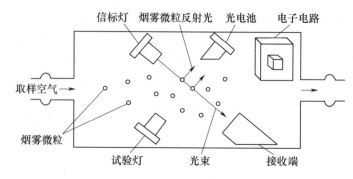

图 6.3.4　光电式烟雾探测器

知识点 4　飞机上实施灭火的主要区域与措施

在飞机上，可以进行灭火的区域主要包括飞机发动机、APU、货舱及卫生间。如果发动机、APU 和货舱等部位出现火警，驾驶员可通过控制驾驶舱内相应的灭火电门进行灭火。

1. 发动机灭火

发动机起火时，灭火是通过操纵发动机灭火手柄（电门）实现的。发动机灭火采用专门的灭火瓶，图 6.3.5 为一种典型的发动机灭火瓶。灭火瓶内装有 HALON1301 灭火剂，其中有氮气增压。如果灭火瓶内的压力过高，安全释压活门会打开，以释放灭火瓶内的压力。在排放组件内有一个爆炸帽，来自灭火电路的电流可以触发爆炸帽产生微型爆炸，从而从排放口释放灭火剂。当由于泄漏或灭火瓶释放使灭火瓶内压力降低时，低压电门输送信号到驾驶舱使"灭火瓶释放"指示灯亮。

每个灭火瓶一般有两个爆炸帽，一台发动机一个。爆炸帽是一个电触发的爆炸装置，它位于灭火瓶膜片附近，膜片用于密封灭火瓶内的压力。当提起灭火手柄并转动到"DISCH1"或"DISCH2"位置时，电流通到爆炸帽使其产生微型爆炸，使膜片破裂，氮气压力可使灭火剂喷出。

发动机灭火瓶管路可使任何一个灭火瓶向任何一台发动机喷射灭火剂。

不同飞机的发动机灭火手柄（电门）位置可能不同，如表 6.3.2 所列。

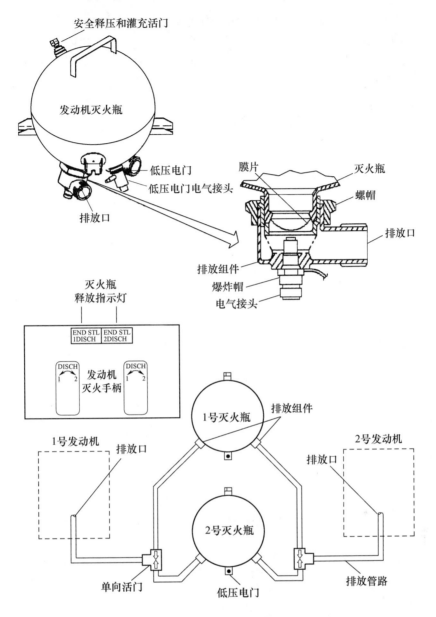

图 6.3.5　发动机灭火瓶

表 6.3.2　民航客机发动机及 APU 灭火手柄的位置

机　型	发动机灭火手柄（电门）	APU 灭火手柄（电门）
波音 737	后操纵台（P8 板）	后操纵台（P8 板），地面控制面板
波音 747	顶板（P5 板）	顶板（P5 板），地面控制面板
波音 757	后操纵台（P8 板）	后操纵台（P8 板），地面控制面板
波音 767	后操纵台（P8 板）	后操纵台（P8 板），地面控制面板
波音 777	后操纵台（P8 板）	顶板（P5 板），地面控制面板

如图 6.3.6 所示，一般发动机灭火手柄都有电磁锁，可将其锁定在放下位置，以防误操作。当发动机发生火警时，发动机灭火手柄灯（红色）亮，手柄电磁线圈通电，电磁锁开锁。如果此时未开锁，可按下超控手柄开锁。随后提起灭火手柄，使发动机与飞机系统隔离，此时并没有释放灭火瓶。如果此时火警信号仍没有消失，向左或向右转动灭火手柄到"DISCHAR1"或"DISCHAR2"，并保持在止动位置，即可以释放灭火瓶内的灭火剂开始灭火，灭火瓶释放指示灯可指示该灭火瓶的释放情况。如果使用一个灭火瓶后，仍然没有使火熄灭，可以转动灭火手柄到另一个位置，释放另一个灭火瓶，继续灭火。

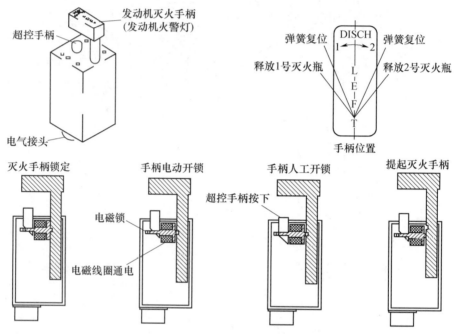

图 6.3.6 发动机灭火手柄

2. APU 灭火

与发动机类似，驾驶舱 APU 灭火手柄也有电磁锁，将其锁定在放下位置，以防止误操作。当 APU 发生火警时，APU 灭火手柄灯（红色）亮，手柄电磁线圈通电，电磁锁开锁。如果此时未开锁，可按下超控手柄开锁。随后提起灭火手柄，使 APU 与飞机系统隔离，此时并没有释放灭火瓶。如果此时火警信号仍没有消失，转动灭火手柄，并保持在止动位置，即可以释放灭火瓶内的灭火剂进行灭火，灭火瓶释放指示灯可以指示该灭火瓶的释放情况。

灭火瓶内装有 HALON 灭火剂，使用氮气增压。如果灭火瓶内的压力过高，安全释压活门会打开，以释放灭火瓶内的压力。在排放组件内有一个爆炸帽，来自灭火电路的电流可以触发爆炸帽产生微型爆炸，从而从排放口释放灭火剂。当由于泄漏或灭火瓶释放使灭火瓶内压力降低时，低压电门输送信号到驾驶舱使"灭火瓶释放"指示灯亮。

APU 灭火瓶有一个爆炸帽，爆炸帽是一个电触发的爆炸装置，位于灭火瓶膜片附近，膜片用于密封灭火瓶内的压力。当提起灭火手柄并向任何一个方向转动灭火手柄，电流通到爆炸帽使其产生微型爆炸，膜片破裂，氮气压力使灭火剂排出。

现在很多飞机（如波音747、波音757、波音777飞机）上的APU灭火系统可以自动工作。当飞机在地面出现APU火警时，APU可自动停车，并在10s后自动喷射灭火剂；当飞机在空中出现APU火警时，APU可自动停车，但不能自动喷射灭火剂，只能人工操纵APU灭火手柄进行灭火。

3. 货舱灭火

如表6.3.3所列，不同类型飞机的货舱灭火电门位置并不相同。

表6.3.3　民航客机上货舱灭火手柄（电门）的位置

机　型	A320	波音737	波音747	波音757	波音767	波音777
货舱灭火电门位置	顶板（P5板）	操纵台（P8板）	顶板（P5板）	操纵台（P8板）	操纵台（P8板）	顶板（P5板）

图6.3.7为波音767飞机APU/货舱灭火控制面板。当探测到前货舱（或后货舱）出现火警时，APU/货舱灭火控制面板上的火警灯（红色）亮。按下对应货舱的准备电门，相应的准备电门上的白色灯亮，说明灭火瓶电路准备好。

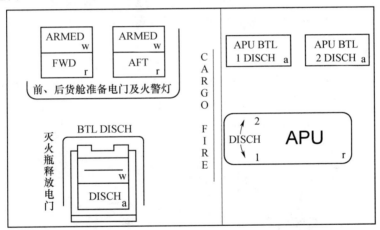

图6.3.7　波音767飞机APU/货舱灭火控制面板

按下准备电门后，将发生下列情况：

（1）货舱加温活门关闭；

（2）再循环风扇关闭；

（3）警铃停响。

按下灭火瓶释放电门，电流通入爆炸帽，产生微型爆炸，膜片破裂，在氮气压力作用下灭火剂排出，实施灭火。

4. 卫生间灭火

卫生间的灭火一般是自动进行的，即当温度达到某一极限值时，灭火器易熔塞熔化，灭火剂自动释放。如图6.3.8所示，灭火瓶位于废物箱上部。当温度超过约77℃时，热熔塞熔化，灭火瓶自动释放进行灭火。

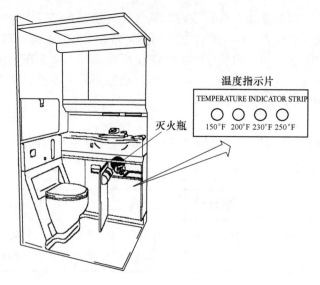

图 6.3.8　卫生间灭火

另外，卫生间内还可以通过温度指示片来指示局部空间过热情况。指示片是白色的，放置在废物箱内部。当达到一定温度时，指示片对应区域会变成黑色。查看温度指示片不同区域的颜色，即可知道该空间是否曾经出现过高温情况。

5. 座舱内人工灭火

现代飞机驾驶舱、客舱及厨房一般都配备有手提式灭火瓶，如图 6.3.9 所示，用于扑灭座舱内的火焰。现代飞机上有两种常用的手提式灭火瓶，即水灭火瓶和 HALON 灭火瓶。HALON 灭火瓶用于扑灭电气设备和可燃液体的火焰；水灭火瓶用于扑灭非电类火焰。水灭火瓶内装有添加了防冰添加剂的水；HALON 灭火瓶内装有 HALON1211 灭火剂。

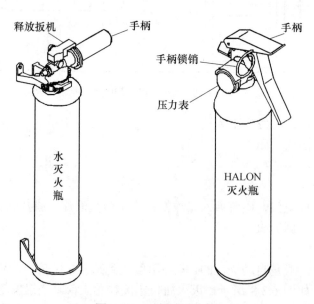

图 6.3.9　手提式灭火瓶

灭火瓶的使用方法非常简单。释放水灭火瓶的方法是转动手柄，按下释放扳机。释放 HALON 灭火瓶的方法是拆除手柄锁销，推动手柄。

另外，起落架舱一般不需要设置专门的灭火装置。如果在空中出现起落架舱的火警，通常是放下起落架，然后利用高速气流来进行灭火和散热。

供气管道泄漏探测器布置在供气管道的外侧空间内。当管道未发生泄漏时，由于供气管道外侧温度较低，不会发出警告信号；当管道发生泄漏时，管道附近温度会升高，当温度达到一定数值时，系统发出警告信号，驾驶员可根据情况切断通往泄漏管道的供气控制活门。

任务测评

由燃烧三要素可知，燃料、热源、氧气中间缺少任何一个因素，燃烧就会终止，这就是灭火原理的本质。飞机上发生火情进行灭火时也是如此，所不同的是，由于飞机对安全性的要求很高，必须有高效率的火警探测系统来进行检测。在飞机上，手提式灭火瓶是最简单的灭火的设备，可用于人工灭火。请学生针对飞机发动机，详述其是如何进行火警探测和实施灭火的。

任务4　了解战斗机的弹射救生装置

知识目标

（1）了解弹射救生装置的功用和工作概况。
（2）理解弹射救生的工作原理。
（3）了解弹射过程中驾驶员要承受的载荷种类。
（4）了解弹射救生装置的地面维护内容。

能力目标

（1）能描述弹射救生装置的工作原理。
（2）能分析弹射过程中驾驶员要承受的载荷种类。
（3）能描述弹射救生装置的地面维护内容。

情境创建

对于军用飞机来说，由于作战和训练飞行的需要，必须执行比较危险的任务。尤其是战斗机，当飞机被敌方击中而确实无法驾驶时，驾驶员离机逃生是保存有生力量的积极措施。弹射救生装置就是保证这种技术行动的有效实施设备。从学习飞机构造的角度讲，学生对弹射救生系统也应该有个基本的了解，尤其是对目前应用最广的座椅弹射跳伞装置，了解其基本构造、工作原理及有关维护的常识是必要的。

任务实施

请学生考虑，战斗机在执行任务的时候，如果有意外情况发生，要想逃离高速飞行的飞机，最好使用什么手段才能保证逃生的成功？

单人弹射救生和多人弹射救生是不同的。对于两个以上机上人员需要弹射离机时，一定要考虑先后顺序，必须有弹射指令系统对弹射过程进行程序控制。一方面控制离机的先后顺序；另一方面还要控制离机的发散轨迹，以保证弹射救生能够顺序实施，并且不会在空中相撞。一般的是让机械师、领航员、武器操纵员等机上辅助人员首先按顺序弹射离机，最后才是机长弹射离机，每个人的离机时间间隔为 0.3s 左右。本任务主要介绍的是单人弹射有关知识。

知识点1　弹射救生装置的功用和工作概况

1. 弹射救生装置的功用

对于军用飞机，尤其是战斗机来说，当在飞行中遇到某些特殊情况，且确实无法保全飞机时，就要使用弹射救生装置来尽可能保全驾驶员的安全。因此，该装置的功用就是将座椅或座舱连同驾驶员一起弹离飞机，并使驾驶员能够安全降落。

可以想象，在低速飞行的飞机上，驾驶员在空中需要应急离机时，完全可以依靠自己的体力离开座舱，然后拉开降落伞，安全降落。但在高速飞行的飞机上，驾驶员要想依靠体力应急离机就变得非常困难。

对于驾驶员从机身上部舱口离机的飞机来讲，这主要是因为空气动力很大，驾驶员离开座舱将极为费力，动作也将非常缓慢，甚至是体力所不能胜任的。因为试验表明，当表速为 400km/h 的时候，如果驾驶员从座舱内伸出半个身体，其所受到的空气动力就可达 250kg，仅头部就要承受 50kg 的迎面气动力。另外，即使驾驶员勉强离开座舱，也可能由于强大的空气动力，而与机翼、尾翼或机身某些部位相撞。

对于驾驶员从机身下部舱口离机的飞机来讲（图 6.4.1（a）），虽然由于人体重力的原因，驾驶员可以在表速较大的条件下依靠体力离机，但人体还是可能与舱口边缘相撞，逃生概率非常低。当然，也可以采用舱口盖的设计来挡住气流（图 6.4.1（b）），克服与舱口边缘相撞的缺陷。但当速度大到一定程度时，由于空气动力的作用，驾驶员离机后也会因急剧减速，而受到超出人体承载能力的减速载荷作用，使逃生失败。

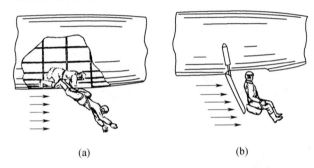

图 6.4.1 从下部舱口离机的示意图

基于上述原因，现代高速飞机大多采用了弹射救生装置。

2. 弹射救生装置的组成及工作概况

在亚声速和跨声速飞机上，广泛应用的是座椅弹射救生装置。它通常由抛盖装置、座椅弹射装置、座椅自动解脱装置和自动开伞器等组成。

根据弹射方向的不同，座椅弹射救生装置可分为向上弹射和向下弹射两种。向下弹射时，驾驶员不会与飞机相撞，但在超低空飞行或起飞、着陆过程中应急离机时，不能取得必要的安全降落高度。因此，目前使用较多的是向上弹射的座椅弹射救生装置。

向上弹射的座椅弹射救生装置的工作概况如图 6.4.2 所示。图中活动盖和驾驶员的运动轨迹都是相对于飞机的。当驾驶员被迫决定跳伞时，首先要操纵抛盖装置，把座舱上的活动盖抛掉，然后使座椅弹射装置工作，把座椅连同驾驶员一起从座舱内弹射出去。弹离座舱后的座椅和驾驶员，在相对气流作用下，会很快减速而落后于飞机，但由于座椅能迅速上升到一定高度，因而能保证驾驶员不与尾翼相撞。当座椅弹出一定时间后，自动解脱装置即将座椅上的安全带脱开，使驾驶员与座椅分离，带着伞包下降。当驾驶员下降到一定高度时，自动开伞器会打开降落伞（或手拉开伞），驾驶员就能安全降落。

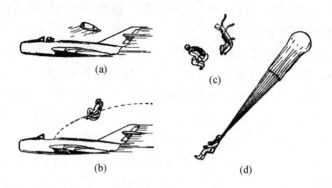

图 6.4.2 座椅弹射跳伞的示意图

如果飞机要在水域上空飞行,为了保障跳伞降落后的安全,驾驶员应穿救生衣或气囊背心,必要时,伞包上还应带有橡皮救生船。救生船平时折叠起来,使用时可以快速充入气体,使之鼓胀,即可浮于水面。

飞行速度更大时(如 $Ma>3$ 时),高速气流对人体的危害更为严重,减速载荷也更大,因而需要一种能使驾驶员不受气流吹袭且能更有效地减小减速载荷的弹射救生装置。图 6.4.3 和图 6.4.4 分别为某型歼击机的座椅弹射跳伞装置和一种带激波杆的弹射座椅,它们都可以有效减小高速气流对人体的伤害。

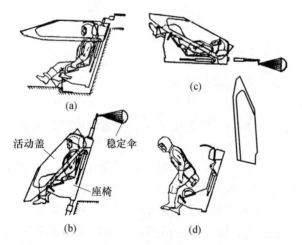

图 6.4.3 某型歼击机的座椅弹射跳伞装置

图 6.4.4 带激波杆的弹射座椅

图 6.4.5 为一种封闭式弹射救生装置。弹射时,可将座椅转平,使座椅与座舱盖组成一个封闭体而弹出。驾驶员在封闭空间内,不会受到高速气流的吹袭,同时封闭体呈流线型,阻力较小而重量较大,因而大大减小了高速气流对它的减速作用,使驾驶员不致承受过大的减速载荷。封闭体弹出后,可以自动开伞,连同驾驶员一起降落,也可以在下降到一定高度时,打开封闭体,由驾驶员自行开伞降落。

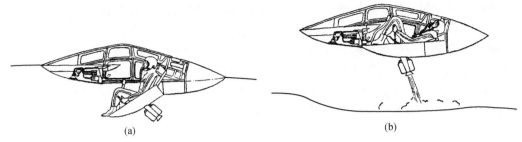

图 6.4.5 封闭式弹射救生装置

此外,在某些试验机上还采用了分离式座舱,如图 6.4.6 所示。正常飞行时,座舱与机身其他部分连接在一起,在紧急情况下,利用应急分离装置,使座舱与飞机其他部分脱离,并有减速伞,使之减速。当座舱减速到一定程度后,驾驶员即可利用座椅弹射救生装置脱离座舱,开伞逃生。

图 6.4.6 分离式座舱的一种形式

知识点 2 抛盖装置的基本构造和工作原理

抛盖装置的功用就是供驾驶员应急离机时迅速抛掉活动盖,以便进行弹射跳伞。

由于各种飞机的活动盖在机身上的连接方式不同,所以抛盖方法也不一样。有些飞机的活动盖,是以几组滑轮安装在座舱的几根轨道中的,被称为滑动式活动盖。它的抛盖方法常见的有两种:一种是将轨道的前段做成可活动的,抛盖时,使轨道的前段翘起,让活动盖连同滑轮从轨道中滑出,如图 6.4.7(a)所示;另一种是将活动盖的滑轮做成可分离的,抛盖时,使活动盖与滑轮分离而抛掉,如图 6.4.7(b)所示。有些飞机的活动盖是依前后或左右翻转而打开的,被称为翻转式活动盖,它用若干个舱盖锁与座舱相连,当将所有舱盖锁一起打开时,即可抛掉活动盖,如图 6.4.7(c)所示。

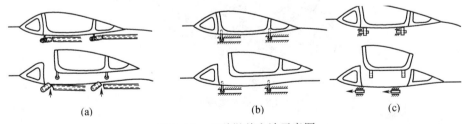

图 6.4.7 几种抛盖方法示意图

各种飞机抛盖的基本动力都是活动盖上的空气动力和座舱的增压空气,但有些飞机以高压气体作为抛盖的动力。

有些飞机装有应急离机时用的驾驶盘前倾机构,以防止弹射时碰伤驾驶员的腿。如某型轰炸机抛盖时，先将手操纵机构与升降舵传动杆连接处的销子拔掉，使驾驶盘与支柱在弹簧力作用下向前倾倒，给驾驶员让出弹射空间。

抛盖装置是在应急离机时使用的特殊安全装置：一方面，它必须保证在平时飞行中能够保险可靠，不自行脱落或自行工作；另一方面，又必须在应急时使用中工作准确，动作灵活。因此，在维护工作中，不但应经常检查抛盖把手和燃爆器等处的保险销或保险丝的保险情况，而且应及时清洗和润滑抛盖装置的各零件，并定期检查抛盖工作是否良好。

知识点 3　座椅弹射装置的构造和工作原理

座椅弹射装置工作性能的好坏，一方面表现在座椅弹射轨迹的高度，另一方面表现在弹射过程中驾驶员所受载荷的大小。这两个方面与驾驶员在高速飞行中应急离机的安全有着密切的关系。

1. 弹射座椅的构造

现代飞机的弹射座椅构造如图 6.4.8 所示。它除了包括底座、靠背、枕垫、扶手等基本组成部分外，还包括用于保护驾驶员脸部、躯干和四肢的安全装置，以保障驾驶员能够安全逃生。

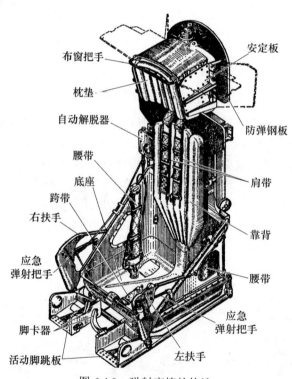

图 6.4.8　弹射座椅的构造

（1）保护脸部的装置，有软式的布帘和硬式的面罩两种。驾驶员在弹射前，拉下布帘或盖上面罩，即可将脸部遮住，以免受到高速气流的吹袭。

（2）躯干保护装置，一般为座椅上的安全带。安全带由肩带、腰带和胯带组成，并用快卸锁连在一起（图 6.4.9）。紧度合适的安全带，在弹射过程中能够帮助驾驶员将躯干保持在正确位置，以利于承受很大的弹射载荷。当驾驶员脱离座椅时，安全带的快卸锁可由座椅的自动解脱装置打开或用手拉开。

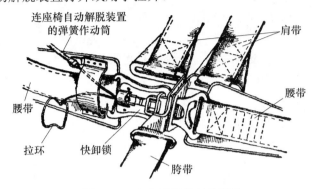

图 6.4.9　安全带锁住时的情况

（3）臂部防护装置，有软式的防护网和硬式的臂部限动器两种（图 6.4.10），用来防止两臂被气流吹开而扭伤。在装有布帘的座椅上，弹射时两手拉住布帘把手，不容易被气流吹开，一般不装专用的臂廓防护装置。

图 6.4.10　臂部防护装置

（4）腿部防护装置，由活动脚踏板和脚卡器组成。活动脚踏板在两侧支架的前面，支架则铰接在座椅底座的后部，支架的前部还通过油液缓冲筒与座椅的两个扶手相连。油液缓冲筒内有单向节流活门。当缓冲筒伸张时，油液阻力很小，活动脚踏板能迅速地向下运动，当缓冲筒收缩时，油液阻力很大，活动脚踏板只能缓慢地收上。两个脚卡器各以三个铆钉与转轴连成一体，并与其传动机构一起固定在活动脚踏板上。

弹射前，驾驶员将两脚收到活动脚踏板上，当座椅向上弹射时，座舱底板不再妨碍脚踏板的运动和脚卡器的工作。在座椅弹离座舱后的最初一段时间内，向上的惯性力有使两腿抬起的趋势，但由于脚卡器已将两脚卡住，而油液缓冲筒又使活动脚踏板不能迅速向上运动，所以能防止两腿因上抬而被气流吹开导致的扭伤。

2. 座椅弹射装置的基本工作原理

座椅弹射装置是利用冷气或火药燃爆时产生的高压气体，将驾驶员连同座椅一起弹离飞机的。由于用冷气作动力的弹射装置，构造比较复杂并且重量较大，因此目前广泛采用以火药燃气为动力的弹射装置。这种弹射装置通常由弹射器、弹射传动机构和空中、地面保险装置组成。地面保险装置是在起飞前取掉的，空中保险装置与抛盖装置或活动盖相连，它在抛盖时被解除。

弹射器的基本构造和固定连接关系如图 6.4.11 和图 6.4.12 所示。外筒下端固定在座舱底板上，内筒上端则与座椅相连。平时内筒与外筒由钢珠锁连成一体，座椅不能上下活动。为了使座椅不致前后左右摇晃并在弹射时保持确定的方向，座舱内装有弹射滑轨，座椅背部两侧的滑轮和滑块即插在滑轨内。弹射时，驾驶员操纵座椅上的抛盖、弹射把手（图6.4.12中为布帘把手），经传动机构的传动，先将活动盖抛掉并拔出空中保险销，然后抽出打火钩，使撞针击发弹射弹，于是火药燃爆，产生高压气体，打开钢珠锁，将内筒连同座椅和驾驶员迅速向上弹离座舱。

向下弹射的弹射器，其工作原理与上述相同，只是弹射方向相反。

向上弹射时，为了使座椅弹出后迅速上升到一定高度，以免与垂直尾翼或飞机其他部分相撞，座椅在弹离座舱时应具有足够的初速度。弹射初速度是座椅在燃爆气体压力作用下，逐渐加速而获得的。一般弹射器的行程，由于受到座舱构造高度的限制，通常都比较短，因此座椅要在较短的行程内加速到足够的初速度，就需要较大的作用力，它要比驾驶员和座椅的重量大许多倍。可见，驾驶员在弹射过程中要受到很大的过载。这个过载是在火药燃爆的瞬间急剧增大的，但人体所能承受的过载是有限的，尤其是过载急剧增大时，人体的固定连接承受过载的能力更小。所以，对向上弹射的弹射装置总的要求，既要保证座椅弹出后的运动轨迹足够高，又要使弹射过程中过载的大小和过载变化率不超过人体所能承受的范围。

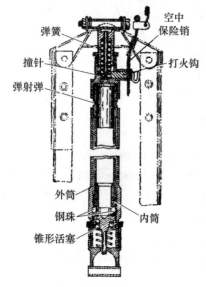

图 6.4.11 弹射器构造图

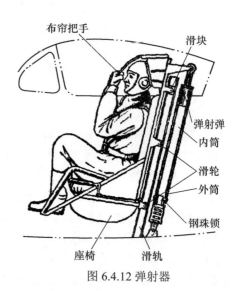

图 6.4.12 弹射器

知识点 4　弹射载荷分析与提高弹射效能的措施

1. 弹射载荷分析

在整个弹射过程中，不论是弹离座舱以前还是以后，驾驶员都要受到很大的载荷，但是在弹射过程的各个阶段中，载荷的作用方向和对人体的影响是不同的。

1）驾驶员弹离座舱以前的弹射载荷

向上弹射时，驾驶员和座椅在弹射力作用下有很大的向上加速度，驾驶员身体各部分（从头部向臀部）要向下产生很大的惯性力，这就使得驾驶员在弹离座舱以前会受到很大的弹射载荷。这个载荷会使人体脊椎骨的受力增大并使头部的血液向下流动，因而将减弱驾驶员的工作能力。可见，弹射载荷的最大值要受到人体承载能力的限制。实际上，由于弹射时载荷的作用时间很短，通常约为 0.1s～0.2s，血液来不及向下流动，所以弹射载荷的最大值，主要受制于脊椎骨的承载能力。对一般驾驶员的体质，在脊椎骨挺直的情况下，弹射时的最大载荷因数 n 约为 20 以内（图 6.4.13 中的曲线 a）。

向下弹射时，人体承受载荷的能力较差（图 6.4.13 中的曲线 b）。但向下弹射的座椅不会与尾翼相撞，所需的弹射初速不大，所以载荷一般不会超出人体所能承受的范围。

在某些飞机上，当活动盖抛不掉时，可进行强制弹射。强制弹射时，靠座椅顶部坚固的结构将活动盖上的有机玻璃冲破，或将活动盖固定装置中最弱的构件冲断，使驾驶员和座椅弹出座舱。这时，撞击载荷与弹射载荷的方向相反，它能抵消一部分弹射载荷，而且撞击载荷并不直接作用于人体，所以对驾驶员并无危险。由于有机玻璃（或最弱的构件）承受冲击的能力较弱，对弹射初速度和轨迹高度影响并不大。

2）驾驶员弹离座舱后的减速载荷

驾驶员与座椅弹离座舱后，在最初阶段内要受到很大的气动阻力而急剧减速。这时，人体各部分（从背部向胸部）向前的惯性力很大，驾驶员要受到很大的减速载荷，人体承受这种载荷的能力也有一定限度。此外，由于负升力的作用，座椅向上运动的速度很快减小，人体还要承受从臀部向头部的减速载荷，但这个载荷相对较小。通常所说的减速载荷，主要是指气动阻力引起的减速载荷。

减速载荷的大小与飞行速度、空气密度和座椅外形等因素有关。飞行速度、空气密度、座椅的阻力系数和迎风面积越大，减速载荷都越大。此外，当驾驶员和座椅的重量较轻时，虽然气动阻力不变，但减速载荷因数会较大。减速载荷在座椅刚脱离滑轨时最大，此后座椅的速度迅速减慢，减速载荷也很快减小（图 6.4.14）。

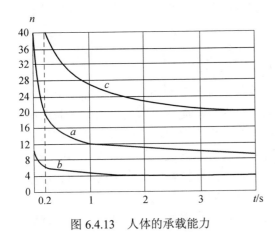

图 6.4.13 人体的承载能力

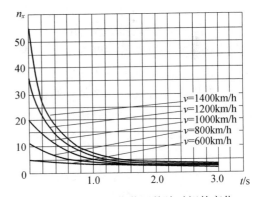

图 6.4.14 减速载荷因数随时间的变化

a—从头部向臀部的过载；　b—从臀部向头部的过载；

c—从背部向胸部和从胸部向背部的过载。

试验表明，在极短的时间内，人体所能承受的最大减速载荷因数 n 约为 30～40，如图 6.4.13 中的曲线 c。在低空高速飞行中弹射时，减速载荷因数的最大值，可能超出人体所能承受的范围。因此，现代高速飞机上，往往用增大座椅的重量和改善座椅的外形等方法来减小减速载荷因数。

3）座椅弹离座舱后产生旋转而引起的载荷

由于弹射器通常固定在座椅背部，弹射偏心力作用在驾驶员与座椅的重心后面，因此在向上弹射时，弹射力会产生一个使座椅头部向前旋转的力矩。在座椅尚未完全脱离座舱时，气动阻力还会产生一个使座椅头部向后旋转的力矩。一般来说，如果在小速度飞行中弹射，气动力矩较小，座椅头部是向前旋转的；在大速度飞行中弹射，气动力矩大于弹射力的力矩，座椅头部是向后旋转的。由此可见，座椅在弹离座舱的瞬间已具有初始的旋转角速度。座椅完全脱离座舱后，弹射力不复存在，而气动阻力却依然存在。但这时气动力矩不一定是使座椅头部向后旋转的，其方向由气动阻力的着力点（即压力中心）与驾驶员、座椅的重心之间的相对位置而定。压力中心在上，座椅头部就向后旋转，反之则向前旋转。对于稳定性不好的座椅来说，在这些力矩作用下就会连续转动。

座椅旋转时，人体各部分的惯性离心力，会使驾驶员受到附加载荷。在这种情况下，人体承受减速载荷的能力要减弱。此外，在座椅旋转过程中，驾驶员在相对气流中的状态不断改变，因而减速载荷对人体的作用方向也在改变。当座椅转到顶部向前的状态时，减速载荷恰好是沿着人体承载能力最弱的方向（从臀部向头部）作用的，这对驾驶员很不利。因此，现代飞机的弹射座椅一般都装有稳定装置（如安定板、稳定伞等），使座椅弹出座舱后，能迅速转到并稳定在底部向前的状态，以提高驾驶员承受减速载荷的能力，消除因座椅旋转而引起的附加载荷。

2. 提高弹射效能的措施

现代亚声速飞机的座椅弹射器，弹射时产生的最大过载已接近人体所能承受的极限值。随着飞行速度增大，不仅座椅的弹射轨迹逐渐降低，而且减速载荷也显著增大。因此，在跨声速和低超声速飞机上，又采取了许多改善座椅弹射装置工作性能的措施。这些措施所起的作用，主要是在不增大最大弹射载荷因数的条件下，提高座椅弹射轨迹的高度，减小座椅弹离座舱后的减速载荷。

1）提高座椅弹射轨迹的高度

提高座椅弹射轨迹高度的主要方法之一是增大弹射初速度。

座椅的弹射初速度是在弹射力作用下，沿着整个行程不断加速而获得的。因此，增大弹射器的工作行程，能够延长座椅加速运动的时间，从而在不增大最大弹射载荷因数的条件下，获得较大的弹射初速度。此外，在整个工作行程中，弹射力是随着燃气压力的变化而不断改变的，在大部分行程中，弹射力并没有达到最大值，即弹射力的平均值比最大值小得多。所以，提高弹射力的平均值，以提高座椅弹射过程中的平均加速度，也能在不增大最大弹射载荷因数的条件下，获得较大的弹射初速度。

有些弹射器是用多次燃爆的方法来提高效率系数、增大弹射初速度的。这种弹射器装有两个或两个以上弹射弹（图 6.4.15）。当第一弹射弹燃爆完毕，燃气压力将要减小时，内筒已伸出一段距离，使第二弹射弹暴露在燃气中，这时，高温燃气点燃第二弹射弹，使弹射器内的燃气压力不会迅速降低。这样，就可以使载荷因数在较大的一段行程中，保持或接近最大值，从而提高效率系数，增大座椅的弹射初速度。

另外，有些弹射器是用增大工作行程的方法来提高弹射初速度的。这种弹射器在外筒与内筒之间增加了一个中间套筒，故称为套筒式弹射器（图 6.4.16）。开始弹射时，中间套筒与内筒一起向外运动,当套筒下缘与外筒上缘接触时,套筒停止运动,内筒则继续向上推动座椅和驾驶员,这样就增长了座椅加速运动的时间,因而也能增大座椅的弹射初速度。此外,还有将上述两种方法结合使用而制成的弹射器,即多次燃爆的套筒式弹射器,它能使座椅获得更大的弹射初速度。

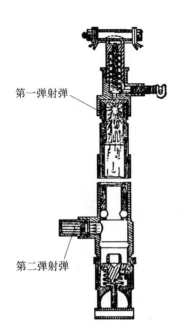

图 6.4.15　多次燃爆式弹射器

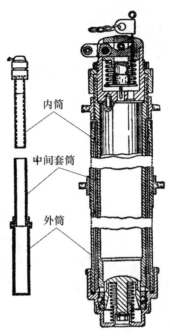

图 6.4.16　套筒式弹射器

提高座椅弹射轨迹高度的另一种方法,是在普通的弹射器内加装一个火箭推进器,即火箭式弹射器。在座椅弹离座舱的一瞬间,利用弹射器内的燃气(或用其他方法)将火箭推进器内的火药点燃,推进器便开始工作。它所产生的斜向推力不但可使座椅继续上升,而且还能克服一部分气动阻力,使座椅不致迅速落后于飞机。因此,它能在不增大最大弹射载荷因数的条件下,显著地提高座椅弹射轨迹的高度。

2)减小座椅弹离座舱后的减速载荷

在现代飞机上,主要是采用减小座椅气动阻力的方法来减小减速载荷的。其中比较常见的是改善座椅底部的空气动力外形,并利用稳定伞或安定板使座椅弹出后迅速转到并稳定在底部向前的状态,以减小座椅的气动阻力。火箭式弹射器的斜向推力能抵消一部分气动阻力,因而也能减小减速载荷。

能力点　座椅弹射救生装置的地面维护

高速飞机的座椅弹射救生装置,要想具有保证驾驶员安全离机的良好性能,地勤人员的良好维护是一个重要条件。只有保障它的工作绝对可靠,保险良好,才能有效地发挥其应有的作用,保证安全。

座椅弹射跳伞装置的使用机会虽然不多,但直接关系到驾驶员的安全,因此每次飞行都应确保其工作可靠。为了对座椅弹射跳伞装置做好充分的准备,机械和军械维护人员应按维护规程的规定分别检查抛盖、弹射和座椅自动解脱装置的保险和工作情况，并严格遵守有关的安全规定。

检查的基本内容包括：抛盖、弹射传动机构的固定情况和操纵的灵活性，即润滑情况；将抛盖、弹射把手操纵到规定行程时，检查抛盖、弹射装置能否及时工作；还要定期用假弹试验弹射装置的打火工作是否可靠等。

座椅弹射跳伞装置不论在空中或地面，其保险装置都必须安置得正确和牢靠，否则在正常飞行中有可能发生抛掉活动盖的情况，或者在地面工作时造成座椅弹出等事故。平时，空中保险装置应经常处于保险状态，而地面保险装置则必须在起飞前拿掉，并在每次飞行结束后再立即重新装上。

在拆装弹射座椅时，更须注意安全并应做好保险工作。因为这时某些保险装置可能需要取掉，使得在搬动座椅时很可能触动弹射传动机构而造成危险。

任务测评

从现代高速飞机上进行弹射时，弹射载荷和减速载荷都已接近人体所能承受的极限值。为了使驾驶员在更大的飞行速度下能安全地进行弹射跳伞，就需要改进座椅及其弹射装置，而改进弹射装置工作性能的一个重要方面就是增大弹射初速度。

教师请学生考虑，用什么方法既可以有效增大弹射初速度，同时又能兼顾驾驶员的人体承载能力。

参 考 文 献

[1] 宋静波.飞机构造基础.北京：航空工业出版社，2004.
[2] 任仁良，张铁纯.涡轮发动机飞机结构与系统（META）（上、下）.北京：兵器工业出版社，2006.
[3] 中国民航学院飞机教研室.飞机结构与系统（上、下）.北京：兵器工业出版社，2001.
[4] 杨华保.飞机原理与构造.西安：西北工业大学出版社，2002.
[5] 汝少明.歼强飞机构造学.北京：海潮出版社，1998.